新文京開發出版股份有限公司

NEW
WCDP

新世紀·新視野·新文京 — 精選教科書·考試用書·專業參考書

New Wun Ching Developmental Publishing Co., Ltd.

New Age · New Choice · The Best Selected Educational Publications—NEW WCDP

第3版

行銷研究

市場調查與分析

市場調查理論與分析實例示範

3rd Edition

MARKETING RESEARCH

編著　楊浩偉　胡政源

三版序
Preface

　　從事教育一轉眼已經超過 15 年了，一直謹記在心的是教育是一種學習，是成為更好的自己、更溫暖的他人，讓學生透過教育打開成長開關，發現無限的可能。近年來在很多地方都可以聽到創新教學，其實創新教學已經喊了很多年，方法與成果也很多，但回到教育現場，真正在日常不斷創新教學的還是屬於少數。原因在於老師其實跟專家一樣，不容易突破框架。老師要完成一定的任務，再加上很多非教育因素的干擾，讓老師更不敢逾越一路以來被設下的規範。有鑑於此，如何讓學生在教育引導與潛移默化的感染下，成就自己，成為自己希望成為的那個人，這才是教育最重要的內涵。所以教育的內涵是：知識的學習與應用、道德的責任與實踐、社會的發展與關懷。

　　科特勒(Philip Kotler)將行銷研究定義為一套系統性的方法，藉由蒐集、分析與解讀資料的過程，評估購買者的欲望、行為，以及真實與潛在的市場規模。美國行銷協會將行銷研究定義為「透過資訊將消費者、顧客和公眾與行銷人員聯繫起來的功能，且該資訊是用於識別和確定機會與問題；產生、完善和評估行動；監控效能；以及提高對這一過程的理解。」行銷人員最重要的使命在於「感受」與「回應」目標市場的需求，從中尋找獲利機會，因此需要透過「行銷研究」(marketing rescarch)，以獲取即時、實際的市場資訊；掌控可能會影響銷售與獲利的環境狀況，進而制定出最佳的行銷策略與計畫。行銷研究很重要，因為它是行銷策略中不可或缺的一部分，且會提供相關知識來讓您更加了解受眾

並向顧客提供資訊。行銷研究可以透過探究顧客是否回應您的訊息來協助廣告宣傳。廣告的目標是觸及顧客，因此您的訊息能否傳達給顧客並提供實用資訊至關重要。

這本《行銷研究：市場調查與分析（第三版）》的書，可以協助學生培育三大領域。第一是知識：讓學生了解網路時代下的新經濟體系、消費者行為研究模式、新興網路的媒介特性、行銷強度以及行銷策略；第二是技能：讓學生能活用行銷研究知識與理論及結合各網路媒介特性，規劃出具有創意的網路行銷組合策略；第三是態度：培養學生主動關注網路科技的行銷研究趨勢及創新思考應用的能力。

讀完這本《行銷研究：市場調查與分析（第三版）》，無論在學界或是業界，您必定會重新思考目前所採取的行銷研究方法或是市場調查診斷模式，進而發掘更創新的方式，精進您的目標市場分析技術，並且調整您的溝通技巧與能力！本書是為目前正在從事行銷研究與市場調查工作，以及有心投入行銷研究領域的工作夥伴與在學學員而撰寫的，是一本值得細細品味且不可多得的工具書，誠摯的推薦給您。

楊浩偉 謹識

　　《行銷研究：市場調查與分析》，主要功能在於協助行銷主管及時獲得市場調查之行銷資訊，以供行銷規劃、行銷決策之用。廿一世紀的行銷環境日益複雜，市場日益競爭，行銷主管在進行行銷規劃及行銷決策時，依賴及時而可靠的市場調查之行銷研究資訊以進行分析、規劃、決定之現象，日益增多且日益重要。行銷研究－市場調查與分析，對行銷管理者之重要性，不言可喻。

　　《行銷研究：市場調查與分析》，係以科學方法，研究行銷領域相關課題，利用資料蒐集技術進行研究資料之蒐集及整理，並應用統計相關技術進行資料之描述與解釋；經由整理妥善之資訊，更進一步的建立假設命題及檢定與推論，獲得行銷研究之成果。

　　所有行銷規劃與管理的根基就是行銷研究，亦即市場調查與分析，如果沒有紮實的行銷研究基礎，就算再有創意與效率的行銷規劃與管理，也會流於空談。本書《行銷研究：市場調查與分析》係行銷研究導向及市場調查與分析應用導向整合，在研究導向上，呈現於：第一章行銷研究－市場調查與分析綜述；第二章行銷資訊系統與行銷研究系統；第三章行銷研究（市場調查）設計與規劃；第四章行銷研究（市場調查）資料之收集；第五章行銷研究（市場調查）之問卷設計；第六章行銷研究（市場調查）對態度之衡量；第七章行銷研究（市場調查）之抽樣設計；第八章行銷研究之實驗設計；第九章行銷研究（市場調查）之定性研究方法；第十章行銷研究（市場調查）報告之撰述；第十一章統計學之行銷研究（市場調查）應用。

在市場調查與分析應用導向方面，呈現於：第十二章知名品牌包包之消費者行為研究；第十三章碳酸飲料行銷組合對顧客滿意度之研究；第十四章品牌形象、知覺價值、口碑、產品知識對購買意願之研究－以手機為例，供讀者進行行銷研究專題之練習時參考之用。

本書得以撰述完成，首先必須感謝作者任職之嶺東科技大學。讓作者多次教導「行銷研究」課程，以獲得教學相長之機會；更感謝張總執行長台生之指導，使本書增光甚多，無限銘感！

本書得以出版，必須對協助出版的新文京開發出版股份有限公司林世宗總經理，特致謝意。新文京開發出版股份有限公司四十多年來致力於大專院校各業類教科書，卓然有成；近十年來亦不遺餘力提供大專院校管理類優良教科書，嘉惠莘莘學子。本人近十年來即曾於新文京開發出版股份有限公司出版過多本教科書，以供大專院校學生研讀；最後感謝新文京開發出版股份有限公司的編輯部全體同仁之協助，在此亦致上十二萬分的謝意。

胡政源 謹識

2015.4.15

編著者簡介

About the Authors

 楊浩偉

學歷：美國雅格斯大學舊金山灣區分校國際行銷博士

現職：朝陽科技大學行銷與流通管理系副教授

經歷：Secretary of Alumni Service and Career Development Affairs at Chaoyang University of Technology

Host of 2022 Taiwan-Malaysia Retail Industry Cooperation and Exchange Conference

Year 2020 Visiting Research Scholar of Dominican University of California.

Year 2019 Visiting Research Scholar of Dominican University of California.

Technical Committee/Reviewer at 2021 The 11th International Conference on Business and Economics Research (ICBER 2021)

Technical Committee Member and Reviewer in 2021 5th International Conference on E-Education, E-Business and E-Technology (ICEBT 2021)

Technical Committee Member and Reviewer at the 2021 7th International Conference on E-business and Mobile Commerce (ICEMC 2021)

Technical Committee Member and Reviewer at 2021 5th International Conference on Information Processing and Control Engineering (ICIPCE 2021)

Session Chair at IEEE International Conference on Social Sciences and Intelligent Management (SSIM 2021)

Technical Committee Member and Reviewer in 2020 the 4th International Conference on E-Business and Internet (ICEBI 2020)

Session Chair at 2020 The 4th International Conference on E-Business and Internet (ICEBI 2020)

Technical Committee Member and Reviewer in 2020 6th International Conference on Culture, Languages and Literature (ICSEB 2020)

Technical Committee Member and Reviewer of 2020 the 4th International Conference on E-Society, E-Education and E-Technology (ICSET 2020)

Technical Committee Member and Reviewer in 2020 the 11th International Conference on E-Education, E-Business, E-Management, and E-Learning (IC4E 2020)

Technical Committee Member and Reviewer in 2019 The 3rd International Conference on E-Business and Internet (ICEBI 2019)

Technical Committee Member and Reviewer in 2019 The 5th International Conference on Industrial and Business Engineering (ICIBE 2019)

Technical Committee Member and Reviewer in 2019 The 3rd International Conference on E-Society, E-Education and E-Technology (ICSET 2019)

Technical Committee Member and Reviewer in The International Conference on E-Business and Internet (ICEBI 2018)

Technical Committee Member and Reviewer in 2018 The 2nd International Conference on E-Society, E-Education and E-Technology (ICSET 2018)

彰化縣 110 年度社區產業提升暨體驗點串點規劃計畫輔導顧問

彰化縣 110 年度青年創意好點子輔導及育成計畫輔導顧問

110 年度「雲林良品」品牌建構與行銷輔導委託專業服務案計畫主持人

109 年度「雲林良品」品牌建構與行銷輔導委託專業服務案共同主持人

跨境電商平臺規劃計畫主持人

國產豬肉行銷推廣策略規劃計畫主持人

108 年度小型企業人力提升計畫教育訓練授課講師

教育部 107 年度新南向學海築夢暨海外職場體驗計畫計畫主持人

財政部優質酒類認證專家團輔導執行計畫計畫主持人

教育部 106 年度新南向學海築夢暨海外職場體驗計畫計畫主持人

教育部 105 年度新南向學海築夢暨海外職場體驗計畫計畫主持人

教育部 104 年度學海築夢暨海外職場體驗計畫共同主持人

多元就業開發計畫-推動社會企業計畫主持人

8 字形襪底運動襪創新研發輔導計畫(2)計畫主持人

8 字形襪底運動襪創新研發輔導計畫(1)計畫主持人

帝元食品有限公司創新研發申請輔導計畫計畫主持人

產業升級與服務創新計畫共同主持人

產業升級與服務創新計畫共同主持人

臺中市纜車用地取得法律顧問計畫共同主持人

The standard time to formulate and internet marketing project 共同主持人

103 年度學界協助中小企業科技關懷計畫專案輔導-織襪產業診斷與創新聯盟技術整合輔導專案共同主持人

人力資源提升計畫共同主持人

102 學年度補助大專校院辦理就業學程計畫-物流與行銷企畫就業學程共同主持人

TTQS 訓練品質系統導入計畫計畫主持人

102 年度學界協助中小企業科技關懷計畫專案輔導-導入智慧供應鏈技術提升生產與倉儲作業效率計畫共同主持人

智羽科技品牌創新設計與行銷計畫共同主持人

102 年度產業園區廠商升級轉型再造計畫學校協助產業園區專案輔導計畫-全興工業區產業技術升級、服務創新與人才培育之輔導服務計畫共同主持人

喫茶小舖有限公司社會行銷競賽計畫共同主持人

奕聯企業有限公司－電子商務規劃產學合作案計畫主持人

福興鄉毛巾產業臺灣柔冠有限公司之作業流程分析技術創新與顧客關係管理即時回應機制建構計畫主持人

奇巧調理食品股份有限公司－電子商務規劃產學合作案計畫主持人

雅方國際企業股份有限公司－電子商務規劃產學合作案計畫主持人

邦寧股份有限公司－電子商務規劃產學合作案計畫主持人

高鋒針織實業（股）公司之技術創新－內部作業流程之改善、多元營銷通路之拓展與自有品牌形象之塑造計畫主持人

奈米吉特國際有限公司—整合行銷規劃產學合作案計畫主持人

奈米吉特國際有限公司之技術創新-自有品牌形象之塑造、網路行銷平臺之建構與多元營銷通路之拓展計畫主持人

怡饗美食股份有限公司之技術創新—改善內部作業流程與建構即時回應機制計畫主持人

農業創新經營組織類型與發展研究-農業創新經營之診斷與輔導共同主持人

臺灣與德國農業經營促進農村活化策略之比較研究共同主持人

拓展國產水果團購新興通路之研究共同主持人

臺灣有機生活協會第三屆顧問

彰化縣政府標案與多年期計畫審查委員

美國 Marin Export & Import Inc.業務顧問

普發工業股份有限公司行銷管理顧問

南投縣數位機會中心輔導計畫輔導師資

奈米吉特國際有限公司行銷顧問

波菲爾髮型美容公司企業管理顧問

臺中市青年創業協會會務顧問

臺灣有機生活協會第二屆顧問

果子創新股份有限公司經營管理顧問師

臺灣連鎖加盟創業知識協會經營管理顧問師

菓子禮咖啡食品屋經營管理顧問師

糖姬輕食冰品館經營管理顧問師

玩豆風坊公司經營管理顧問師

朝陽科大育成中心進駐廠商「馳寶科技有限公司」專業諮詢與輔導顧問

朝陽科大育成中心進駐廠商「忠勤科技股份有限公司」專業諮詢與輔導顧問

朝陽科大育成中心進駐廠商「明葳科技股份有限公司」專業諮詢與輔導顧問

朝陽科大育成中心進駐廠商「尚星科技有限公司」專業諮詢與輔導顧問

朝陽科大育成中心進駐廠商「育智電腦有限公司」專業諮詢與輔導顧問

朝陽科大育成中心進駐廠商「金匯鑽有限公司」專業諮詢與輔導顧問

朝陽科大育成中心進駐廠商「明葳科技股份有限公司」專業諮詢與輔導顧問

朝陽科大育成中心進駐廠商「浪漫故事國際顧問有限公司」專業諮詢與輔導顧問

奕聯企業有限公司國外事業部顧問

欣昀生技有限公司國外行銷部顧問

雅方股份有限公司電子商務經營管理顧問師

奇巧股份有限公司電子商務經營管理顧問師

柔冠股份有限公司電子商務經營管理顧問師

天翰創新育成有限公司輔導顧問

移動國際貿易有限公司輔導顧問

騰傲國際顧問有限公司輔導顧問

玉豐海洋科儀股份有限公司輔導顧問

彰化縣秀水鄉馬興社區發展協會指導顧問

臺中市北區賴興社區發展協會顧問

小春餐飲事業股份有限公司企業管理顧問

臺中市企業創新發展協會顧問

編著者簡介

About the
Authors

 胡政源

學歷： 國立雲林科技大學管理研究所博士
　　　 國立政治大學企業管理研究所碩士

經歷： 嶺東科技大學企業管理研究所暨企業管理
　　　 系副教授
　　　 嶺東科技大學經營管理研究所所長暨企業
　　　 管理系主任
　　　 嶺東商專實習就業輔導室主任
　　　 臺灣發展研究院中國大陸研究所副所長
　　　 TTQS 顧問、講師、評核委員
　　　 3C 共通核心職能課程講師

目錄 Contents

Chapter

01

行銷研究－市場調查與分析綜述

行銷研究（市場調查與分析）是用科學研究方法，研究行銷相關領域，以獲得行銷資訊，透過整理、分析與解釋行銷資訊，進一步推論以獲得行銷資訊，爾後提供高階主管在從事行銷策略及行銷方案規劃時應用，並提供高階主管在面臨行銷管理決策時之參考。故行銷研究在於研究行銷資訊，對行銷管理、行銷策略規劃、行銷方案規劃皆具有協助支援之功能。行銷研究系統研究行銷資訊，又對行銷資訊系統具有協同整合資訊系統之意義及功能。

1.1 行銷研究（市場調查與分析）之意義

行銷研究(marketing research)（市場調查與分析）在 1960 年前之名稱為市場調查，係「以有系統的和客觀的方法發展和提供行銷規劃及管理決策過程所需要的資訊」，亦可闡述為「有系統的研究設計、蒐集、抽樣、分析及推論行銷資訊，以獲得並報導公司所面臨之特定行銷情勢及問題之訊息及發現。」故：

1. 行銷研究（市場調查與分析）係指應用科學方法，有系統地進行蒐集、分析及推論行銷資訊。

2. 行銷研究（市場調查與分析）是一種方法及工具，其功能在於提供高階主管在從事行銷規劃及行銷管理決策時所需要之資訊。

3. 行銷研究（市場調查與分析）範圍甚廣，不只是市場調查(market research)，更應用各種研究技術去協助解決有關行銷規劃、執行、決策、指導、組織、控制等行銷管理問題。

行銷研究（市場調查與分析）之主要功能在於協助高階主管及時獲得行銷資訊，以供行銷規劃、行銷決策之用。因此廣義的行銷研究（市場調查與分析）則為「各種不同行銷議題之研究，但以行銷為主題範圍」。包括研究行銷管理、行銷策略、行銷方案、行銷組合、行銷資訊系統、

行銷功能、行銷組織、國際行銷、非營利行銷、社會企業行銷、服務行銷、綠色行銷……，舉凡與行銷議題有關者皆為行銷研究所感興趣的。本書即以行銷研究之名稱來取代市場調查與分析。

1.2 行銷研究的範圍及類型

廣義之行銷研究，其範圍甚廣，無法全部列舉，依狹義之定義，行銷研究之範圍集中在下列六大領域：1.企業經濟與公司研究；2.定價；3.產品；4.分配；5.推廣；6.購買行為。

若依市場類型區分，可分為：1.消費者市場行銷研究；2.組織市場行銷研究；3.國際行銷研究。

1.2.1 消費者市場行銷研究

表 1-1 為美國公司進行行銷研究活動之類型，再參考國內行銷研究顧問公司或大型公司行銷研究部門之行銷研究範圍及類型，若加以明確化，一般之行銷研究主題為：

1　產品研究	2.　銷售研究	3.　市場研究
4.　購買行為研究	5.　推廣研究	6.　廣告研究
7.　促銷研究	8.　銷售預測	9.　市場占有率研究
10.　競爭策略研究	11. SWOT 研究分析	12. 產業及市場特性研究

🎯 表 1-1　美國公司行銷研究活動類型

	未曾做過	有時做	經常做
1. 企業經濟與公司研究：			
(1) 產業／市場資料與趨勢。	8	38	54
(2) 購併／多角化研究。	50	38	12
(3) 市場占有率分析。	15	33	52
(4) 內部員工資料（士氣、溝通等）。	28	56	16
2. 定價：			
(1) 成本資料。	43	26	31
(2) 利潤資料。	44	22	34
(3) 價格彈性資料。	44	40	16
(4) 需求分析。			
① 市場潛力。	28	36	36
② 銷售潛力。	22	40	38
③ 銷售預測。	25	41	34
(5) 競爭性定價資料。	29	39	32
3. 產品：			
(1) 觀念測試。	22	38	40
(2) 品牌名稱測試。	45	36	19
(3) 試銷資料。	45	37	18
(4) 現有產品的測試。	37	37	26
(5) 包裝設計測試。	52	36	13
(6) 競爭性產品測試。	46	36	18
4. 分配：			
(1) 工廠／倉庫地點資料。	75	20	5
(2) 通路績效資料。	61	26	14
(3) 通路涵蓋地區資料。	69	20	11
(4) 出口和國際資料。	68	23	8

🎯 表 1-1　美國公司行銷研究活動類型（續）

	未曾做過	有時做	經常做
5. 推廣：			
(1) 動機研究。	44	39	17
(2) 媒體研究。	30	40	30
(3) 文案研究。	32	42	26
(4) 廣告效果測試。			
① 事前。	33	36	31
② 事中。	34	37	29
(5) 競爭性廣告測試。	57	28	15
(6) 公共形象測試。	35	40	25
(7) 銷售人員報酬資料。	66	25	9
(8) 銷售人員配額資料。	72	18	10
(9) 銷售人員地區結構資料。	68	24	8
(10)贈獎、兌換券等之研究。	53	37	10
6. 購買行為：			
(1) 品牌偏好。	22	42	36
(2) 品牌態度。	24	37	39
(3) 產品滿意。	13	35	52
(4) 購買行為。	20	36	44
(5) 購買意圖。	21	36	43
(6) 品牌知名度。	20	37	43
(7) 區隔化資料。	16	44	40

資料來源：引自黃俊英（1999 年 9 月）。行銷研究。華泰書局，六版，p.5。

1.2.2　組織市場(organizational market)行銷研究

　　組織市場係指為製造生產產品、服務、或為再售目的而購買產品或服務之中間商，包括有廠商、軍方、政府、醫院、公用事業、學校、教會、批發商、零售商、公司單位……均為組織型態之市場，又稱為工業市場(industry market)。

一、組織市場之特性

1. 組織市場之市場結構，其成員及購買者較少，規模較大，位置集中，購買數量較大。

2. 組織市場之需求係消費者市場需求之延伸，市場需求波動較大，此乃因引申需求所產生之加速原理(acceleration principle)。

3. 組織市場之購買考慮因素，在於規格、品質、交期、便利性；較不受推廣或廣告之影響。

4. 組織市場之購買決策相關之人較多，故其購買過程較為複雜，且具正式化之採購制度及流程。

5. 組織市場中之買賣雙方互動較多，共同發掘問題及解決問題，且有時相互採購。

二、組織市場行銷研究之特性

組織市場之行銷研究，具有下列幾種特性：

1. 決策者不易接近，行銷研究較困難。

2. 對行銷觀念及行銷研究較不重視。

3. 較著重於未來導向，行銷研究重視預測及發展。

4. 較少聯合進行商業研究，行銷研究次級資料較少。

5. 由於競爭特性，較不願作試銷研究。

6. 由於對行銷研究不重視，故行銷研究預算較少。

1.2.3　國際行銷研究(international marketing research)

國際行銷研究之目的在於利用經濟有效之研究方法，蒐集、分析企業進軍國外市場所需的國外市場資訊，協助國際高階主管正確地認識國外市場，以為擬訂國際行銷策略之依據。

一、國際行銷研究資訊

國際行銷研究所需要之全球行銷資訊甚多，列舉如下：

（一）國際市場資訊

市場潛量、消費者態度及行為、顧客態度及行為、分配通路溝通媒體、市場資訊、新產品資訊。

（二）國際競爭資訊

競爭策略、競爭計畫、行銷競爭、策略競爭、生產及製造競爭人力資源競爭、研究發展競爭、資訊速度競爭、實體配選競爭、員工向心力競爭、競爭計畫、競爭作業。

（三）國際財務外匯資訊

國際收支、政府財政政策、金融政策、會計政策、期貨市場、經濟學者、銀行家、貿易業者、趨勢專家、企業主管之相關資訊。

（四）雙方政府法令規定之資訊

盈餘、股利、利息之相關稅捐（國外稅捐）、國外規定、外人投資法令、母國（本國）之相對規定（獎勵、管制、稅捐、規則）。

（五）國際資源分配資訊

人力資源、財務資源、原材料、物料、協力廠、供應商之資源。

（六）整體性評估國際資訊

經濟因素、社會因素、政府因素、科技因素、管理和行政、基本建設、投資環境。

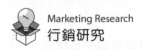

1.3 行銷研究之程序

行銷研究乃為應用科學之方法，有系統地設計、蒐集、分析、研究行銷資訊，提供行銷結論報告以供高階主管決策之用，故它是一個科學化的研究過程，可以行銷研究之程序來敘述之，其研究之步驟可參考圖 1-1，並於後面詳述之。

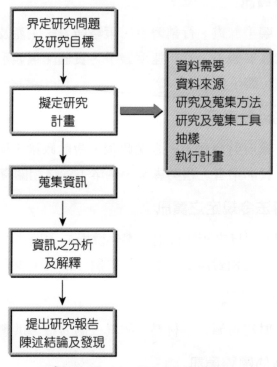

🛒 圖 1-1　行銷研究之程序

一、界定研究問題及研究目標

行銷研究之問題範圍很廣，必須加以適度的界定，對問題之適度界定，可以節省蒐集資訊之範圍及成果並發揮行銷研究之效率及功能。所謂研究問題之界定，必須依據研究之目的及目標來加以規範，亦即此研

究希望達成何種目的？希望獲得哪些行銷資訊？希望提供給高階主管哪方面之參考？

　　對於研究問題之類型，有屬於探索性之問題，即依據所蒐集之資料探索問題之事實及真象，發展出新的建議。也有描述之問題，即根據資料整理分析，描述某些數量上之結果供此參考，有此研究之問題則屬因果關係之問題，在於建立變數間之因果關係，以說明產生某問題或現象之原因。

　　探討性研究可以應用次級資料研究、專家訪問、相似案例分析及深度集體訪問案方法進行之。

　　敘述性研究則可分為縱斷面研究及橫斷面研究，縱斷面必須應用固定樣本調查來進行之，而橫斷面則應用隨機樣本調查進行之。

　　因果性研究通常利用實驗設計方法來進行研究，亦即利用控制組及實驗組之比較及變動情形探討因果之關係。

◎ 表 1-2　臺灣廠商和在臺美商做過的研究項目

行銷研究項目		
・長期預測	・包裝研究	・產品組合研究
・短期預測	・試銷、商店稽查	・新產品接受與潛量
・市場潛量衡量	・定價研究	・競爭性產品研究
・市場占有率分析	・廣告動機研究	・品牌形象研究
・市場特徵的決定	・廣告文案研究	・廠址及倉庫地點研究
・企業趨勢之研究	・廣告媒體研究	・銷售地點研究
・出口與國際情況研究	・廣告效果研究	・直銷經銷之研究
・企業形象研究	・銷售分析與報酬研究	
・社會價值及政策研究	・廣告及促銷活動之法律限制研究	・批發商與零售商選擇之研究

資料來源：　參考李敬平（1985 年 6 月）。在臺美商與我廠商行銷研究活動之比較－以消費品產業為例。臺北：交通大學管理科學研究所碩士論文，第 73 頁。

◎ 表 1-3　美國公司重要行銷研究活動(1973～1983)

研究類型	
廣告研究	**產品研究**
動機研究	新產品接受與潛量
文案研究	競爭性產品研究
媒體研究	現有產品測驗
廣告效果研究	包裝研究
競爭性廣告研究	其他
其他	
企業經濟與公司研究	**銷售和市場研究**
短期預測（一年以內）	市場潛量的衡量
長期預測（一年以上）	市場占有率分析
企業趨勢的研究	市場特徵的決定
定價研究	銷售分析
廠址及倉庫地點研究	銷售配額與地區的建立
產品組合研究	分配通路研究
收購研究	試銷、商店稽查
出口與國際研究	消費者固定樣本作業
公司內部員工研究	銷售報酬研究
管理資訊系統	促銷研究（獎品、贈券等）
作業研究(OR)	其他
公司責任研究	
消費者「知道的權利」研究	
生態影響研究	
對廣告及促銷之法律限制研究	
社會價值和政策研究	
其他	

資料來源：　參考 Dik Twedt. ed. (1973, 1978, 1983). Survey of Marketing Research. Chicago: American Marketing Asso.

　　界定研究問題即是界定研究主題或項目，行銷研究項目可參考黃俊英博士著《行銷研究》一書，整理如表 1-2 及表 1-3，分別列出臺灣公司及美國公司從事過之行銷研究項目，可以了解一般行銷研究之問題為何。

二、擬定研究計畫

　　界定了研究問題及目標應針對研究問題及目標擬定研究計畫，包括需要何種資料、資料來源計畫、研究及蒐集方法計畫、蒐集工具計畫及抽樣、執行等計畫。

（一）資料需求計畫

　　研究者應針對研究目的及問題之假設，確定所需要之資料為何，逐一加以詳細列舉，確定哪些資料切合所需，才能有效的蒐集到需要之資料，也不會浪費時間及成本於與研究目標無關且無用之資料。

（二）資料來源計畫

　　確定資料之需求及項目後，應針對所有之資料項目加以分析。如何獲得這些資料？是否可以應用次級資料？次級資料之適用性如何？或是必須自行蒐集及研究初級資料？有的資料來源計畫，能使整個研究計畫經濟有效而周嚴。

1. **次級資料**：次級資料係已經整理研究而可直接使用之資料，具有經濟、快速之優點；有些資料無法自行蒐集，一定要應用次級資料。但必須衡量該資料之正確性及適用性，以免誤用。次級資料之來源有來自公司內部會計、銷售、統計……等內部資料，也有來自政府出版物、商業統計要覽、期刊、書籍、商業調查報告等，一家公司之資料來源若能應用次級資料，將能節省成本帶來好處。

2. **初級資料**：當某些資料之獲得無法由次級資料中獲得時，則必須進行初級資料之蒐集。初級資料之蒐集成本較高，但與研究問題及目標較為切合。初級資料之蒐集及研究必須發展出更詳細之研究方法及研究計畫以獲得所需之資料，下面所敘述之研究程序大部分係針對初級資料之蒐集而設計。

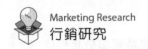
（三）研究及蒐集方法

蒐集初級資料必須研究何種蒐集方法較為有效而經濟，研究蒐集資料之方法有觀察研究法、深度集體訪問法、調查研究法及實驗研究法，行銷人員可以選擇適用之方法進行之。

（四）研究及蒐集工具

不同的研究及蒐集資料之方法，必須配合不同的蒐集資料之工具。如用調查法，則必須設計問卷；應用觀察法，則必須設計記錄觀察結果之登記表或記錄表，甚至配合機械工具；而深度集體研究法必須有主持人及場合、環境及主題設計；實驗法也必須設計進行實驗時所需之各種工具及環境控制。各種工具之設計，均必須考慮到受訪者或參與實驗者之理解程度。

（五）抽樣設計

包括將被調查之抽樣單位計畫、應調查多少人之樣本大小及如何選擇被調查者之抽樣方法；抽樣設計與正確度要求、成本、時間及經費有關。抽樣方法有簡單隨機抽樣、系統抽樣、分層抽樣、集群抽樣及地區抽樣等機率抽樣，也有便利抽樣、判斷抽樣、配額抽樣、逐次抽樣及雪球抽樣等。非機率抽樣讀者可參考行銷研究及抽樣方法之專論書籍。

（六）接觸方法及執行計畫

接觸方法為如何接觸受試者，調查者可採取電話訪談、郵寄問卷、人員訪談、集體邀請訪談、定點觀察等不同方法，應依成本、效率、蒐集資料之多少及正確度加以選擇之。執行計畫包括預試、進度時間估計及費用預算計畫及執行人員計畫……等等。

三、執行蒐集資訊計畫

依據前述研究計畫進行抽樣工作，也應用蒐集方法及工具實際進行資料蒐集工作。執行時，對於執行人員之選擇、訓練及監督均需格外注意，以免完善的計畫在執行時有所偏差，造成研究結果變得無效。

四、分析及解釋資訊

對蒐集到的資料應應用行銷研究技術進行整理，驗證樣本之有效性，編表並逐一分析，以找尋各資料所含之意義行銷研究技術的演進如表 1-4。

各資料經分析後，即可針對研究問題假設及目標提出整個研究之發現及結果。

🎯 表 1-4　行銷研究技術的演進

年代	技術
1910 以前	・直接觀察　・基本調查
1910～20	・銷售分析　・作業成本析
1920～30	・問卷設計　・調查技術
1930～40	・配額抽樣　・簡單相關分析　・分配成本分析 ・商店稽查(store auditing)技術
1950～60	・機率抽樣　・迴歸方法　・高等統計推論 ・消費者和商店固定樣本
1950～60	・動機研究　・作業研究　・複迴歸和相關　・實驗設計 ・態度衡量工具
1960～70	・因素分析和區別分析　　　・數學模式 ・貝氏統計分析和決策理論　・尺度法理論(scaling theory) ・電腦資料處理和分析　　・行銷模擬　・資訊儲存和檢索
1970～80	・多元尺度法　・計量經濟模式　・整體行銷規劃模式 ・試銷實驗室　・多屬性態度模式
1980～90	・聯合分析(conjoint analysis) ・兌換分析(trade-off analysis) ・因果分析(causal analysis) ・電腦控制面談標準產品碼及光學掃描器 ・規則相關
1990～	・SPSS, LISREL, DEES, ERP

資料來源：參考 Kotler P. (1988). Marketing Management: Analysis, Planning, Implementation and Control, 6th ed. Englewood Cliffs, N. J.: Prentice-Hall.

五、提出研究報告

研究報告在於陳述研究發現、結果，以據此提出之研究建議，以解決行銷之問題。

研究報告有技術性報告，詳細陳述研究方法及假設、研究計畫及研究發現、建議，也可以僅歸納研究重點及結果之一般性報告。

1.4　行銷研究之功能

所有行銷規劃的根基就是行銷研究，如果沒有紮實的行銷研究基礎，就算再有創意的行銷規劃，也會流於空談。行銷研究之主要功能在於透過行銷研究獲得有意義的行銷資訊，協助高階主管制定合適的行銷策略及行銷方案，並進行行銷決策以達成行銷管理之目標。若將其與行銷規劃管理之活動整合，行銷研究可以提供下列之功能。

1.4.1　協助企業發掘市場機會及市場潛量

行銷研究探討與市場相關之資訊，適時提供企業有關環境變遷之訊息，使得企業及時發掘市場機會，掌握企業成長的契機。欲了解及分析行銷環境，不論是總體環境或個體環境，均需透過行銷研究以獲得環境的資訊。藉由對行銷環境的分析，常能發掘市場機會，進而提供合適的產品，以掌握市場。

1.4.2　協助企業進行市場區隔、產品定位、掌握目標市場

行銷規劃必須進行市場區隔，而市場區隔必須確定區隔變數。行銷研究可以提供有效的區隔變數，使市場區隔發揮行銷功能。更透過行銷研究對於消費者特性的了解，認識消費者偏好，以完成產品定位與市場定位之工作，進行確定利基，掌握有效區隔之目標市場。

1.4.3　協助企業規劃出正確具有效能的行銷策略

　　策略規劃必須針對外部環境及內部條件進行詳細的分析，即所謂的優劣勢及機會威脅交叉分析（SWOT 交叉分析），行銷研究藉由對外部環境的研究分析，才能確認外部潛在的機會以及可能存在的競爭威脅，再加上波特五力的競爭策略，也必須對供應商、競爭者、替代者、潛在競爭者及消費者進行行銷研究，方能了解該五力之大小程度。故不論消費品行銷或工業品行銷……，均可以透過行銷研究的協助，規劃出有效的行銷策略。

1.4.4　協助企業制定具有效率的行銷方案及行銷組合決策

　　高階主管在制定行銷方案及行銷組合決策時，必須依賴正確的行銷資訊，而行銷研究常可發揮其功能。

一、協助產品設計

　　行銷研究可以提供現有產品的重要訊息及消費者對現有產品的接受程度、使用狀況、使用經驗、喜歡程度。

　　行銷研究也可以研究消費者對產品功能主要用途及次要用途之使用，以了解及分析產品的核心利益，以為產品設計之參考。其他諸如人性化程度，人機介面良好，使用方便性等均可透過行銷研究提供之資訊加以修正及改良。

二、協助品牌及包裝研究

　　行銷研究之字彙，聯想法(word association)可以協助公司選擇商號名牌及品牌命名，而品牌印象可以經過消費者印象之研究以獲知公司品牌之良窳，也可以經由行銷研究了解消費者之品牌忠誠度。而包裝的設計

及功能整合（形狀、大小、顏色、功能等）也是行銷研究可以協助及支援的行銷主題。

行銷研究常利用市場試銷(market test)來對產品之功能、產品品牌、產品包裝進行研究，以協助企業研發合適的產品並發展有效的產品策略方案。

三、協助產品生命週期之研究

行銷研究藉由探討產品的市場潛量、市場占有率、毛利率及競爭者，可以發現企業產品之生命週期及目前究竟是處於引介期、成長期、成熟期或是衰退期，進而發展出適當的行銷策略。

四、協助價格及定價研究

企業在訂定產品價格時，除考量公司之成本之外，還必須考慮消費者之需求水準及接受水準。行銷研究透過對消費者的分析及調查，可以協助高階主管認識消費者之價格接受水準，並配合研究競爭者之訂價資訊，進而提供高階主管決定產品的銷售價格決策。有關訂價之研究，行銷研究者常使用店內實驗(in-store experiments)、模擬採購(simulated shopping)、價格分析(price analysis)等方法以了解消費者對價格之反應及訂價之合理性。

五、協助高階主管配銷通路的選擇及決策

通路決策必須考慮通路成本的大小，對通路控制程度的大小以及中間商之服務水準，這些細部行銷資訊均可透過行銷研究獲得。高階主管考慮公司對目標市場提供的服務水準及目標後，可運用行銷資訊選擇合適的配銷通路作為通路決策之參考。

六、協助高階主管對零售通路、商店地點之選擇

行銷研究透過商圈調查，可以獲得零售商店之市場潛量大小，商圈調查也評估交通之便利性，競爭者之強弱，商圈消費者之消費特性及態度。行銷研究可以協助高階主管選擇零售通路之商圈以及制定零售商店之地址及零售商品組合。

七、協助高階主管做實體分配及物流之決策

實體分配的成本是行銷總成本中的重要部分，與發貨之倉庫地點、批發中心、生產地廠之廠址、交通運輸之便利性、運輸成本之高低等均有關。行銷研究對實體配送、倉儲、運輸的研究可以提供給高階主管實體分配決策之參考。

八、協助高階主管制定推廣策略為推廣活動之決策

行銷推廣之項目包括有媒體廣告、促銷活動、公共關係宣傳報導、人員銷售等項目。各種推廣活動均有其優點與缺點，必須視產品特性，行業別及產品所處之生命週期階段而進行不同的行銷推廣。

九、研究廣告活動及廣告效果，以協助企業制定有效的廣告策略

廣告之種類很多，分視覺媒體、聽覺媒體、視聽媒體，也有報紙廣告、雜誌廣告、電視廣告、戶外招牌廣告。各種廣告媒體之廣告功能及效果不盡相同，成本也有差異。行銷研究可以研究廣告活動及廣告效果，以協助高階主管制定有效的廣告策略。

十、協助高階主管進行行銷控制

行銷控制包括行銷績效衡量、行銷預算控制、行銷品質管制、行銷方案執行時程控制等，行銷研究均可協助高階主管進行行銷控制。

1.5　行銷研究之方法

1.5.1　行銷研究方法舉例

　　行銷研究方法甚多，但以科學之研究方法為較有效的研究方法，運用科學研究方法之行銷研究，主要者有下列幾種方法：

1. 行銷研究程序規劃法。
2. 研究設計與實驗設計法。
3. 客觀訪問及問卷設計法。
4. 獨立觀察及觀察表格設計法。
5. 統計分析解釋法。
6. 統計抽樣推論法。
7. 有母數統計顯著性檢定法。
8. 無母數統計顯著性檢定法。
9. 多變量分析應用法。
10. 數量預測方法。
11. 非數量預測方法。
12. 態度衡量尺度法。
13. 定性研究方法。
14. 投射技術分析法。
15. 焦點團體法。
16. 深度訪問法。

　　上述 16 種方法之使用，除了效度為信度之考慮，客觀與否、周延與否，均必須加以考慮，下述科學研究方法可用以認識何者為有效之科學行銷研究。

1.5.2　行銷研究之科學假定與科學方法

　　行銷研究之研究係為「運用科學之方法」，有系統的去蒐集和分析有關行銷之資訊，以解決行銷規劃及管理決策。所謂科學的方法，有其特定的科學假定，約有：

1. 自然界(nature)是具有明確的規律與秩序存在，事件之發生並非偶然。
2. 人類如同其他自然事物或自然現象，只是自然界的一部分，故可以研究自然界之方法來研究人類，且其研究具有秩序性及經驗上之可驗證。

3. 科學中的真理係相對性的，是目前之證據、方法及理論，有可能在未來被修改，而知識具有改良人類條件及知識本身的發展，故知識絕對優於無知。

4. 自然界所有現象均有自然之原因，故科學研究不接受自然界以外之原因或力量會導致自然現象發生的反假定(counterassumption)。

5. 任何事物或真理均需經客觀的證明，而非依賴主觀的信念。科學精神具懷疑及批判性。

6. 科學知識基於實證觀察的假定，知識係源於實證經驗而獲得，故純推理(pure reason)係不科學的，至於傳統法(method of tenacity)、權威法(method of authority)、直覺法(method of intuition)、理性法(rationalistic method)均非科學方法。

　　科學的方法論(scientific methodology)則是一個用於從事研究及評估知識主張之明確規則，亦為系統化之程序，故方法論界定遊戲規則(rules of the game)，其角色有三：

1. 方法論可建立重複研究(replication)和建設性之批評架構，故法則明確且可公開使用，是科學研究者溝通的法則。

2. 實證觀察，必須透過系統化（關連及彙整）的邏輯架構才能形成基本的推理系統，故方法論之邏輯推理系統是科學的推理法則。

3. 實證的客觀性準則和驗證的方法雖然客觀，但方法論之相互主觀(intersubjectivity)可為科學且可傳遞，並對相似的觀察及研究進行驗證的工作。

　　故科學研究必須符合下述準則：(1)客觀性(objectivity)；(2)可靠性(reliability)；(3)精確性(definiteness and precision)；(4)系統性(coherence or systematic structure)；(5)全面性(comprehensiveness or scope of knowledge)。

1.5.3 科學研究相關名詞解釋

1. **觀念 (concept)**：有關某些事件 (events)、事物 (objective) 或現象 (phenomena)的一種或一組特性，為抽象的意義。

2. **構念(construct)**：為某特定研究及建立理論目的而特別發展出的某一印象(image)或理念(idea)。

3. **觀念性定義(conceptual definition)**：利用其他觀念來描述某一觀念的定義。

4. **操作性定義(operational definition)**：一套描述活動的程序。將觀念、理論層次 (conceptual-theoretical level) 和實證、觀察層次 (empirical-observational level)加以連結。

5. **命題(proposition)**：對觀念的陳述，且可依據觀察的現象判別其真偽。

6. **敘述性假設(descriptive hypothesis)**：說明某一變數之存在、大小、形象或分配情形之命題。

7. **相關性假設(relational hypothesis)**：敘述兩個變數間針對某案例之關係之陳述。

8. **理論**：用來進一步解釋和預測現象（事實）之一組系統性相互關連性的觀念、定義及命題。

9. **模式**：真實事物加以抽象化後的代表。

1.5.4 行銷研究方法評估

　　了解科學研究之方法及其真義，可以了解行銷研究必須客觀而系統化的進行。就行銷研究方法而言，定量的研究法比定性的研究法符合客觀性之科學準則；可運用統計推論的行銷研究比僅能應用敘述統計之行銷研究符合可靠性及精確性之科學準則；普查之行銷研究遠比抽樣之行銷研究符合全面性之科學準則；具有程序及架構之行銷研究較缺乏流程及建立研究架構之行銷研究符合系統性科學準則。

1.6 行銷研究組織、執行及控制

1.6.1 行銷研究組織

行銷研究既然在於研究行銷資訊，故行銷研究組織常得與行銷組織相互配合，以滿足各高階主管對於行銷資訊之不同需求。當然，有些公司因人力、財力限制，也有委託外部專業之行銷研究服務公司進行行銷研究專案，但公司仍需配當相關行銷研究人員配合進行及管制。

公司自設行銷研究組織，需視公司本身之條件及行銷資訊需求量的大小及對行銷研究品質要求的高低而決定組織大小及類型。故行銷研究組織有三種類型可以考慮並進行必須評估：

1. 成立正式的行銷研究單位。

2. 不建立行銷研究正式組織，而由相關人員進行行銷研究。

3. 委託專業行銷研究服務公司，簡化行銷研究部門成為行銷研究協調人員。

若以集權或分權的組織理論區別之，則以五種方式區分之：

1. **完全分權**：公司總部不做行銷研究，由各行銷作業部門自行進行行銷研究。

2. **完全集權**：公司總部設有正式的行銷研究部門，專門負責公司所有的行銷研究工作。

3. **功能分權**：各行銷作業部門獨立自行進行行銷研究，總公司亦有行銷研究部門獨立研究整個公司有關之行銷主題。

4. **指導分權**：各行銷作業部門自行進行行銷研究，但接受總公司行銷研究主管之監督及指導。

5. **集權分化**：總部設有集權之完整行銷研究部門，並於各行銷作業部門設立行銷研究之分支單位。

1.6.2　行銷研究執行

企業可由內部行銷研究組織執行行銷相關議題之研究並完成行銷研究報告。企業也可委由外部行銷研究公司執行行銷研究而獲得行銷研究報告。

1.6.3　行銷研究之控制

對於行銷研究工作不論是委外研究或內部自行研究，均必須進行管理工作，管理工作即所謂的計畫、執行及控制，執行工作必須掌握行銷報告之出爐，而行銷研究之控制的重點包括：

1. **績效衡量**：對於行銷研究的數量品質、交期、預算均必須加以衡量，進而評估行銷研究單位之績效。

2. **時間控制**：行銷研究計畫應按行銷資訊需求者之時間，及時提出完整的行銷研究報告，以供高階主管參考使用。

3. **品質控制**：行銷研究之品質必須加以控制，包括是否符合科學研究之準則（客觀、系統、全面、精確、可靠），行銷研究成果是否符合高階主管之需求。

4. **預算控制**：行銷研究計畫應編列行銷研究預算，並依計畫之預算隨時管制經費的使用。

行銷研究實務反思

1. 行銷研究不僅是回答極為重要的業務問題最有效、最實用的方法，而且是可靠方式進行調查的唯一方法。否則，高階主管和領導者沒有獲得有意義的數據，而不得不依靠直覺和猜測。那不是戰略，而是運氣！

2. 本書各個章節將會陸續加入重點讓讀者反思中小企業需要回答的 20 個關鍵市場行銷研究問題；不僅要確保中小企業短期營運的成功和穩定，還要確保長期永續經營的生存之道與競爭策略。將這些用作良好的市場行銷研究問題的示範，然後反思與討論後續相關問題的應對措施與解決方法。

（　）1. 行銷研究（市場調查與分析）係指應用何種方法，有系統地進行蒐集、分析及推論行銷資訊？　(A)物理　(B)科學　(C)創新　(D)傳統。

（　）2. 行銷研究（市場調查與分析）之主要功能在於協助高階主管及時獲得哪項資訊，以供行銷規劃、行銷決策之用？　(A)研發　(B)行銷　(C)科學　(D)成本。

（　）3. 組織市場之需求係消費者何者之延伸，市場需求波動較大，此乃因引申需求所產生之加速原理(acceleration principle)？　(A)市場需求　(B)行銷規劃　(C)行銷研究　(D)行銷決策。

（　）4. 行銷研究之問題範圍很廣，可以節省何者之範圍及成果並發揮行銷研究之效率及功能？　(A)行銷規劃　(B)問卷調查　(C)蒐集資訊　(D)街頭訪問。

（　）5. 敘述性研究則可分為縱斷面研究及橫斷面研究，縱斷面必須應用何種調查來進行之，而橫斷面則應用隨機樣本調查進行之？　(A)分層抽樣　(B)系統抽樣　(C)固定樣本　(D)假定樣本。

（　）6. 當某些資料之獲得無法由次級資料中獲得時，則必須進行何種等級資料之蒐集？　(A)初級　(B)中級　(C)高級　(D)不限等級。

（　）7. 高階主管在制定行銷方案及行銷組合決策時，必須依賴正確的什麼，而行銷研究常可發揮其功能？　(A)抽樣調查　(B)蒐集資訊　(C)科學方法　(D)行銷資訊。

（　）8. 通路決策必須考慮何者的大小，對通路控制程度的大小以及中間商之服務水準，這些細部行銷資訊均可透過行銷研究獲得？　(A)調查範圍　(B)研究範圍　(C)市場需求　(D)通路成本。

（　）9. 何者係為「運用科學之方法」，有系統的去蒐集和分析有關行銷之資訊，以解決行銷規劃及管理決策？　(A)行銷研究　(B)市場需求　(C)行銷規劃　(D)市場調查。

（　　）10. 行銷研究既然在於研究行銷資訊，故行銷研究組織常得與何者相互配合，以滿足各高階主管對於行銷資訊之不同需求？　(A)行銷組織　(B)銷售團隊　(C)調查團隊　(D)研發團隊。

 解答：1.(B) 2.(B) 3.(A) 4.(C) 5.(C) 6.(A) 7.(D) 8.(D) 9.(C) 10.(A)

MEMO

02

行銷資訊系統與行銷研究系統

　　高階主管在從事行銷管理活動時，所需要的資訊，稱之為行銷資訊，而所有有關行銷資訊之蒐集、整理、分析、解釋及推論之所有範圍，均可以行銷資訊系統來加以整合，行銷研究系統是一個獨特的研究系統，為行銷資訊母系統中一個重要的子系統。本章就行銷資訊系統與行銷研究系統兩部分加以探討。

2.1　行銷資訊系統之意義與功能

2.1.1　行銷資訊系統之意義

　　行銷資訊系統(marketing information system)是「一個互動的、連續的、未來導向的人員、設備及程序的結構，用來生產及處理資訊流程，以協助制訂行銷計畫中的管理決策」，另有學者將其定義為：「一個行銷資訊系統是人、設備和程序的一個連續和互動的結構，用以蒐集、分類、分析、評估和分配合適、及時和正確的資訊，供行銷決策人員使用，以增進他們的行銷規劃、執行和控制」，若從企業經營之全面化系統觀之，行銷資訊系統為管理資訊系統之子系統。

2.1.2　行銷資訊系統之功能

　　行銷資訊系統之功能如下：

1. 提供足夠且較多的行銷資訊（現今稱為大數據 Big Data），可提高公司之行銷管理績效。

2. 可將分散化之公司散布在各處之資訊加以蒐集，進而整合應用。

3. 透過行銷資訊之提供，使公司得以充分發揮及應用行銷觀念。

4. 可以有效地過濾及選擇有用的行銷資訊。

5. 高階主管可以有效地掌握未來之行銷趨勢。

6. 高階主管依據行銷資訊，妥善地進行行銷規劃。

7. 行銷資訊系統可以防止資訊被隱藏或積壓。

8. 可以快速的由平時的銷售資料及早作出行銷決策。

9. 可以由行銷資訊系統發覺公司經營上之警訊，及早採取對策或危機處理。

10. 可與其他相關之資訊系統整合，發揮企業資源整合之效果。

2.1.3　行銷資訊系統之發展趨勢

　　行銷資訊系統之發展，有下列幾個重要趨勢：

1. 行銷資訊系統之專業應用，發展成重要的銷售點及時系統(point of sales, POS)，有利於連鎖及大量銷售資料之處理及應用。尤其在電子商務上將更為重要。

2. 行銷資訊系統為整個管理資訊系統之核心部分，對企業管理經營之策略及規劃幫助越來越大，也使得公司日益重視行銷觀念。

3. 行銷資訊系統與其他管理資訊（如生產、人力、研發、財務）系統之整合，已發展成為企業資源整合規劃(enterprise resource planning, ERP)，形成全球化、多國籍、全方位的管理資訊系統。

2.2　行銷資訊系統之構成內容

　　行銷資訊系統之構成內容，可以細分為四個子系統，分別為內部報告系統、行銷偵察系統、行銷研究系統及行銷分析系統，每個子系統均提供特殊的行銷資訊，也發揮特殊的功能，但各子系統又整合成一體，息息相關，相互支援，而構成整個行銷資訊系統之母系統，加上結合電

腦科技之發展，使得行銷資訊系統之各子系統在文書處理、資料庫建立、統計應用、模式應用上均能大力發揮，進而發展出決策支援系統及先進的專家系統，使得行銷資訊系統之功能獲得很大的進步，對高階主管之管理工作有很大的幫助。

2.2.1 行銷資訊系統之子系統

行銷資訊系統將資料蒐集、處理、分析、歸納成有用的行銷資訊，及時而正確的提供給高階主管進行行銷規劃及決策之用。高階主管從事行銷規劃及管理決策時，所需之資訊甚廣，故將 MkIS (marketing information system)再區分為下列四個次（子）系統，以其範圍及功能提供不同需求及適用之行銷資訊。行銷資訊系統乃是為了滿足高階主管之資訊需求，故應先行評估資訊需求。行銷資訊系統所產出之行銷資訊必須適時的送給適用的行銷管理人員，此乃形成行銷資訊之配送。

行銷資訊系統是資訊系統之發展及應用，而資訊發展的歷史，經歷下述四個過程：

1. 資料處理系統(data processing, DP)。

2. 資訊管理系統(management information system, MIS)。

3. 決策支援系統(decision support system, DSS)。

4. 企業資源規劃系統(enterprise resource planning, ERP)。

MkIS 也是管理資訊系統更深入及專業的應用，茲依圖 2-1 加以更詳細的分析，建立下述之行銷資訊系統之投入產出及處理過程，架構圖如圖 2-2。

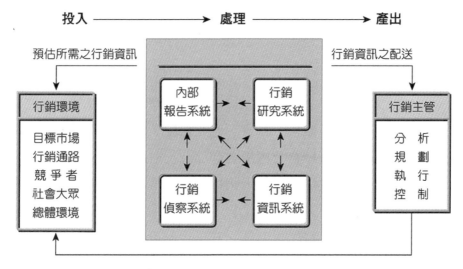

🛒 圖 2-1　行銷決策與溝通

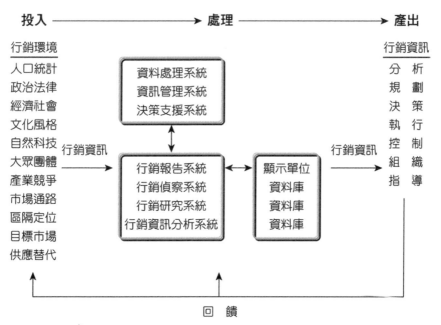

🛒 圖 2-2　行銷資訊系統之投入、處理及產出

各子系統之內容概述如下，詳細部分將於後面章節討論之：

一、內部報告系統

亦即由公司內部營運之紀錄，加以分析整理而成之資訊，提供了有關訂單、出貨、銷售、價格、存貨、應收帳款、應付帳款等作業系統相關之資訊，此紀錄也可結合及應用會計部門、財務部門、生產製造部門所產生之資訊及報表，以進行每天例行的作業管理及控制。內部報告系統主要作業系統為訂單／交貨／銷售／收款／進貨等作業系統及銷售營運之銷售報告系統。若欲應用內部紀錄以規劃策略及方案，則必須應用多方面的歷史性的內部資料趨勢，加以分析並結合其他資訊，方能有效的應用。

二、行銷偵測系統

對於外部之總體環境及競爭者相關資訊，則必須透過有效的行銷偵測系統每日蒐集資訊，監視環境變化，並整理分析，提供給行銷管理人員，以採取最佳的對策。行銷偵測系統偵測、蒐集之資料甚廣，涵蓋總體之政治、經濟、文化、社會、科技等，也包括個體之原物料、成品供應商及競爭者。蒐集的方法可應用公司對外人員、專家或向專業單位購買。在資訊膨脹的時代裡，資訊之蒐集必須經濟而有效。

三、行銷研究系統

行銷研究係有系統的設計，蒐集公司所面臨之行銷資訊及行銷問題，透過科學化的分析、研究、完成有效之報告，提供研究之結果及發現，以供行銷規劃及決策之用。行銷研究之應用廣泛，也常能提供有效之研究成果及發現，以掌握行銷機會及制訂行銷決策之依據，行銷研究之範圍包括商業經濟研究、產業及公司研究、產品研究、廣告研究、銷

售與市場研究及企業責任研究。行銷研究程序從界定研究之問題及目標、擬定研究計畫及方法,執行資料蒐集及分析歸納,到最後的行銷研究解釋、研究發現之報告,均需系統化、科學化的處理,方能提供正確之研究結論及發現,更能提供有效的行銷研究資訊。

四、行銷資訊分析系統

行銷資訊分析系統乃是應用資料處理、問題分析技術和決策理論於行銷資訊的分析及應用上。系統內包括有許多先進的資訊分析及處理之技術。從最基本的資料庫、統計庫、模式庫、到完整的決策支援系統(decision support system, DSS),甚至發展成解決專業問題的專家系統。

2.2.2 電腦化行銷資訊系統

行銷資訊系統的急速成長與發展,與電腦應用科技的急速發展密不可分。事實上,目前欲建立及發展一個有效的行銷資訊系統,必須結合資訊專業人員,電腦化設備及資訊處理分析程序,方能發揮最大的功效。電腦化應用於行銷資訊系統及其子系統,構成電腦化行銷資訊系統,最近更擴大及整合成為企業資源整合之 ERP (enterprise resource planning)來綜合描述之。表 2-1 為電腦化行銷資訊系統之內容。

◎ 表 2-1　電腦化行銷資訊系統之內容

行銷資訊系統 ＼ 電腦化	文書處理	資料庫處理	統計庫	模式庫	決策支援系統	專家系統	ERP
內部報告系統							
行銷偵測系統							
行銷研究系統							
行銷資訊分析系統							

2.3　內部報告系統

2.3.1　內部報告系統之意義及特性

一、意　義

　　內部報告系統之系統運作及資訊產生乃是從公司內部而來，所以常是公司內部營運的紀錄，也是高階主管應用行銷決策時最基本的資訊來源。公司若建立起健全之內部報告系統，則其內部資訊之獲取可以不假外求，由公司內部資訊系統中即可獲得。應用內部報告系統所提供之內部資訊，在行銷策略擬定時可以了解公司本身擁有的資源、條件及利基，應用內部的營運、銷售資料也可以進行行銷評核及管制。營業上的實務管理，若不透過內部的業務報告是無法進行的；經營績效的好壞也必須透過公司內部的財務報告才能獲知，行銷運作中所產生的應收應付款項及對象也可從應收及應付帳款明細報表中產生。營業單位與生產單位之產銷配合，必須透過內部報告系統所提供之營業量、生產量及存貨量來加以協調及整合。行銷資訊系統中之內部報告系統結合了財務、生產、人事等相關資料本能發揮較大的管理功效。

二、特　性

　　內部報告系統之特性如下：

1. 是公司內部每日營運的統合資料。

2. 該資料係經適當的處理及選擇後所產生之資訊，而供高階主管直接作決策參考之用。

3. 該系統提供之資訊為內部之及報告，為最新而適時的，非陳舊而過時之資訊。

4. 內部報告系統之資訊整合了各企業部門（如會計、倉管、採購、工廠、營業……）所產生之資料，並經妥善的資料處理過程所產生之內部資訊。

5. 行銷資訊系統之內部報告系統必須與其他資訊系統整合，如營銷管理系統必須與會計資訊系統、庫存管理系統、物料採購系統及生產管理系統加以整合，才能發揮功效，此為 ERP 最基礎之概念。

6. 廣義的內部報告系統涵蓋及主要之企業管理資訊系統。

2.3.2 內部報告系統之主要內容

內部報告系統中的資料及資訊十分龐雜，依數量資料及非數量資料區分，詳列如表 2-2。

表 2-2 內部報告系統之主要內容

	非數量（質）	數　　量
基本資料	公司宗旨、理念、使命、行業別、企業文化、組織圖、產品類別及項目、職工資料、企業識別體系、CIS。 品質規章制度。 客戶資料、新產品研發、競爭者資料。	產品、客戶、通路、職工各項編碼價格。 折扣、折讓。 費率。 市場占有率。 廣告預算。
營運資料	單據、訂貨單、出貨單、傳票。 訂貨、裝運、收款流程圖各作業系統。	財務報表：損益表、資產負債表、資金來源運用表、盈餘分配表、現金流量表、應付帳款報表。 銷售報表：時間別（年、月、日）、單位別、客戶別、產品別、地域別、通路別、業務員別之訂貨、出貨及銷貨報表、庫存報表、應收帳款報表、收款報表。 銷售報告系統：訂單、交貨、收款系統。

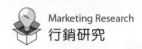

🎯 表 2-2 　內部報告系統之主要內容（續）

	非數量（質）	數　　量
分　析	形象：銷售組織。 使命完成度：通路組織。 品牌忠誠度：生產能力、技術能力。 顧客滿意度：信用融通能力。 服務水準：人力資源能力。 銷售力：顧客偏好陳列。	完成百分比。 差異分析。 比率分析。 品項分析。 毛利分析。 費用分析。 純利分析。 成本分析。
預　測	新營運發展。 知名度之發展。 形象發展。 經營方向。 新產品開發。	預算。 目標。 計畫。 迴歸分析。 時間數列。 利潤預測。 盈餘分配預測。

2.3.3　內部報告系統舉例

內部報告系統之主要內容中包括資本資料、營運資料、分析及預測之資料，在做內部報告系統時可以加以統合設計，形成各個既獨立又整合的作業系統，茲以某公司之進銷存及會計系統為例說明如下：

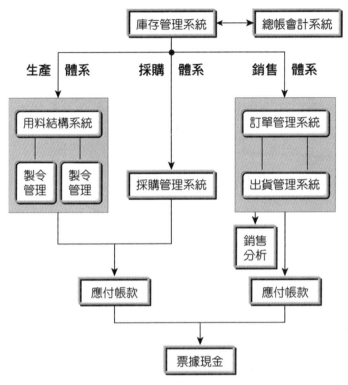

圖 2-3　進銷存、會計及採購、生產系統之連結

2.4 行銷偵察系統

2.4.1 行銷偵察系統之意義及特性

　　相對於內部報告系統之資料來源及產生出自公司內部，行銷偵察系統之資訊來自於公司外部，故又稱為外部偵察系統，行銷偵察系統之功能在於蒐集偵測公司外圍環境中各種與行銷活動有關之資訊，提供給主管以從事行銷規劃及決策，故其資料常常是變動的。由上述行銷偵察系統之說明，行銷偵測系統具有如下之特性：

1. 行銷偵察系統之資訊來源，取之於公司之外部環境。

2. 行銷偵察系統之資訊提供的常是變動中的資訊，包括過去的歷史資料，目前的現況及未來的趨勢預測在內。

3. 由於行銷偵察系統之資料經常變動，故其資料必須經常更新，以保持對行銷環境之敏感度。

2.4.2 行銷偵察系統之內容

行銷規劃管理及決策，必須參考及了解公司之外部行銷環境，行銷偵察系統應提供此方面之行銷資訊，外部環境可區分為總體環境及個體環境，又可區分為經濟、社會、技術、人口統計、政治法律……等，茲列表如表 2-3，以說明行銷偵察系統之詳細內容。

表 2-3　行銷偵察系統之內容

行銷偵察系統			
總　　體		個　　體	
人口統計	人口數量、成長率、分配結構（年齡、性別）、教育程度、職業、所得、宗教、種族、家計單位、家庭人數、出生率、死亡率。	供應商	供應能力、價格、數量、品質、議價能力、家數、原物料、零件之供應、配合狀況、信用狀況。
自然地理	城市大小人數、地形、氣候、溫度、能源、濕度、資源、礦產、水力、林木、山脈、都會化程度、汙染狀況。	中間機構	經銷商、通路、中間商之數目及能力、廣告公司、行銷研究公司、財務公司、其他行銷機構。
經濟	國民所得、利率、匯率、通貨膨脹率、貨幣供給額、失業率、退票率、進出口總值、能源成本、工資成本、儲蓄率、貨幣增貶值、資本市場、貨幣市場、期貨市場、外匯存底、價格管制、關稅、稅率、經濟成長率、景氣循環趨勢。	競爭者	既有競爭者、市場占有率、產品、價格、通路、推廣之策略及方案、開發能力、產能、主管人員、銷貨狀況、陳列狀況、潛在競爭者。

◎ 表 2-3　行銷偵察系統之內容（續）

行銷偵察系統				
總　　體			**個　　體**	
政治法律	政治安定、投資環境、獎勵投資、進出口管制、稅法、環保法、消保法、公平交易法、商標專利法、對外投資法令、相關行業法令。	大眾團體	環保團體、消費者團體、利益團體、當地大眾、一般大眾、公益團體、政治團體。	
社會風俗	語言、文化、風俗、習慣、顏色、道德觀、消費習性及傾向、宗教信仰、家庭觀念、婚姻觀念、人生觀、生活觀。	消費者	個人消費、家庭消費、消費心理、社會階級、生活型態、人格特徵、自我形象、消費行為、利益追求、使用率及使用狀況、忠誠度、態度、信念、參考團體、意見領袖、家庭角色、情境因素。	
科學技術	專利發明、研究發展支出（政府、企業、產業）、新產品訊息、新科技、科技整合、基礎研究、應用研究、技術合作、創新環境。			

　　行銷偵察系統結合總體及個體之行銷資訊，提供給高階主管從事行銷策略、規劃及決策之用，故其對未來趨勢之發展及各體環境中各單位機構之變動狀況極為重視，唯有掌握未來發展的新趨勢及變動方向，才能掌握社會之脈動，提出正確的行銷策略，運用資源了解條件及限制，從事創造高度附加價值之行銷活動，前述外部環境之內容均有其未來發展之趨勢，是行銷偵察系統應提供之最新行銷偵察之外部資訊。

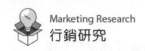

2.5　行銷研究系統

2.5.1　行銷研究系統之意義及特性

　　行銷研究系統為行銷資訊系統之子系統，為獲得行銷資訊之一種方法。除了前述之內部報告系統及行銷偵察系統可以提供相關的行銷資訊及行銷報告供高階主管參考之外，有些行銷上面對之問題或可能之行銷機會必須進行深入之分析、研究，方能獲得較為詳細、整體而明確的行銷資訊，以供行銷決策之參考。此種較為深入或為特定目的而設計，以獲得行銷資訊之方法為行銷研究系統所提供的服務。凡是運用科學之方法，有系統地設計蒐集和分析有關行銷的問題，均可稱為行銷研究。而行銷研究系統即是在公司內或透過外部行銷服務公司，進行特定之行銷研究，以獲得所需資訊之整體系統。

　　行銷研究是行銷資訊系統中一個重要的子系統，故行銷研究設計與規劃必然符合系統化之觀念。行銷研究系統之內涵為投入(input)、處理過程(process)及產出(output)；投入、處理及產出各單元之項目及關係可以圖 2-4 表示。

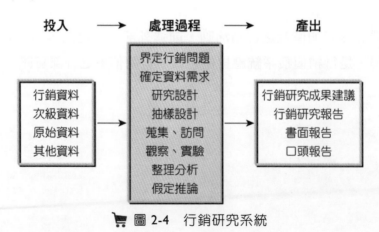

🛒 圖 2-4　行銷研究系統

行銷研究系統之投入為相關之行銷資料，可能為既有之次級資料，也可能是凌亂而必須直接蒐集之原始資料；其他資料也可能可以使用，這些資料是行銷研究系統中基本的投入。

行銷研究系統之處理過程為科學化的處理過程，包括界定行銷問題，確定資料需求，進行研究設計及抽樣設計、蒐集資料、整理資料、分析資料，進一步進行統計假定及推論之工作。下一節將有較詳細的敘述。

行銷研究系統之產出為行銷研究成果，其可能成為一份專業的行銷研究報告，而其表現可以是書面報告，也可能是口頭報告。行銷研究成果產出之目的，即在提供高階主管行銷規劃及管理決策時參考之用。

2.5.2 行銷管理、行銷資訊系統與行銷研究之關係

狹義的行銷研究是指以有系統且客觀的方法，發展與提供行銷規劃及管理決策過程中所需的資訊，故行銷研究係行銷資訊之提供者，提供行銷資訊給高階主管之用，故也是行銷決策的支援者。高階主管為行銷決策之制訂者，為行銷資訊之需求者，更是行銷資訊之應用（使用）者。其關係說明如圖 2-5：

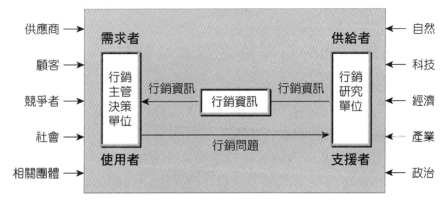

🛒 圖 2-5　行銷研究與行銷管理之關係

　　行銷資訊系統也是提供行銷資訊以供高階主管進行行銷規劃及管理決策之用，其提供行銷資訊之範圍比行銷研究來得較廣，但行銷研究是行銷資訊系統中極為重要的一個提供行銷資訊之子系統。繪圖如下：

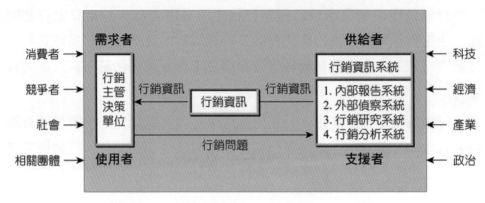

圖 2-6　行銷資訊系統與行銷管理之關係

　　行銷資訊系統與行銷管理之關係如圖 2-6 所示，而行銷研究與行銷管理之關係，由第二章行銷研究之功能之詳細分析中可以深入的了解，行銷資訊系統提供的行銷資訊較行銷研究更多。

2.6　行銷資訊分析系統

2.6.1　行銷資訊分析系統之意義及特性

　　行銷資訊分析系統所提供之行銷資訊係應用許多先進之分析技術來分析行銷資料，解決行銷問題之結果。故其資訊之歸納性、分析度及整合度均較前述三個子系統來得深入。而內部報告系統，行銷偵測系統及行銷研究系統所提供之資訊可以透過行銷分析資訊系統再度分析及整合，以上三系統之行銷資訊處理過程，也可應用行銷分析資訊系統之分析技術。例如行銷研究程序中資料之整理、分析即可應用統計庫中之統計分析技術。

　　行銷分析資訊系統之架構乃由統計庫、模式庫為主要內容，再配合資料庫系統及展示單位，構成行銷分析資訊系統之運作關係。

　　行銷分析系統由於其分析、整合之程度較高，應用統計工具並發展完成之決策模式，結合電腦軟體設備，對高階主管之行銷決策的支援有很大助益，故亦概稱為行銷決策支援系統。經統計庫中統計分析所獲得之資料可以獨立應用及展示，也可再提供給模式庫之基本輸入資訊，而發展成整體之行銷決策支援系統(marketing decision support system, MDSS)，如圖 2-7 所示。

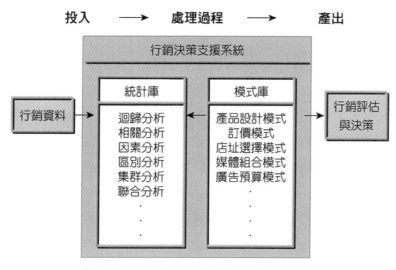

圖 2-7　行銷決策支援系統(MDSS)

2.6.2　資料庫

　　內部報告系統及行銷偵測系統所獲得之資料均可儲存於資料庫中，配合電腦運算、資料檢索、換算、重組、增補等功能，資料庫乃可發揮處理資料之能力，也供應資料給統計庫及模式庫中之分析技術來應用。

2.6.3　統計庫

　　行銷資料固可獨立應用，如內部報告系統及外部行銷偵測系統所獲得者，亦可直接展示及應用，但常需經過相關的分析技術來加以整理、分析。如行銷研究程序所應用及行銷決策支援所需之行銷資訊。

　　統計庫即是各種統計分析技術及方法之統合。一般包括有迴歸分析、相關分析、因素分析、區別分析、集群分析、聯合分析、大數據分析等（表 2-4 列出統計技術在行銷研究及行銷分析統計庫上之發展及技術名稱）。

2.6.4　模式庫

　　模式庫係為一系列模式之組合，行銷資訊經此模式分析、解釋後對高階主管解決行銷問題及從事行銷決策有很大的助益。模式庫中一般包括有描述性模式，用以溝通、解釋及預測行銷資訊，決策模式用以協助管理人員評估不同方案，並尋求最佳解釋，若變數關係用文字加以描述者為文字模式，而將文字模式加以符號化，乃形成圖形模式。最後若是應用數學化模式，其內容如表 2-5 所示。模式庫之一般化模式解釋行銷上之現象及問題，乃構成行銷分析資訊系統中之模式庫，其關係亦可由圖 2-8 描述之。

🎯 表 2-4　統計分析技術及行銷資訊分析技術之發展

每十年期間	技　術
1910 以前	・第一手觀察(firsthand observation)　・基本調查
1910～1920	・銷售分析　・營運成本分析
1920～1930	・問卷設計　・調查技術
1930～1940	・配額抽樣　・簡單相關分析　・配銷成本分析 ・商店稽核技術
1940～1950	・機率抽樣　・迴歸方法　・高等統計推論
1950～1960	・動機研究　・作業研究　・複迴歸與相關分析 ・實驗設計　・態度衡量工具
1960～1970	・變異數分析(ANOVA)　　　・因素分析與判別分析 ・數學模式　　　　　　　　・貝氏統計分析與決策理論 ・尺度理論(scaling theory)　・電腦資料處理與分析 ・行銷模擬　　　　　　　　・資訊儲存與擷取
1970～1980	・多元尺度法(multidimensional scaling) ・計量經濟模型 ・全面性的行銷規劃模型 ・試銷實驗室(test-marketing laboratories)
1980～1990	・多元屬性態度模型(multiattribute-attitude model) ・聯合分析與抵換(trade-off)分析 ・因果分析(causal analysis) ・電腦控制面談(computer-controlled interviewing) ・通用產品編碼與光學掃描器(uniform product code and optical scanners) ・正準相關分析(canonical correlation)
1990～2000	・SPSS, LISREL, ERP, DEES (data entry enterprise server)、Big Data

🎯 表 2-5　模式的分類及發展

1. 依技術分類	2. 依目的分類
(1) 描述性模式： 　　① 馬可夫過程模式 　　　(Markov-process model)。 　　② 等候模式(pueriling model)。 (2) 決策性模式： 　　① 微積分學。 　　② 數學規劃。 　　③ 統計決策理論。 　　④ 競賽理論(game theory)。	(1) 文字模式(verbal model)。 (2) 圖形模式： 　　① 邏輯流程模式(logical-flow model)。 　　② 網路規劃模式。 　　③ 因果模式。 　　④ 決策樹模式(decision-tree model)。 　　⑤ 函數關係式。 　　⑥ 回饋系統模式(feedback-systems model)。 (3) 數學模式： 　　① 線性與非線性模式。 　　② 靜態與動態模式。 　　③ 確定性與隨機性模式(deterministic 　　　v.s. statistical model)。

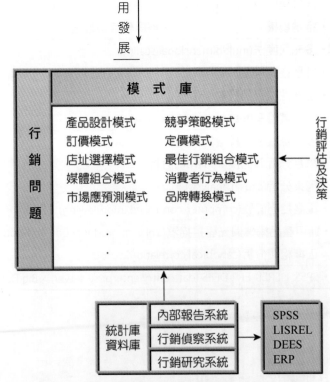

🛒 圖 2-8　統計庫、資料庫與模式庫的分類

2.6.5 展示單位

　　行銷分析資訊系統中展示單位與其他資料系統之展示單位通常共同使用，乃是資訊系統與使用者間之橋梁及介面，即為輸出單位及輸入單位，使用者應用展示單位與整個行銷資訊系統進行交流、溝通及對話，即提出指令及要求，也由此獲得所需要之資訊。展示單位中人機介面及人性化要求，自然語言輸入、直接輸出等要求及特性於電腦軟硬體介紹中詳述之。如今展示單位因應人機介面及人性化要求，配合電腦軟硬體進步，更已發展出 iPad、iPhone 以及雲端科技之整合運用。

2.7 ERP－企業資源規劃

　　行銷資訊系統在系統整合之觀念下與管理資訊系統已做全面的整合，近年來更發展成為企業資源規劃系統整合，故對 ERP 企業資源規劃加以介紹探討。

2.7.1 ERP 的介紹

　　企業資源規劃(enterprise resoure planning, ERP)系統是結合系統流程及資訊科技之技術，整合採購、生產管理、物流、銷售、會計等企業所有業務活動。乃由早期之管理資訊系統(MIS)加入資源系統整合觀念而成。

2.7.2 ERP 的特徵

1. 多國籍、多貨幣、多語言，可適用全球化公司應用。

2. 提供最佳實務流程的整合，符合系統整合之功能。

3. 透過標準流程範本支援流程再造，進而發揮企業再造功能。

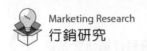

4. 資料庫(data warehouse)的建立，一項資料只輸入一次，迅速確實。

5. 透過參數設定在短期間內進行導入與開發，應用範圍廣則導入容易。

6. 開放性的模組架構，且可結合其他廠家的系統(SCM、CRM)，擴充性強。

2.7.3　ERP 能解決舊有系統哪些缺點

1. 解決內部各主要系統的聯結，如：進銷存與財務、貿易與財務等。

2. 解決資料重複輸入的問題，如：成本分析、各項彙總報表。

3. 解決會計結帳速度慢的問題。

4. 解決舊系統圖形介面無法支援(DOS OS)缺點。

5. 解決關係企業間資料無法線上查詢、交易問題。

6. 追蹤專案式訂單的整體流向不易。

7. 各關係企業的庫存無法及時掌握。

8. 各關係企業財務彙總報表蒐集不易。

9. 基本資料無法一致性，且維護困難（如：物料基本檔、會計科目基本檔等）。

10. 對客戶報價速度太慢。

11. 無法提供各產品的標準成本與實際成本之比較。

12. 舊系統無法提供保稅管理。

2.7.4　ERP 導入預期目標

1. 存貨水準將大幅降低，使用 ERP 之廠商，其經驗值為存貨成本下降甚多之比率。

2. 透過生產前的事先模擬，配合生產管理與物料管理，可降低停工待料的損失。

3. 全面管理體質的改善，公司部門衝突會減少。

4. 製造成本將大幅降低，經驗值為製造成本下降約 20%。

5. 間接人工成本將會大幅下降，而且員工加班之時間大幅降低。

6. 提升公司配銷之效率，顧客滿意度提高。

7. 經由 ERP 之導入改進流程系統，提高整體經營效率。

2.7.5　ERP 軟體選定評定項目

ERP 之實施，與 ERP 廠商選定評定項目甚有關係，茲將評定項目舉例如下，以供參考。

比較項目	ERP 廠商（參考）		具優勢廠家	備註
	SAP	ORACLE		
1. 市場占有率。				
2. 是否充分支援本土化作業。				
3. 客製化(customerization)的難易度。				
4. 是否能夠充分因應最新的資訊技術。				
5. 可否與未來要發展的系統軟體共存 (NOTES、B2B、B2C)。				
6. 是否在類似業別或相同業務上擁有導入實績。				
7. 顧客能力評估。				
8. 是否容易學習並上手。				
9. ERP 系統與上下游廠家資料的交換及整合能力。				
10.使用者介面親和度。				
11.操作畫面系統是否支援瀏覽器。				
12.ERP 的缺點及公司因應對策。				
13.ERP 導入費用。				

2.7.6　ERP 導入前置計畫流程表

　　ERP 之導入，其成功與否，與導入前之前置計畫及作業甚有關係，茲以一般 ERP 導入前置計畫流程表說明之。

階　段	目　標	對　象	工　作	完成日期	備註
1. 基本觀念介紹	建立 ERP 系統導入觀念	企業高階主管	① ERP 基本觀念介紹。 ② 說明 ERP 專案小組之組織架構及工作職掌。 ③ 籌組 ERP 專案組織。		
2. 產品功能說明	了解 ERP 產品功能及導入方式	企業高階主管及 ERP 小組	① 介紹 ERP 各模組基本功能。 ② 提供系統各模組導入顧問問題集。 ③ 擬予 ERP 系統導入方式。 ④ 評估 ERP 系統 ROI。		
3. 作業需求討論	確認使用者需求	企業 ERP 小組及各部門主管 ERP 系統導入顧問	① 分 Finance 及 Logistic 兩組進行業務需求訪談。 ② 參觀 Reference Sites。		
4. 系統架構討論	確認 ERP 系統架構需求	企業資訊部門主管、顧問	① 確認資料庫系統。 ② 確認電腦主機容量。 ③ 確認通訊網路及系統整體架構。		
5. 建議書確認	確認系統導入建議書內容	企業高階主管、ERP 小組及 ERP 廠家專案小組	① 確認建議書內容，含專案範圍、時程、預算等。 ② 導入顧問 Interview。 ③ 建議書總結簡報。 ④ 議定合約 T&C。		
6. 專案開始準備	準備專案開始前置作業	企業 ERP 小組級各部門主管及 ERP 廠家專案小組	確認專案啟始日期。		

行銷研究實務反思

1. 目前誰在購買我們的產品與服務？

2. 是什麼促使、影響和激勵這些人選擇我們的產品與服務？

習題 Exercise   Marketing Research

(　　)1. 行銷資訊系統的功能為提供足夠且較多的什麼（現今稱為大數據 Big Data），以提高公司之行銷管理績效？　(A)行銷資訊　(B)科學方法　(C)行銷決策　(D)關係行銷。

(　　)2. 行銷資訊系統之專業應用，發展成重要的何種系統(Point of Sales, POS)，有利於連鎖及大量銷售資料之處理及應用？　(A)資料處理系統　(B)資訊管理系統　(C)銷售點及時系統　(D)決策資源系統。

(　　)3. 行銷資訊系統乃是為了滿足高階主管之何項需求，故應先行評估資訊需求？　(A)個人需求　(B)基本需求　(C)管理需求　(D)資訊需求。

(　　)4. 內部報告系統之系統運作及資訊產生乃是從公司內部而來，所以常是公司何者的紀錄，也是高階主管應用行銷決策時最基本的資訊來源？　(A)行銷會議　(B)內部聯結　(C)通路研究　(D)內部營運。

(　　)5. 何者是行銷資訊系統中一個重要的子系統，故行銷研究設計與規劃必然符合系統化之觀念？　(A)通路研究　(B)資料處理　(C)行銷研究　(D)關係行銷。

(　　)6. 行銷研究系統之產出為行銷研究成果，其可能成為一份專業的行銷研究報告，而其表現可以是哪種報告？　(A)書面報告　(B)口頭報告　(C)書面及口頭報告　(D)以上皆非。

(　　)7. 行銷分析系統由於其分析、整合之程度較高，應用統計工具並發展完成之決策模式，結合何種設備，對高階主管之行銷決策的支援有很大助益，故亦概稱為行銷決策支援系統？　(A)電腦硬體設備　(B)電腦軟體設備　(C)資訊分析設備　(D)資料處理設備。

(　　)8. 何者係為一系列模式之組合，行銷資訊經此模式分析、解釋後對高階主管解決行銷問題及從事行銷決策有很大的助益？　(A)模式庫　(B)統計庫　(C)資料庫　(D)檔案庫。

(　　) 9. 何項系統中展示單位與其他資料系統之展示單位通常共同使用，乃是資訊系統與使用者間之橋梁及介面？　(A)銷售點及時系統　(B)資料處理系統　(C)行銷分析資訊系統　(D)決策資源系統。

(　　) 10. ERP 是哪種系統，是結合系統流程及資訊科技之技術，整合採購、生產管理、物流、銷售、會計等企業所有業務活動？　(A)行銷分析資訊　(B)決策資源　(C)資料處理　(D)企業資源規劃。

 解答：1.(A) 2.(C) 3.(D) 4.(D) 5.(C) 6.(C) 7.(B) 8.(A) 9.(C) 10.(D)

MEMO

Chapter

03

行銷研究（市場調查）設計與規劃

行銷研究為行銷資訊系統中一個重要的子系統，應用科學研究的精神及方法，有系統的對行銷資訊進行整理、分析、推論，並獲得行銷研究成果，以提供高階主管行銷規劃之用，並支援高階主管從事行銷管理決策。

行銷研究既然符合科學研究之精神及方法，故行銷研究之進行必須妥善的加以設計與規劃。

本章即針對行銷研究之設計與規劃進行討論，而討論方向為操作性定義的運用，並以行銷研究之流程圖來對行銷研究設計及規劃進行闡述及說明。

3.1 研究設計與規劃

行銷研究設計與規劃必須應用科學研究的精神及方法，有系統的對行銷資訊進行整理、分析、推論，並獲得行銷研究成果。研究設計與規劃為科學研究方法與程序，科學研究方法的步驟主要有：1.觀察體會、2.提出命題、3.建立假設、4.蒐集資料、5.分析資料及 6.推導結論（吳萬益、林清河，2000）。以圖 3-1 科學研究方法的步驟說明之。

至於研究計畫的步驟，大要包括：1.理論構念的界定、測量或操弄（衡量構念效度）；2.選擇研究設計；3.資料蒐集及分析；4.解釋分析結果，並用來發展或修正理論（外部效度）。以研究的歷程來敘述企業研究規劃，各歷程列表如圖 3-2 研究規劃（吳萬益、林清河，2000）：

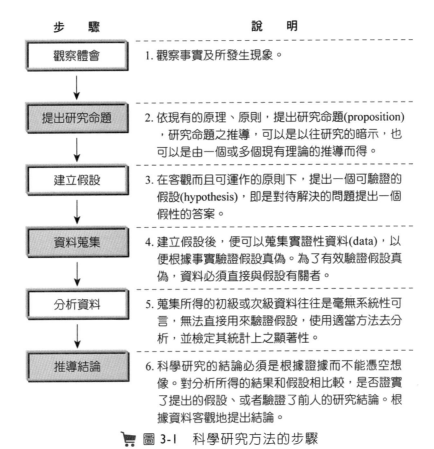

步　驟	說　明
觀察體會	1. 觀察事實及所發生現象。
提出研究命題	2. 依現有的原理、原則，提出研究命題(proposition)，研究命題之推導，可以是以往研究的暗示，也可以是由一個或多個現有理論的推導而得。
建立假設	3. 在客觀而且可運作的原則下，提出一個可驗證的假設(hypothesis)，即是對待解決的問題提出一個假性的答案。
資料蒐集	4. 建立假設後，便可以蒐集實證性資料(data)，以便根據事實驗證假設真偽。為了有效驗證假設真偽，資料必須直接與假設有關者。
分析資料	5. 蒐集所得的初級或次級資料往往是毫無系統性可言，無法直接用來驗證假設，使用適當方法去分析，並檢定其統計上之顯著性。
推導結論	6. 科學研究的結論必須是根據證據而不能憑空想像。對分析所得的結果和假設相比較，是否證實了提出的假設、或者驗證了前人的研究結論。根據資料客觀地提出結論。

🛒 圖 3-1　科學研究方法的步驟

資料來源：吳萬益、林清河（2000 年 2 月）。企業研究方法。華泰文化，p.23。

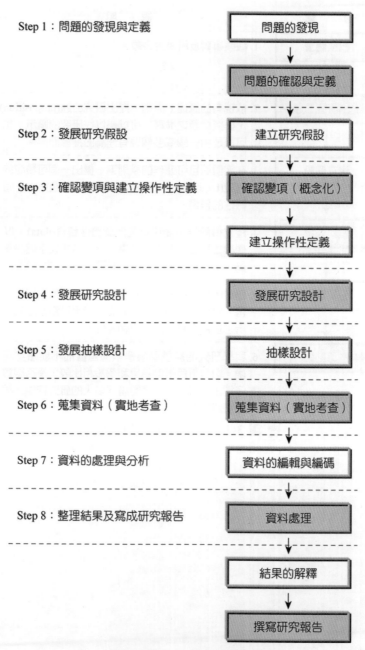

Step 1：問題的發現與定義 　　　問題的發現

　　　　　　　　　　　　　　問題的確認與定義

Step 2：發展研究假設 　　　　　建立研究假設

Step 3：確認變項與建立操作性定義　確認變項（概念化）

　　　　　　　　　　　　　　建立操作性定義

Step 4：發展研究設計 　　　　　發展研究設計

Step 5：發展抽樣設計 　　　　　抽樣設計

Step 6：蒐集資料（實地考查）　蒐集資料（實地考查）

Step 7：資料的處理與分析 　　　資料的編輯與編碼

Step 8：整理結果及寫成研究報告　資料處理

　　　　　　　　　　　　　　結果的解釋

　　　　　　　　　　　　　　撰寫研究報告

🛒 圖 3-2　研究規劃

資料來源：吳萬益、林清河（2000 年 2 月）。企業研究方法。華泰文化。

研究歷程中要考慮的相關基本問題，如表 3-1 所示(William G. Zikmund, 1999)。

⊙ 表 3-1　研究歷程基本問題

研究歷程	基本問題	研究歷程	基本問題
問題的發現與定義	1. 研究的目的是什麼？ 2. 到目前為止對要研究的問題了解多少？ 3. 需要額外的背景資料嗎？ 4. 資料可取得嗎？ 5. 研究應該進行嗎？	資料蒐集	1. 誰要去蒐集資料？ 2. 需要資料要花多少時間？ 3. 如果要使用問卷調查，如何去訓練及管理訪員？ 4. 要跟隨什麼樣的運作歷程？
發展研究假設	研究假設可以被衡量嗎？	資料處理及分類	1. 將使用標準化的資料與編碼嗎？ 2. 資料要如何分類？ 3. 如何使用電腦或者人工的方式來處理資料？ 4. 什麼樣的問題是需要回答的？ 5. 要研究什麼的變項關係？
定義變項及說明操作性定義	什麼需要被衡量？如何去衡量？		
發展研究設計	1. 結果要回答什麼樣的研究問題？ 2. 研究要尋找什麼樣的變數關係？敘述性？因果性？ 3. 資料的來源為何？ 4. 答案可藉由詢問人們而得到嗎？ 5. 尋找資料需要多久的時間？ 6. 應該用問卷式來調查嗎？ 7. 應該進行實驗性操作嗎？	報告的型式	1. 誰要閱讀這份報告？ 2. 需要做管理上的建議嗎？ 3. 有什麼撰寫上格式的要求嗎？ 4. 需要什麼樣的呈現方式？書面？簡報？
選擇抽樣設計	1. 資料的來源是從誰來？如何取得？ 2. 目標的母體可以被定義嗎？ 3. 需要抽樣嗎？ 4. 需要進行機率抽樣嗎？ 5. 需要多大的樣本？ 6. 如何選擇樣本？	整體衡量	1. 整體而言，研究大概要花多少錢？ 2. 有時間限制嗎？ 3. 需要外界研究機構支援嗎？ 4. 此種研究設計產的結果是否達到研究目的？ 5. 研究的時程表？何時開始？

資料來源：Zikmund, W. G. (1999). Business Research Methods, sixth edition, p.97.

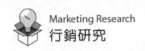
楊國樞等(1994)認為社會及行為科學研究方法,必須將思考的廣泛地應用在解決問題的步驟上。其提出解決問題的五個步驟可以用來敘述企業研究設計與規劃,簡單說明如圖 3-3 解決問題五步驟所示。

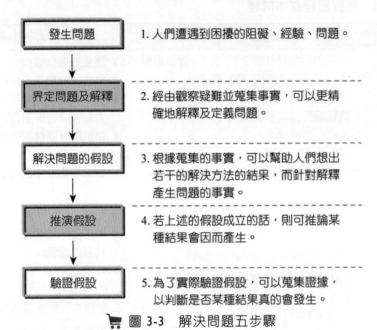

發生問題	1. 人們遭遇到困擾的阻礙、經驗、問題。
界定問題及解釋	2. 經由觀察疑難並蒐集事實,可以更精確地解釋及定義問題。
解決問題的假設	3. 根據蒐集的事實,可以幫助人們想出若干的解決方法的結果,而針對解釋產生問題的事實。
推演假設	4. 若上述的假設成立的話,則可推論某種結果會因而產生。
驗證假設	5. 為了實際驗證假設,可以蒐集證據,以判斷是否某種結果真的會發生。

🛒 圖 3-3　解決問題五步驟

資料來源:楊國樞等(1994)。社會及行為科學研究方法,第五版。臺北:東華,p.40。

3.2 行銷研究設計與規劃

行銷研究是行銷資訊系統中一個重要的子系統,故行銷研究設計與規劃必然符合系統化之觀念。行銷研究系統之內涵為投入(input)、處理過程(process)及產出(output);投入、處理及產出各單元之項目及關係可以行銷研究系統繪圖如圖 3-4 所示。

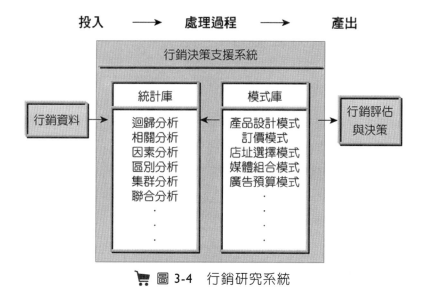

投入 ⟶ 處理過程 ⟶ 產出

行銷決策支援系統

統計庫	模式庫
迴歸分析 相關分析 因素分析 區別分析 集群分析 聯合分析 · · ·	產品設計模式 訂價模式 店址選擇模式 媒體組合模式 廣告預算模式 · · ·

行銷資料

行銷評估與決策

🛒 圖 3-4　行銷研究系統

　　行銷研究系統之投入為相關之行銷資料，可能為既有之次級資料，也可能是凌亂而必須直接蒐集之原始資料；其他資料也可能可以使用，這些資料是行銷研究系統中基本的投入。

　　行銷研究系統之處理過程為科學化的處理過程，包括界定行銷問題，確定資料需求，進行研究設計及抽樣設計、蒐集資料、整理資料、分析資料，進一步進行統計假定及推論之工作。下一節將有較詳細的敘述。

　　行銷研究系統之產出為行銷研究成果，其可能成為一份專業的行銷研究報告，而其表現可以是書面報告，也可能是口頭報告。行銷研究成果產出之目的，即在提供高階主管行銷規劃及管理決策時參考之用。

3.3 行銷研究之程序

3.3.1 行銷研究之流程

行銷研究係將研究的方法及科學的探究精神應用於行銷議題及行銷領域上。故行銷研究的程序係一種研究探索的程序，其程序包括下列幾個步驟，如圖 3-5 行銷研究之流程圖：

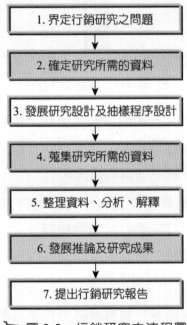

1. 界定行銷研究之問題

2. 確定研究所需的資料

3. 發展研究設計及抽樣程序設計

4. 蒐集研究所需的資料

5. 整理資料、分析、解釋

6. 發展推論及研究成果

7. 提出行銷研究報告

🛒 圖 3-5　行銷研究之流程圖

3.3.2 行銷研究程序之誤差

行銷研究之科學研究程序如上述，其目的在盡可能獲得正確之資訊，但任何研究計畫很難完全消除誤差，上述行銷研究過程中可能產生的誤差有：

1. **母體設定之誤差(population specialization error)**：係指研究所要求的母體與執行人員所選擇的母體不一致。

2. **抽樣誤差(sampling error)**：係指利用機率方法選擇的樣本和研究人員所要找的代表性樣本不一致，亦稱機率抽樣誤差。

3. **選擇誤差(selectioin error)**：利用非機率抽樣方法選出的樣本與研究人員所要之代表性樣本不一致。亦稱非機率抽樣誤差。

4. **抽樣架構誤差(frame error)**：母體中所有單位構成之抽樣架構(sampling frame)，不當的抽樣架構會使得所要的樣本與抽樣而得之樣本不一致。

5. **無反應誤差(nonresponse error)**：由於無接觸(noncontact)與拒絕(refusal)之關係，使得所獲得之樣本和選擇的樣本不一致。

6. **替代資訊誤差(surrogate information error)**：研究人員因受訪者沒有能力(inability)或不願意(unwillingness)提供研究資訊而找尋替代資訊，此替代資訊可能產生誤差。

7. **衡量誤差(measurement error)**：行銷研究之過程中每一步驟均要衡量。由衡量時，所取得之資訊可能和研究所需資訊不一致所產生之誤差。

8. **實驗誤差(experimental error)**：研究者無法控制所有可能的外在獨立變數。實驗結果所衡量的變數並非獨立變數之效果，而為實驗情境本身之結果，亦即獨立變數之實際影響與因歸因於獨立變數之影響不一致。

3.4 界定行銷研究之主題

　　行銷研究之目的在於提供高階主管從事行銷管理活動時所需要的資訊，故行銷研究之主題，必然與行銷管理有關。行銷研究第一個步驟在

於明確地界定研究的問題，以清楚地了解研究的目的，方能將有效的研究結果，提供給高階主管協助其有效地規劃行銷策略及行銷方案，並正確地進行行銷決策。

3.4.1　界定主題之範疇

1. 行銷研究之主題範圍，可以分為三大類型：
    (1) 消費者市場研究。
    (2) 工業市場或組織市場研究。
    (3) 國際行銷研究。

2. 另依行銷研究之領域，可以分為下列幾大項：
    (1) 產品研究。
    (2) 銷售研究。
    (3) 市場研究。
    (4) 購買行為研究。
    (5) 廣告及促銷研究。
    (6) 銷售預測。
    (7) 產業及市場特性研究。

    各領域可再加以細分成子目、加以深入探討。

3.4.2　界定研究問題之方法

1. 先進行情勢分析(situational analysis)：
    (1) 蒐集及分析企業內部紀錄及各種有關之次級資料。
    (2) 探討企業內外相關問題，並訪問企業內、外有豐富經驗知識之人士。

2. 研究人員與企業高階主管共同界定研究問題。

3. 對界定之研究問題加以評估及詳細描述和探討。

4. 最後研究人員與企業高階主管共同確定研究主題（問題）。

3.4.3　界定研究主題之評估

　　對於界定行銷研究的問題（主題），可用下列幾個問題加以評估：

1. 高階主管目前面臨的決策問題是什麼？

2. 為何要進行此項行銷研究？

3. 本行銷研究之基本目的為何？可否明確敘述之？

4. 本行銷研究是否必要？

5. 本行銷研究是否迫切？

6. 需要進行哪些背景研究？

3.4.4　界定問題（主題）之描述及探討

　　對於行銷研究的研究問題（主題）之界定，可以下列表現描述之：

1. 研究動機。

2. 研究目的。

3. 研究範圍及定義。

4. 研究限制及困難。

5. 研究方法及研究架構。

6. 研究流程及步驟。

7. 研究時間及研究預算。

8. 預期研究成果。

透過上述八項研究問題之描述，研究問題（主題）自然精確而詳盡的加以界定出來。

3.5　確定行銷研究所需的資料

3.5.1　行銷研究資料

行銷研究所需要的資料，一般可區分為初級資料及次級資料，初級資料又稱原始資料(primary data)，常為研究者必須自行進行抽樣、觀察、問卷訪談或實驗而獲得。次級資料一般均為其他研究者或單位已蒐集、整理而研究完成者。行銷研究對於兩者資料均應進行蒐集，次級資料為組織內外現有資料，行銷研究人員如發現合適而可用之次級資料，應盡量加以利用，因其研究成本較低，尤其要盡量使用公司內部擁有之次級資料。

原始資料為特定目的而直接蒐集之資料，蒐集成本較高，當無合用之次級資料可用時，再進行初級資料之蒐集。行銷研究所得的資料必須切合界定出之行銷研究問題。確定行銷研究所需的資料，其過程可以由前述界定研究問題的過程中發展出來。

3.5.2　行銷研究資料之評估

1. 高階主管面臨的決策問題是什麼？→需要何種行銷資訊？

2. 為何要進行行銷研究？→什麼資訊可以解釋？

3. 本行銷研究之基本目的？→什麼資料可以達成研究目的？

4. 本行銷研究是否必要？→什麼資料是無用的？

5. 本行銷研究是否迫切？→能否從其他地方獲得及時之資料？

6. 需要進行哪些背景研究？→背景研究之資料為何？

3.6 發展行銷研究設計

3.6.1 研究設計

一般研究設計可分為兩大類型。探索性研究(exploratory research)的主要目的在於發掘初步的結論及見解，並發展成進一步的研究方向及範圍。結論性研究(conclusive research)的主要目的在於幫助決策者選擇合適的行動方案。發展行銷研究設計之流程如圖 3-6。

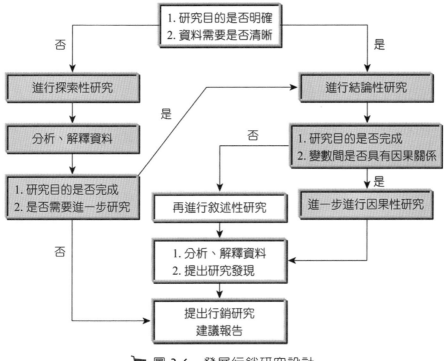

🛒 圖 3-6　發展行銷研究設計

一、探索性研究之方法

1. 次級資料的研究。

2. 專家意見調查(expert-opinion survey)。

3. 相似案例分析。

4. 深度集體訪問。

5. 焦點團體座談等方法。

二、結論性研究方法

（一）敘述性研究(descriptive research)

縱剖面研究有真正固定樣本(true panel)及綜合固定樣本(omnibus panel)兩種，橫切面研究則為樣本調查。

（二）因果性研究(causal research)

其主要目的在於建立變數間之因果關係，說明產生某種現象的原因。因常必須進行實驗設計，又稱實驗性研究。

3.6.2　發展行銷研究設計之步驟

確定了行銷研究所需的資料後，研究者應進行詳細的研究設計，包括：1.決定資料的種類及來源；2.發展及設計、蒐集資料之方法及工具；3.決定抽樣設計及抽樣架構之設計；4.設計預試計畫；5.規劃整個行銷研究進度排程；6.預估行銷研究之費用及預算。

3.6.3　研究設計之評估

評估研究設計，可以下列問題評核之：

1. 對研究問題的了解有多少？

2. 是否需要形成研究假設，並進行統計檢定及推論？

3. 是否需要探討因果關係？

4. 探索性研究或結論性研究，何種適合？

5. 何種研究可以回答界定之行銷問題？

3.6.4　抽樣設計

　　研究設計亦必須設計抽樣程序。研究者必須依據研究目的及研究主題考慮研究經費、統計誤差、信賴水準、顯著水準、時間等因素確定研究的母體(population)及抽樣架構(sampling frame)並決定樣本(sample)的性質、大小及抽樣方法。

3.7　蒐集所需要的資料

　　行銷研究所需要的資料，必須依據行銷研究所界定的問題、研究目的及研究設計，來加以進行蒐集。蒐集所需要的資料必須先選擇資料蒐集的方法。資料依其來源可分為初級資料(primary data)與次級資料(secondary data)。

　　初級資料為原始資料，為特定研究目的直接蒐集而得之資料。次級資料為既存之現有資料，可直接參考引用。如有合適的次級資料，應優先應用。

3.7.1　蒐集初級資料之方法

　　在無適用的次級資料時，必須進行初級資料的蒐集，蒐集初級資料主要的方法有訪談法(interview)、觀察法(observation)及實驗法(experiment)。

一、訪談法

為利用人員訪談、電話訪談及郵寄問卷訪談等方式進行調查及蒐集資料。訪談法是蒐集受訪者背景、基本資料、經濟條件、態度、意見、動機，等內在狀況與外在行為有效的方法。訪談法進行調查及蒐集資料時，必須先設計問卷(questionnaire)。

二、觀察法

是透過觀察特定活動的進行來蒐集資訊，觀察法因有客觀的觀察者進行資料蒐集，對被觀察者之外在行為觀察結果較為客觀，但無法了解及觀察被觀察者之內在動機、態度及意見。觀察法進行前應先設計記錄觀察結果的登記表或記錄表。

三、實驗法

係對行為及環境加以控制，俾能了解各變數間之因果關係。對欲研究行為之因果或變數間的原因及現象的結果，特別具有研究效果。實驗法必須設計進行實驗時所需的各種環境控制設備及相關之道具。

3.7.2 初級資料蒐集之實施

資料蒐集實施時，有些細節項目必須確立：

1. 由誰去蒐集資料？
2. 如何確保蒐集資料現場作業之品質？
3. 如何訓練蒐集資料人員？
4. 如何監督訪談員或觀察人員之工作？
5. 需要多久時間完成資料蒐集工作？
6. 資料蒐集之預算多少？占全部行銷研究之比例多少？

3.8　資料之整理、分析及解釋

3.8.1　資料整理之步驟

當行銷研究設計進行資料之蒐集工作完成後，必須對所蒐集到的所有資料（包括初級資料及次級資料）進行整理、分析及解釋。此時統計學上的各種理論及工具可在此發揮很大的功能。

資料的整理在初始階段所應用的，以敘述統計的部分較多，而分析及解釋的工作則必須配合推論統計的應用。

整理資料、分析資料及解釋結果，包括下列工作：

一、整理初級資料

對蒐集到的資料加以檢視，對不合邏輯、不完整、不正確、可疑或未填答者加以處理或去除，並加以整理編輯，以供列表、分析之用。

二、對抽樣的有效性加以檢視及證實

證實蒐集資料獲得之樣本的代表性，其方法因抽樣方法而有不同。隨機抽樣(random sampling)可估計樣本本身的統計誤差以證實之。配額抽樣(quota sampling)，應評估樣本是否夠大，並與其他來源相對照。消費者樣本，為樣本之代表性。工業研究及中間商調查，也可比較樣本與普查資料之差異。統計抽樣之研究，即在評估及證實樣本之代表程度。

三、編碼(coding)

為了整理及應用電腦協助分析工作，應將檢視過正確的初級資料加以妥當的編碼，以成為電腦了解之符號或語言。

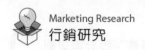

四、編表或繪圖

列表時資料整理、分析最易懂,且有效的描述方式就是應用統計表或統計圖,不論是次數分配表、累計次數分配表、百分比圓形圖、長條圖、樹形圖或分配狀況,在敘述統計學上有詳細的解說。

五、統計分析和解釋結果

透過前述資料的整理、樣本有效性驗證及編碼編表後,可以詳細的進行統計分析以及假設檢定、估計、推論之工作,進一步由統計分析來解釋整個研究之成果。

3.8.2 資料整理應注意事項

資料整理過程有些細節必須詳加研究。

1. 資料如何編碼,方才適用?
2. 如何確保編碼工作之品質?
3. 需要應用何種表格?
4. 何種表格、圖形最為扼要明確、易懂?
5. 應用何種分析技術,為敘述統計或推論統計?
6. 如何由敘述統計發展到推論統計?

3.9 發展推論及研究成果

前一步驟對資料整理、分析及解釋,主要是應用敘述統計學為工具,屬於敘述性研究(descriptive research),當敘述統計學的應用、分析、解釋中,可以逐步發掘各資料之現象及關係,則進行推論統計(inductive statistics)應用範圍，此為探索性研究(exploratory research)，也是發展統計推論的研究，透過探索性研究，進一步則可以進行因果性研究(casual research)及結論性研究(conclusive research)。由上所述，透過各種研究方法，可以發展出行銷研究之推論、假設檢定及結論，進而獲得行銷研究之成果。本書第三篇推論統計中對於發展推論之統計技術有詳盡的介紹。

3.10 提出行銷研究報告

將研究結果針對閱讀者之需要及方便，以專業報告的格式及型態加以表現成完整的行銷研究報告。專業的報告分為技術性報告(technical report)，強調研究方法和基本的研究，並詳細陳述研究的發現；另外為管理性報告(management report)，力求簡明扼要，而減少技術性細節，以研究成果為重點。

評估研究報告結果是否適當，可以下列問題討論之。

1. 要向誰提出研究報告？

2. 閱讀者對研究方法的了解程度如何？

3. 是否需要提供管理決策上的建議？

4. 報告架構是否清楚？

5. 使用的名詞文字是否專業或通俗。

研究報告亦分為書面報告及口頭報告，兩者相輔相成。

技術性書面報告一般之大綱為：1.序文；2.緒論；3.研究方法；4.研究發現；5.結論；6.附錄；7.參考文獻。

而管理性書面報告之大綱則為：1.序文；2.緒論；3.結論；4.研究發現；5.附錄。

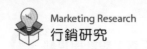
　　另學術論文大致的格式為：1.研究動機與目的；2.文獻探討；3.研究方法；4.分析結果與研究發現；5.結論與建議。

　　口頭報告一般以：1.開場白；2.發現與結論；3.建議等三大部分為大綱。

行銷研究實務反思

1. 這些人如何向我們購買？（例如：直接，在線，通路合作夥伴，會員等。）

2. 我們是否收取正確的價格，降低／提高價格會對銷售產生何種影響？

( ) 1. 行銷研究設計與規劃必須應用何種精神及方法，有系統的對行銷資訊進行整理、分析、推論，並獲得行銷研究成果？　(A)物理研究　(B)傳統性　(C)前瞻性　(D)科學研究。

( ) 2. 行銷研究系統之投入為相關的什麼，可能為既有之次級資料，也可能是凌亂而必須直接蒐集之原始資料？　(A)行銷決策　(B)通路資訊　(C)樣本調查　(D)行銷資料。

( ) 3. 行銷研究之目的在於提供高階主管從事行銷管理活動時所需要的資訊，故行銷研究之主題，必然與何者有關？　(A)行銷資料　(B)通路資訊　(C)行銷管理　(D)公司決策。

( ) 4. 何者為特定目的而直接蒐集之資料，蒐集成本較高，當無合用之次級資料可用時，再進行初級資料之蒐集？　(A)原始資料　(B)次級資料　(C)行銷資料　(D)公司機密。

( ) 5. 何者的主要目的在於發掘初步的結論及見解，並發展成進一步的研究方向及範圍？　(A)探索性研究　(B)科學研究　(C)行銷研究　(D)樣本調查。

( ) 6. 縱剖面研究有真正固定樣本(true panel)及綜合固定樣本(omnibus panel)兩種，橫切面研究則為：　(A)行銷研究　(B)探索性研究　(C)科學研究　(D)樣本調查。

( ) 7. 在無適用的次級資料時，必須進行哪種資料的蒐集，蒐集初級資料主要的方法有訪談法(interview)、觀察法(observation)及實驗法(experiment)？　(A)原始資料　(B)初級資料　(C)次級資料　(D)高級資料。

( ) 8. 當行銷研究設計進行資料之蒐集工作完成後，必須對所蒐集到的所有資料(包括初級資料及次級資料)進行整理、分析及哪一樣？　(A)編碼　(B)解釋　(C)整合　(D)評估。

（　　）9. 為了整理及應用電腦協助分析工作，應將檢視過正確的初級資料加以妥當的什麼，以成為電腦了解之符號或語言？　(A)編碼　(B)解釋　(C)整合　(D)評估。

（　　）10. 專業的報告分為兩樣，其中一樣為○，強調研究方法和基本的研究，並詳細陳述研究的發現；另外為管理性報告(management report)，力求簡明扼要，而減少技術性細節，以研究成果為重點。請問○為何？　(A)口頭報告　(B)書面報告　(C)技術性報告　(D)專題報告。

 解答：1.(D) 2.(D) 3.(C) 4.(A) 5.(A) 6.(D) 7.(B) 8.(B) 9.(A) 10.(C)

MEMO

Chapter

04

行銷研究（市場調查）資料之蒐集

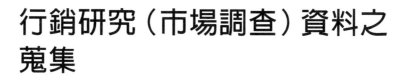

研究資料之蒐集與分類，依取得方式及資料性質不同，而有不同之分類。原始資料(primary data)又稱初級資料，係為特定研究目的而直接蒐集取得之資料。次級資料(secondary data)為組織內外現有之資料，是他人研究時蒐集、整理、分析後之資料。行銷研究之方法及過程，必須透過資料之蒐集、整理、解釋、分析，進而獲得研究之結論。而資料之種類以行銷研究之蒐集資料方向及對象，可區分為初級資料蒐集與次級資料蒐集。

4.1　行銷研究資料之種類　

行銷研究資料之分類，依取得方式及資料性質不同，而有不同之分類。

4.1.1　原始資料與次級資料

原始資料(primary data)又稱初級資料，係為特定研究目的而直接蒐集取得之資料。

次級資料(secondary data)為組織內外現有之資料，是他人研究時蒐集、整理、分析後之資料。

4.1.2　消費者資料及組織資料

消費者資料係研究消費者市場所需蒐集之消費者相關資料，較著重在消費個體之研究。

組織資料係研究組織市場（或稱工業市場）所需蒐集之資料，較著重產業及組織特性之研究。

4.1.3　國內行銷資料及國際行銷資料

國內行銷資料均以國內相關之政治、經濟、法律、人口統計、科技、自然、文化、風俗、消費者、國內產銷為主。

國際行銷資料包括國外各不同國家之相關行銷資訊，包括各國之政治、文化、經濟、法律、人口統計、科技、自然、民俗……等資料較為龐大而複雜。

4.1.4　數量化資料及質化資料

數量化資料係從事「數量研究」(quantitative research)所蒐集之數量性資料，其資料為數量化類型且較為客觀，常為回答「多少」之問題。質化資料，係從事質的研究（qualitative research，或稱定性研究）所蒐集之質化資料，其資料為主觀之意見和印象或個人之情感及動機，常為回答「為什麼」之問題。

4.1.5　依衡量尺度

依衡量尺度之不同而蒐集之資料有名目尺度(nominal scale)資料、順序尺度(ordinal scale)資料、區間尺度(interval scale)資料及比率尺度(ratio scale)資料。

4.2　次級資料之蒐集

次級資料係對已出版或已經過整理之資料，不需研究者再逐步進行調查蒐集。一般而言，次級資係已既存且經過整理完成。

4.2.1　次級資料的意涵

一、次級資料的意義

　　一般而言，我們將研究所需的資料分成兩種，一種是由研究者從受測者方面蒐集而來的，稱為初級資料，次級資料則是其他調查者所蒐集資料的一些出版。由蓋洛普(Gallop)及國家級「其他」研究調查機構所蒐集的初級資料，亦常被用來分析民意變化、政治態度及投標模式(Nachmias & Nachmias, 1996)。初級的檔案定義為一些原始文件或辦公檔案與紀錄(Murdick, 1969)。

　　而另一種為從期刊、書籍、資料庫等蒐集而來的資料，我們稱為次級資料。次級資料是由前人的研究或機構所蒐集或者記錄的資料它通常是歷史性的資料、已被蒐集好的資料、且不需受測者回覆的資料（吳萬益、林清河，2000）。

　　胡政源(2002)認為：「研究之次級資料，可以分為內部次級資料及研究單位或研究公司既存之相關行銷資料以及外部次級資料。」

　　內部次級資料，包括有數量次級資料及非數量次級資料。例如：統計資料、會計紀錄、銷售報告、產品目錄、基本資料、營運資料、分析資料、預測資料。

　　外部次級資料之來源，包括有政府機構、同業公會、廣告媒體和廣告代理業、商業調查機構、學術研究機構、其他機構出版品、電腦網路搜尋。

二、次級資料的優點

　　使用次級資料的優點有兩個，第一個為取得速度較快，第二個為節省成本。相較於初級資料蒐集的耗費成本及耗時，由次級資料中尋找適用的資料，是一個較快、較省錢的做法(Willian G. Zikmund, 1999)。

有些資料是很難利用初級資料蒐集的方法取得。例如：國民所得的統計或是全國性普查資料，這些資料是研究者不能藉由單一研究中取得，因為人力、物力的限制及需耗費巨額成本，非研究者所可以負擔，關於這些資料，可由政府機構或是民間研究機構取得。

三、次級資料的缺點

由於次級資料並不是針對研究者的需要而產生的，而在使用次級資料時，研究者必須考慮使用這些次級資料是否恰當、次級資料跟研究問題的解決有何關係。通常在使用次級資料時常發生的問題如下(William G. Zikmund, 1999)：

（一）過時的資訊

由於環境變動迅速，次級資料可能很快就過時了。如果研究的目的是預測未來，那使用的次級資料必須要及時。

（二）不同的變數定義方式

不同機構業同一變數可能會有不同的呈現方式，例如：所謂青少年是由 13 歲起，但甲單位定義 15~20 歲為青少年，而乙單位卻將青少年定義為 12~18 歲。

（三）不同的衡量單位

不同的資料蒐集機構可能使用不同的衡量單位，例如：國外對期貨的報價可能使用美元或歐元，而臺灣股市期貨使用的報價單位是臺幣。卻使用不同衡量單位的資料來做比較時，需要做資料的轉換，把原始資料轉換成研究中所需的一致格式。

（四）缺乏其他資料去判斷問題的正確性

研究者對於使用的次級資料必須去驗證資料的正確性，而要如何驗證呢？研究者可以使用交叉檢驗法，把手上的資料和從其他來源或其他

機構得來的資料做比較，看兩者之間是否有很大的差異性，以了解手上的資料是否可用。

4.2.2 次級資料的使用目的

一、基礎研究中使用次級資料的目的

基礎研究中，不管是探索性研究、敘述性研究或者是因果性研究均需使用到次級資料。於探索性研究中，次級資料幫助研究者界定範圍、發展探索性假設，而敘述研究及因果性研究更是基於之前的研究結果來做更進一步的研究。故總體來說，研究者於基礎研究中使用次級資料來解決欲研究的議題、尋找可進一步研究的新點子，幫助問題的定義、發展假設及延伸理論，讓現有的知識得以拓展（吳萬益、林清河，2000）。

二、應用研究中使用次級資料的目的

應用研究中欲解決的企業問題，可用的次級資料包括「公司內的資料庫、財務資料及由外部研究機構、政府統計、網際網路上而來的外部次級資料」。而這些資料可用在「企業問題的確認、發展選擇方案、解決實務上的問題、評估市場機會或威脅以及評估某產品的市場潛量等」（吳萬益、林清河，2000）。

研究者若能在跨領域及不同時代之大範圍內搜尋次級資料，相信會比只從單一初級資料中找尋問題解決，來得有深度及廣度。意即，從次級資料的歸納，將更有助於了解歷史真相及變化趨勢。跨校性政治暨社會研究協會，有學者就曾比較美國及其他國家之間政治參與度、衝突／共識結構等這類議題(Nacgnuas & Nachmias, 1996)。

4.3 行銷研究次級資料之蒐集

行銷研究之次級資料，可以分為內部次級資料及研究單位或研究公司既存之相關行銷資料以及外部次級資料。

4.3.1 內部次級資料

內部次級資料，包括有數量次級資料及非數量次級資料，例如：

1. 統計資料。
2. 會計紀錄。
3. 銷售報告。
4. 產品目錄。
5. 基本資料。
6. 營運資料。
7. 分析資料。
8. 預測資料。

在行銷內部報告系統中有詳列的敘述；行銷研究所需之內部次級資料可由行銷內部報告系統中獲得。

4.3.2 外部次級資料

對於資料之蒐集，以內部既有之次級資料之蒐集最為方便、可行，但一般行銷研究內部次級資料常不敷所需，必須再往外部次級資料進行蒐集。外部資料之來源，可由政府單位、同業公會、廣告媒體及代理業者、商業調查機構、學術研究機構及其他機構。

一、政府機構

種類很多，其出版品有四類。

1. 統計法則：出版品。

2. 綜合統計：出版品。

3. 普查統計：出版品。

4. 專業統計：出版品。

二、同業公會

1. 產業報告。

2. 公會報告。

3. 經濟趨勢報告。

三、廣告媒體和廣告代理業

1. 市場調查報告。

2. 民意調查。

3. 商業調查報告。

四、商業調查機構

行銷研究報告。

五、學術研究機構

1. 學術期刊。

2. 研究報告。

3. 碩士論文。

4. 博士論文。

5. 經濟、商業研究論文。

6. 研討會報告。

六、其他機構出版品

1. 外貿推廣機構。
2. 金融機構。
3. 管理學術團體。
4. 各種學會。

七、電腦網路搜尋

網路搜尋引擎已成為研究者最重要蒐集次級資料之方法。

4.3.3 次級資料之評估

次級資料對行銷研究而言，有經濟、快速獲得之優點，而且有些次級資料是一般研究人員所無法自行蒐集而獲得的，次級資料之研究目的或研究方法與已界定問題之行銷研究有所不同而不合需要，故使用外部資料時，應仔細審查及評估下列項目。

（一）次級資料是否符合研究目的及已界定之研究問題。

（二）次級資料是否正確、可靠及適用，必須進行下列幾種評估：

1. 次級資料之來源為初級來源(primary source)或次級來源(secondary source)，次級資料之來源，以初級來源為佳，因其會詳細說明資料蒐集、分析之細節，並且較為正確而且完整。次級來源為再次引用或轉錄，對資料的完整及正確有待加強。

2. 詳細評估次級資料之出版目的，是否有立場偏頗之處，利益團體、政黨及匿名者之出版物常有特定立場而失之偏頗之處。

3. 次級資料研究之品質水準如何？應加以審慎評估，包括：
   (1) 次級資料之研究是在何種情況下進行。
   (2) 次級資料之研究設計是否適當。
   (3) 次級資料之研究實施是否適當地執行研究設計。
   (4) 次級資料之研究使用之統計工具正確與否。

4.3.4　次級資料之功能與缺點

一、次級資料之功能

次級資料具有下列行銷研究之功能：

1. 協助行銷研究人員及高階主管形成共同的行銷決策問題及研究主題。

2. 可以初步建議研究者所需要之資訊類型及取得方法。

3. 可以作為一種比較性資料，用於和初級資料進行比較、評估及解釋。

二、次級資料之缺點

次級資料雖有前述之優點及功能，但仍有不少缺點。茲將次級資料之缺點描述如下：

（一）次級資料之適用性

由於：

1. 衡量單位之不同。

2. 分組方式及定義不同。

3. 資料蒐集時間不同。

使得次級資料之適用性產生問題。

（二）次級資料之正確性不易評估

由於行銷研究誤差來源很多，次級資料之研究若未親身參與，實不易評估其正確性。

4.4 原始（初級）資料蒐集方法之——訪談法

當研究者從內部及外部的次級資料蒐集結果，仍無法滿足行銷研究者之資料需求及解釋研究問題，便必須進行直接之初級資料蒐集工作，蒐集初級資料之方法主要有三種：分別為：1.訪談法(interview method)；2.觀察法(observation method)；3.實驗法(experiments method)。

4.4.1 訪談法之類型、優點及限制

一、類　型

訪談法係對蒐集資料之對象進行直接訪談之初級資料蒐集方法。由於接觸訪談方式之不同，又區分為人員訪談：1.電話訪談；2.郵寄問卷調查訪談。

二、優　點

訪談法由於具有多面性，行銷研究之問題幾乎均可以訪談法來進行，再加上訪談法之速度及成本條件與觀察法及實驗法相比，來得快速有效且成本較低，故普遍被廣泛採用。

三、缺點及限制

訪談法雖有前述優點，但仍有缺點及限制。

1. 有時受訪者不願提供資訊。

2. 受訪者即使願意，但無法或無力提供資訊。

3. 訪談過程易產生誤差：

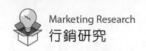
(1) 受訪談者製造假答案。

(2) 受訪談者回答取悅訪談者之答案。

(3) 受訪談者故意離題或不回答。

四、訪談法之考慮因素

進行訪談法，為使訪談法蒐集到之資料正確可靠，或提高訪談法之效率，應對下列三個因素加以評估及考慮。

（一）是否隱藏研究單位或研究目的

當受訪者知道研究單位或研究目的時，其合作的程度或答案的內容可能會有偏差的影響時，應隱藏研究單位或研究目的。

隱藏研究目的之訪談稱為間接訪談，反之稱直接訪談。

（二）問卷設計是否必須結構化？選擇何種訪談型態？

結構化問卷節省人力、物力及時間，並可簡化整理及編表之工作，也容易推論和解釋，但無法獲得更多、更完整之資料。有四種訪談型態可供選擇。

1. 結構：直接訪談(structured-direct interview)。

2. 非結構：直接訪談(unstructured-direct interview)。

3. 結構：間接訪談(structured-indirect interview)。

4. 非結構：間接訪談(unstructured-indirect interview)。

（三）使用何種訪談方法蒐集資料？

訪談法之方式有：1.人員訪談；2.電話訪談；3.郵寄問卷調查。應考慮時間、預算、資料之正確性、執行之難易度、無反應偏差大小、彈性大小、速度來加以衡量選擇。

4.4.2 人員訪談法

人員訪談法係由受訓練之訪談員對受訪者進行面對面的訪談。

一、人員訪談法之特徵及優點

人員訪談法由於具有下列特徵及優點，故使用極為廣泛。

1. 彈性較大，且受訪者基於利他主義(altruism)、情緒滿足(emotional satisfaction)或智慧的滿足(intellectual satisfaction)，合作的機會較大。

2. 其反應率較高，訪談員對訪談時間、次數較可控制，可經由二次重訪 (all-backs)提高訪談率。

3. 因可面對面詳細說明，較容易取得完整之答案。

4. 因與受訪者雙向溝通，可以配合觀察法應用之。

5. 對抽樣架構之要求最少，易於執行。

6. 可以控制問卷問題之次序，達成資料蒐集之正確及完整性。

二、人員訪談法之限制及缺點

人員訪談法，亦有其限制及缺點，敘述如下：

1. 有最長及最複雜的排程要求(scheduling requirement)，故既耗時且蒐集 資料之成本較高。

2. 因面對面，無心理匿名(psychological anonymity)之作用，不易蒐集到 不為社會所接受行為之相關資料。

3. 因當場回答，容易產生記憶錯誤之偏差。

4. 必須訓練優秀之訪談員，而優秀訪談員培訓不易。

5. 容易產生訪談員造成之調查工具誤差。

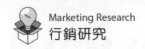

4.4.3 電話訪談法

電話訪談法係透過電話，由訪談員對受訪者進行訪談，以蒐集原始資料之一種方法。

一、電話訪談法之特徵及優點

1. 電話訪談法之訪談成本較低，遠比人員訪談經濟。

2. 電話訪談法在有限的時間內，可以完成較多的訪談，速度及效率均佳。

3. 由於電話非常普及，電話訪談法具有樣本普遍性及取得容易。

4. 電話訪談可以接觸及訪談到不易接觸到之人士，減少無反應偏差。

5. 電話訪談法受訪者接受訪談機會較大，減少無反應偏差之發生。

6. 電話訪談法較易獲得正確而坦誠的本人回答，資料之正確性高。

7. 電話訪談法之隱密性較高，且確實為本人回答，資料之正確性高。

8. 電話訪談法執行容易，且已發展成電腦化自動操作答案。

二、電話訪談法之限制及缺點

電話訪談法具有下列之限制及缺點：

1. 電話訪談法有可能產生不完全之母體，因有人沒有電話或電話號碼未列在電話號碼簿上。

2. 受到電話號碼經常變更之影響，電話訪談法之電話號碼簿可能過時而難用。

3. 電話訪談法無法面對面的展示產品或道具。

4. 電話訪談法蒐集到的意見或資料較短。

5. 電話訪談法之訪談時間較短，資料蒐集較不完整。

6. 電話訪談法無法獲得觀察性之資料。

三、電話訪談之抽樣方法

電話訪談進行抽樣時，可運用電話號碼簿抽樣(telephone directories sampling)，分為傳統電話號碼簿抽樣法及改良式電話號碼簿抽樣法，或運用隨機數字撥號法（random-digit dialing，簡稱 RDD）來加以抽樣。

4.4.4 郵寄問卷調查訪談法

郵寄問卷調查即是透過附回郵問卷寄送至受訪者，請受訪者填答問卷後寄回之資料蒐集方法。

一、郵寄問卷調查之特徵及優點

郵寄問卷調查之特徵及優點，敘述如下：

1. 郵寄問卷調查可做全國性或較大地區之調查。

2. 無訪談員偏差之問題，且受訪者有心理匿名作用，較無受訪者偏差。

3. 受訪者較能提供深思熟慮之答案。

4. 郵寄問卷調查可在辦公室集中控制，較為省時、省錢。

5. 不會找不到受訪者，故可降低無反應偏差。

二、郵寄問卷調查之限制及缺點

郵寄問卷調查之限制及缺點，敘述如下：

1. 郵寄名冊過時或不易獲得，執行困難。

2. 較深入之主題或特殊領域之問題，無法郵寄問卷調查蒐集獲得。

3. 問卷內容若太長，易遭丟棄，回件率低。

4. 蒐集資料若涉及機密，易遭丟棄，回件率亦低。

5. 可能發生代答之現象，降低資料之正確性。

6. 郵寄問卷之來回有一定之時程，無法因應急需之資料蒐集。

7. 費時而複雜之問題，不宜使用郵寄問卷調查。

三、郵寄問卷實施應注意事項

1. 郵寄名單列入管制，以供追蹤信函(follow-up mailing)之寄發。

2. 郵寄名單應有受訪者個人之姓名。

3. 降低構架偏差（frame bias，如名單遺漏、太舊、不可靠、重複誤用）之現象。

4. 應事先預測(pretest, pilot studies)事先衡量效果。

5. 應進行回件獎勵(incentive)，以提高回件率。

4.4.5 三種訪談法之比較

由前述三種訪談法：人員訪談法、電話訪談法及郵寄問卷調查訪談法之優缺點及特徵限制，可以列表加以比較如下：

	人員訪談	電話訪談	郵寄問卷調查
1.單位成本	最高	適中（但國際或長途電話則較高）	最低
2.抽樣架構之彈性	最有彈性	需有電話	需有郵寄地址
3.資訊之數量	最完整	適中（訪談時間不宜太長）	最少（問卷不宜太長）
4.資訊之正確性	較為正確	適中	最低
5.資料蒐集速度	最慢	最快	適中
6.無反應偏差	最低	適中	最高
7.訪談偏差	最高	適中	最低

4.5　原始（初級）資料蒐集方法之二－觀察法

4.5.1　觀察法之意義及類型

觀察法(observation method)係對人們、事物及發生的事件進行觀測，進而從觀察被觀察者之行為以取得資訊。

觀察法依其方法有各種不同而互斥觀察類型。

1. 自然觀察法或設計觀察法。

2. 不干擾觀察法或干擾觀察。

3. 結構化觀察法或受干擾觀察法。

4. 直接觀察法或間接觀察法。

5. 人員（觀察員）觀察法或機械觀察法。

6. 控制型觀察與未控制型觀察。

各種觀察法可以組合加以應用，分別解說如下：

1. **自然、直接、不干擾之觀察法**：又可搭配人員觀察或機械觀察。

2. **設計觀察法**：設計觀察法事先加以設計，可以有經濟效率之優點。

3. **機械觀察法**：如電視電臺收視自動記錄器(audiometer)、錄影機等，可避免觀察員主觀之偏差。

4. **間接觀察法**：又可分為附著物(accretion)觀察、侵蝕(erosion)觀察、記錄觀察法。

5. **控制觀察法**：參與者觀察法、完全參與者觀察法、參與觀察者觀察法。

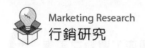

4.5.2 觀察法之實施

觀察法只能觀察外顯之行為,實施觀察法蒐集資料時:

1. 必須先確認觀察法欲觀察之外在行為為何種類型,為非言詞的 (nonverbal)行為、空間的(spatial)行為、語言的(linguistic)行為,或非 內容的語言外行為(extralinguistic, non-content behavior)。

2. 確定觀察的時間:利用時間分層時間抽樣(stratified time sampling)選擇 觀察時間單位。

3. 發展正確觀察記錄方法:經驗法與演繹法合併應用。

4. 進行觀察結果之推論:觀察員訓練,以提高推論之可靠性。

4.5.3 觀察法之優缺點分析

一、優　點

觀察法具有下列優點:

1. 客觀:不問問題僅從事觀察,不受被觀察者主觀影響。

2. 正確:機器觀察客觀又正確,優良之觀察者亦可客觀而正確。

3. 可蒐集無法自行報告之資訊。

二、缺　點

觀察法則有下列之缺點:

1. 只能觀察外在行為,無法研究動機、態度、信念等內在心理因素。

2. 成本較高。

3. 時間較長。

4. 優秀之觀察員訓練不易,影響觀察之正確及可靠性。

4.6 原始（初級）資料蒐集方法之三－實驗法

　　行銷研究資料蒐集之方法，除前述之訪談法（人員訪談、電話訪談、郵寄問卷調查訪談）及觀察法外，也可以透過科學研究之實驗法來蒐集行銷資訊。

4.6.1　實驗法之意義

　　實驗法較之訪談法或觀察法，必須有較高的科學研究方法及程序，實驗法所實施之方法及程序，在行銷研究上稱之為實驗設計，與訪談法及觀察法之抽樣均為統計研究上重要的工具，將於下一章討論之。

　　實驗法進行之方法，是在控制的情況下操縱一個或一個以上之變數（控制變數），以明確地測定這些變數產生之效果（結果變數）的研究方法及程序。實驗法之實施，研究者必須對所要研究的因素或變數進行「人為的」或「假造的」控制，並操縱控制變數之變動，且觀察及記錄其對另一結果變數造成何種影響，故實驗法不只是行銷資訊的蒐集而已，透過實驗設計，更可以測定各種變動或因素間之因果關係。

4.6.2　實驗法之發展

　　實驗法由於下列之原因，其應用已日益廣泛：

1. 實驗法之信度及效度較高，比較可以產生有意義之行銷研究結果，協助高階主管決策。

2. 行銷競爭日益激烈，由於研究推論之結果對於行銷決策產生重大的影響。若推論錯誤產生之決策錯誤，其成本及損失越來越大，由於實驗法之行銷研究精確度較高，故逐日受到行銷研究者重視。

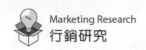

3. 由於教育水準及統計知識的日益提升，行銷研究者、高階主管者及高階主管對實驗法之了解增加，應用也就越來越多。

4. 實驗法之研究設計較為複雜不易手算實驗結果，但由於電腦科技進步神速，電腦化作業已普遍採取，實驗設計之進行以及實驗結果之分析、計算，已有許多電腦軟體可以進行分析，使得實驗法進行較為簡便，應用也日趨廣泛。

5. 由於行銷管理及行銷研究日益朝向科學之途發展，實驗法為因果關係分析之重要科學方法，故實驗設計在行銷研究之應用日益廣泛。

6. 實驗法化須進行實驗設計，而實驗設計之科學方法日益成熟，在行銷研究上的應用亦日益廣泛。對實驗設計之探討、分析將於下章討論之。讀者亦可由實驗設計專論之教科書上，進一步的認識實驗法及實驗設計。

4.6.3　實驗法與觀察法之整合應用

觀察法中之控制觀察法或設計觀察法如果應用於實驗設計之研究方法，其研究成果較佳。

而實驗法中不論實驗室實驗法(laboratory experimentation)或現場實驗法(field experimentation)均可採用控制觀察法，以對外在變數及內在變數作控制而推論出變數間之因果關係。

4.7　蒐集資料現場作業管理

蒐集資料之現場作業(field operation)包括有訪談員及觀察員的訪談觀察工作，訪談員與觀察員之訓練與管理以及訪談或觀察資料之紀錄整理。現場作業規劃與管理與整個研究品質有很大的關係。

4.7.1　現場作業規劃

為使研究工作可在預定的時間內、預算的範圍內如期完成並維持良好的研究水準及品質，現場作業必須良好的規劃。現場作業規劃包括：時間進度、預算、人員及預期結果。

一、時間進度

現場作業規劃應事先估計完成每一研究階段所需的天數，並選定開始及完成之日期。建議應對每一研究階段編到詳細的時間進度表和流程圖。

二、預　算

各種研究方法及進度有不同的預算，應詳細編列亦有效加以控制，並需要將主要的成本預算分割成最小的成本細目。對每個項目應注意是否低估，且必須準備周全，以備特殊狀況之發生。預算應先經審查並取得溝通、協調。

三、人　員

人員攸關研究及蒐集資料之成敗，必須妥善甄選及利用，並應加以訓練及管理。對個人的任務應詳加規劃及說明，使每人均了解自己之責任並如期完成任務。

四、預期結果

在量化的預期結果,係以預期的樣本數作為目標,最好也可估計可能無反應(拒絕、不在家、未訪談)之比例。實際作業時,可依據經驗或預試結果先行計算推估應調查之樣本數。

在質化的預期結果,應先訂定完成訪談所需之品質標準及決定實際品質水準未達預期標準時之處理方式。

4.7.2 資料蒐集方法之現場作業

一、人員訪談

現場作業必須特別注意以下:

1. 訪談員之招募、面談、遴選均須格外注意。

2. 必須進行訪談員之訓練及管理工作。

3. 訓練包括研究目的、抽樣計畫、如何接近受訪者、如何建立關係、如何訪談問題。

4. 對訪談員經常查核進度及品質,若不適任,應重新訓練或更換之。

5. 訪談員之薪酬,可按計時或計件計算薪酬,一般以計件之制度較佳。

二、電話訪談

電話訪談必須注意者有:

1. 電話訪談員之甄選、訓練及監督。

2. 電話訪談可集中於一地點實施,以利管理、檢討及修正。

3. 必須確實預試以評估(1)母體名單夠否;(2)重打率(callbacks)之高低;(3)問卷長短與訪談時間之評估。

4. 電話訪談員之計酬,以按件計酬為佳。

三、郵寄問卷調查訪談

郵寄問卷調查應將整個調查進度劃分為詳細的階段，包括：

1. 草擬問卷初稿。

2. 預試。

3. 問卷定稿及印製。

4. 第一次郵寄。

5. 第二次或第三次郵寄。

6. 未回件者查核。

7. 抽選一部分未回件者。

郵寄問卷之預算亦必須詳列，並逐項加以控制。

四、觀察法

觀察法必須注意以下：

1. 為人員觀察法或機械觀察法，人員觀察法之觀察員必須審慎甄選、訓練及監督管理。

2. 機械觀察法對設備成本、裝置時間、維修觀察時間等在預算及進度上均需詳細計算。

4.7.3 現場作業誤差

一、現場作業誤差之來源

現場作業可能發生誤差之來源，有三種主要之項目。

1. **樣本選擇誤差(sample selection errors)**：又稱為受訪者選擇誤差。在配客抽樣及機率抽樣均常發生，係訪談員在選擇受訪者改變抽樣規劃而造成之誤差。

2. **無反應誤差(nonresponse errors)**：無反應誤差之來源，主要有不在家及拒絕來源，在無反應偏差之部分有詳細討論及其類型及處理方法。

3. **訪談誤差(interviewing errors)**：訪談誤差之來源又可區分為：

   (1) 受訪談者對訪談員之感受：是否融洽？是否共通？兩者社會距離(social distance)越大，由於題目自我涉入(ego involvement)，使得偏差發生之可能越大。

   (2) 問問題之方式：問問題方式會影響到受訪者之回答，可能造成偏差。應建立訪談員手冊(interviewer's manuel)以確定問問題之規則。

4. **欺詐**：係指竄改問卷中的問題或偽造答案，人員訪談易發生，如用閉門造車自行填答，均會產生欺詐誤差。

二、減少現場作業誤差之方法

減少現場作業誤差之方法，有下列方法：

1. 現場作業人員的審慎甄選。

2. 現場作業人員的充分訓練。

3. 現場作業人員的指導。

4. 現場作業成果的及時評估。

5. 現場作業的品質管制。

行銷研究實務反思

1. 我們可以對現有產品進行哪些改進以提高客戶滿意度，並增加重複銷
   售和推薦？

2. 我們可以向現有客戶介紹哪些新產品？

(　)1. 消費者資料係研究消費者市場所需蒐集之消費者相關資料，較著重在何項之研究？　(A)通路資訊　(B)顧客權益　(C)消費個體　(D)員工立場。

(　)2. 數量化資料係從事何者所蒐集之數量性資料，其資料為數量化類型且較為客觀，常為回答「多少」之問題？　(A)權益研究　(B)品質研究　(C)數量研究　(D)原始資料。

(　)3. 使用次級資料的優點有兩個，第一個為取得速度較快，第二個為：　(A)蒐集便利　(B)節省成本　(C)資料量大　(D)容易監控。

(　)4. 基礎研究中，不管是探索性研究、敘述性研究或者是因果性研究均需使用到何種資料？　(A)原始資料　(B)初級資料　(C)行銷資料　(D)次級資料。

(　)5. 對於資料之蒐集，以內部既有之何種資料之蒐集最為方便、可行，但一般行銷研究內部次級資料常不敷所需，必須再往外部次級資料進行蒐集？　(A)原始資料　(B)初級資料　(C)行銷資料　(D)次級資料。

(　)6. 何種方法由於具有多面性，行銷研究之問題幾乎均可以訪談法來進行，再加上訪談法之速度及成本條件與觀察法及實驗法相比，來得快速有效且成本較低，故普遍被廣泛採用？　(A)實驗法　(B)訪談法　(C)控制觀察法　(D)調查法。

(　)7. 行銷研究資料蒐集之方法，除前述之訪談法（人員訪談、電話訪談、郵寄問卷調查訪談）及觀察法外，也可以透過科學研究之何種方法來蒐集行銷資訊？　(A)實驗法　(B)訪談法　(C)控制觀察法　(D)調查法。

(　)8. 實驗法中不論實驗室實驗法(laboratory experimentation)或現場實驗法(field experimentation)均可採用何種方法，以對外在變數及內在變數作控制而推論出變數間之因果關係？　(A)控制觀察法　(B)實驗法　(C)訪談法　(D)調查法。

（　）9. 為使研究工作可在預定的時間內、預算的範圍內如期完成並維持良好的什麼及品質，現場作業必須良好的規劃？　(A)整合應用　(B)研究速度　(C)研究程度　(D)研究水準。

（　）10. 各種研究方法及進度有不同的預算，應詳細編列亦有效加以控制，並需要將主要的什麼分割成最小的成本細目？　(A)研究水準　(B)成本預算　(C)行銷資料　(D)整合應用。

 解答：1.(C) 2.(C) 3.(B) 4.(D) 5.(D) 6.(B) 7.(A) 8.(A) 9.(D) 10.(B)

MEMO

Chapter

05

行銷研究（市場調查）之問卷設計

　　問卷是蒐集資料重要之工具，在蒐集資料之方法中觀察法，實驗法或訪談法均會使用，其中訪談法最常使用問卷。行銷研究之研究設計過程中蒐集資料之方法，不論訪談法、觀察法或實驗法均會牽涉到問卷。故本章就問卷設計部分加以探討。問卷是研究者蒐集資料的一種技術，亦是對個人行為和態度的一種測量技術。它的用途在於衡量，特別是對某些主要變數的衡量（胡政源、林曉芳，2004）。問卷可以衡量過去的行為及態度，亦可蒐集到受訪者或被觀察者被實驗對象之特徵，故設計一份適用的問卷，俾能蒐集到所需的資料較為重要。問卷設計，可透過問卷將資料加以標準化，利於直接比較及分析，可增進資料分析推論之速度及正確性。問卷設計是一門方法學上的學問，而不只是一項工具而已（胡政源，2009）。

5.1　問卷之意涵與設計之步驟

5.1.1　問卷之意義

　　問卷(questionnaire)是蒐集資料重要之工具，在蒐集資料之方法中觀察法、實驗法或訪談法均會使用到，其中訪談法最常使用問卷。

　　問卷可以衡量過去的行為及態度，亦可蒐集到受訪者或被觀察者被實驗對象之特徵。故設計一份適用的問卷，俾能蒐集到所需的資料較為重要。問卷設計，可透過問卷將資料加以標準化，利於直接比較及分析，可增進資料分析推論之速度及正確性（胡政源，2009；胡政源、林曉芳，2004）。

5.1.2 問卷之組成及結構

一、組　成

　　問卷之組成包括：信頭函要求合作、確認受訪者合格身分、受訪者回答問卷之指令說明、尋求資訊之本文、受訪者特徵。

二、結　構

　　依可能答案明確程度之結構程度(degree of structure)及是否表明研究者及研究目的之偽裝(disguise)分為：

1. 結構式問卷與非結構問卷。

2. 偽裝的問卷與明示的問卷。

5.1.3 問卷設計之步驟

　　為了提高問卷的適用性，可以下列十個步驟進行問卷之設計（胡政源，2009；胡政源、林曉芳，2004）。

步驟 1	決定所要蒐集之資訊	1. 受訪者為誰？
		2. 所要蒐集之資訊為何？
		3. 受訪者特徵。
		4. 問卷問題與所要資訊連結(link)。

步驟 2	決定問卷的類型	1. 調查目的及對象。
		2. 觀察法、實驗法或訪談法。
		3. 人員訪談、電話訪談或郵寄問卷。
		4. 問卷之格式(format)及問卷之版面。

步驟 3	決定個別問題之內容	1. 這個問題是否必要？
		2. 受訪者能否答覆此問題？
		3. 受訪者是否願意回答此問題？
		4. 受訪者回答此問題是否簡易？

步驟 4	決定問題的型式	1. 開放題。
		2. 選擇題。
		3. 是非題。

步驟 5	決定問題之用語	1. 使用簡單的字或詞。
		2. 使用意義明確的字或詞。
		3. 避免引導性的用語。
		4. 避免導致偏差之用語(bias question)。
		5. 避免隱含答案之用語及問題。
		6. 應有所有的備案(alternatives)。
		7. 避免隱含而不顯之用語。
		8. 避免估計之用語。
		9. 避免雙重目的之問題 (double-barreled question)。
		10. 應考慮及受訪者對問題之直接或間接觀點之參考架構 (frame of reference)。

步驟 6	決定問題之順序	1. 第一題題目最重要。
		2. 前面的問題應簡單。
		3. 考慮問題間之關係。
		4. 問題之先後順序應循序而合理。

步驟 7	預先編碼	1. 加速編表速度及配合電腦編表。 2. 問題與答案之連結(link)。 3. 以阿拉伯數字編號。
步驟 8	決定問卷版面布局	1. 攜帶、分類、存檔、郵寄之方便。 2. 布局清楚、受訪者可依序回答。 3. 依序及依頁編號。
步驟 9	預　試	1. 預試用以修改盲點，改善問卷。 2. 預試以 15~20 人為佳。
步驟 10	修訂及定稿	修改後定稿、複印。

另一方面，研究者也可經由下列八個步驟進行問卷之設計（胡政源，2009；胡政源、林曉芳，2004；余朝權，1996）：

步驟 1　決定所需要的資訊

問卷設計決定所需的資訊，可經由前導研究（pilot study，例如：個案研究、專家訪談），文獻探討、專家會議、個案探討而決定，再加以條列成表，並假想如何取得與利用這些資料。

步驟 2　根據所需資料，發展個別的問句

研究者若沒有自編問卷，有時可以利用別人發展的問卷或量表。

自我發展個別的問句時要考量下列事項：

1. 決定問卷的型式或方式（開放式 vs.選擇式、直接詢問 vs.間接詢問）。
2. 篩選問句（如問您對法國的印象如何時，要先確定受訪者的確認識法國，即使可能他沒有去過法國）。

3. 要不要追問（使用人員訪談方法比較可能追問）。

4. 要不要檢查答案的可靠性。

步驟 3　決定問卷的順序(ordering)

　　一份問卷總有許多問句，其中有的容易回答，有的不易回答，有的使人看了有興趣，有的看了無味，究竟該如何安排，才不致於使資料受到損失或破壞呢，一般的做法，決定問卷順序的原則有三項：

原則一：引發合作的願望，可贈送禮物引發合作動機，或由容易、有趣項目開始。

原則二：由簡單而複雜（不要一開始就使受訪者不想合作，要讓受訪者覺得很容易回答）。

原則三：配合參考架構(frame of reference)的轉移。

　　問卷題目該如何安排它們的順序呢，依據「蓋洛普」民意調查的建議，題目排列順序，依序是：(1)先問有關事實和知識；(2)其次為感覺、態度；(3)深入探討的部分；(4)理由；(5)最後才是「觀點的強度」。

步驟 4　擬定問卷初稿

　　問卷初稿擬訂階段，應做事項包括：準備訪談須知，填表說明（如何選擇被訪者），訪談時間的選擇，如何記錄（尤其是開放式問卷），如何一五一十的記錄，是摘要式、分類式記錄？）展示卡的利用（如產品型號，衣服顏色挑選），其他一般說明（例如：自我介紹來增加合作氣氛，有哪些問題尚要追問）⋯⋯等。

　　填答說明：(1)「填答方式」，例如：請受訪者挑一個最接近自己感受之選項；(2)「名詞定義」，例如：利潤是指稅前還是稅後呢？又如，策略性資訊科技(strategic use of information technology)是指「採用的資訊科技可使本公司獲利增加，或能阻止主要競爭者占優勢」。(3)受訪者什麼順序來回答。

步驟 5　問卷實體製作

問卷實體製作包括：打字、印刷、字體、排版、顏色、裝訂。

步驟 6　檢討和修正

問卷檢討和修正可請專家來協助。

步驟 7　前測(pretest)

前測旨在發現問題及改進。前測亦可分段來測試，但較為複雜。

研究者再前測時，可採郵寄問卷、電話訪談、電腦網路調查等方式來進行。

步驟 8　定稿

5.2　問卷設計原則

5.2.1　問卷設計的原則

問卷是調查法來蒐集資料最常用之技術，故在建立問卷前，研究者必須對研究問題、研究假設、客觀事實及資料性質、研究模式等有充分了解，方可進行問卷設計。

所謂抽象概念的「操作化」，是將研究的某「構念」轉換成可以衡量之問卷題目，問卷設計好壞關係著工具的信度及效度。由於問卷是研究者溝通工具，所以在設計時要遵守下列原則：

1. 問題要讓受訪者充分了解，問卷內容不可超出受訪者之知識及能力之範圍。

2. 問題是否切合研究假設之需要。

3. 要能引發受訪者真實的反應，而非敷衍了事。

4. 問項是否含混不清，易引起受訪者的誤解。通常要避免三類問題：

(1) 太廣泛問題：例如：「您常關心生活問題嗎？」。

(2) 語意不清之措詞：例如：「您認為一些靈產品品質好嗎？」，「洗衣粉洗淨力」問句就比「洗衣粉產品品質」來得具體清楚。

(3) 包含兩個以上的概念：例如，若受訪者對問句「您認為一些靈洗淨力強，又不傷玉手？」回答「是」，則到底是「洗淨力強呢」？或是「不傷玉手呢」？

5. 問題是否涉及社會禁忌、偏好：像一些敏感的道德問題、政治議題、種族歧視問題，研究者應盡量避開。

6. 問題是否產生暗示作用。

7. 便於忠實的記錄。

8. 便於資料處理及資料分析：包括編碼(coding)、問卷資料鍵入到統計軟體資料檔……。

總之，在問卷設計時，研究者要能兼顧題目的內容及語法的使用拿捏。

5.2.2　問卷內容設計要點

設計問卷內容題目時，問卷內容須考慮下列幾個要點：

一、問題的必要性

每個問卷的問題是否切合研究假設的需要，注意的要點包括問題必須對應一個研究問題；問句數目不多亦不少；沒有不會影響研究目的的項目；問題不可以重複或同義；每個問題的目的要清楚，不能是有趣或隨便。

二、把握問題範圍適切性

1. 把問題範圍固定。

2. 注意的要點包括問題都不能太複雜。

3. 一個問題不可包括二個以上的觀念及事實。

4. 問題的廣度要夠。

三、受測者要能回答

　　每個問卷的問題是否超出受測者的知識與能力，注意的要點包括受測者是否知道答案；受測者的資訊水平是否足夠；受測者是否記得住；問題是否太廣泛或太零散；受測者是否會誇大或隱瞞；受測者是否會認為與主題無關。

5.2.3　語法之設計要點

　　在設計問卷題目時，語法設計須考慮下列幾個要點（胡政源，2009；胡政源、林曉芳，2004；Emory & Coopy, 1991）：

1. 使用通用的辭彙要淺顯易懂。

2. 問題描寫要簡單明瞭。

3. 語句意義要清楚不能模糊。

4. 不能假設受測者都懂。

5. 不能用有偏差誤導的字句。

6. 不要有暗示的作用。

7. 不要隱藏其他的方案。

8. 間接問題的利用。

9. 句子要短而集中，且一個問題只問一個事物、概念或事項。

5.2.4　問卷設計是否有效的影響因素

　　一份問卷是否有效度，影響其「回收品質」的因素有下列幾項：

1. **問題的性質**：問卷內容是衡量個體的事實、心理狀態或行為意圖，是指現在的事實或過去的回憶……等，都會影響一份問卷設計是否有效度。

2. **資料蒐集的媒體**：係透過人員的親訪、郵寄、電話，或電腦網路等途徑。

3. **施測的樣本特性**：受訪者的學歷、慣用語言和文字、風俗、習慣等。

4. **調查訪談員的特質及技巧**：男性或女性、有無經驗、態度表情、做事風格……等。

5. **主辦單位**：不同的學術單位、調查局、稅捐處、民調中心，問卷回收率就會不同，主要是因為受訪者的信任度就會不同。

6. **訪談場合**：在辦公室、家庭、公共場所（在機場、車站回答時間長短），單獨或人群當中。

7. **所使用分析方法**：是人工處理或電腦讀卡機回收品質就不同。

8. **問卷印刷**：所使用紙張的材質、顏色、裝訂、郵寄方式（掛號信回收率可能比平信高）。

5.2.5　問卷的建構

　　雖然設計問卷的技術已經發展很久，但設計問卷仍被視為一種藝術，而比較不被視為一門科學，因為至今並沒有建構好的問卷標準程序可循，先前學者告誡初次研究的研究者，不要第一次嘗試自己發展問卷，更不要建構問項含糊的問卷，學者認為含糊不清的問卷存在潛在的誤差率 20%~30%，但如果是藉由有經驗的其他學者的問卷為借鏡，則此類誤差可以大幅的下降。所以在初次建構問卷時，參考相關領域知名的學者來發展新問卷是很重要的（胡政源，2009；胡政源、林曉芳，2004）。

一個好的問卷應是依研究者的研究目的來發展的，而在發展適當的問卷時有許多的限制，例如：問題的數量、格式與問題的排序等。此外，受測者回答問題的意願和能力也會影響問卷設計。而問卷的用字和排序可以促使受測者在做正確的回答上也有更高的動機（胡政源，2009；胡政源、林曉芳，2004；吳萬益，林清河，2000）。

　　然而研究者在建構問卷時，可依據以下幾個邏輯(logical)的步驟來發展問卷：

1. 計畫要衡量什麼？

2. 藉由取得必須的資料來發展問卷。

3. 決定問卷的順序與用字，並進一步規劃問卷的版面編排。

4. 進行小型的抽樣來做問卷的預試，測試問卷是否有含糊不清及遺漏的地方。

5. 進行信度分析，修正預試中所發現不具有信度之題項，必要時再進行一次預試。

5.2.6　設計選擇題的答項

　　問卷中，選擇題該如何設計其「被選的答案」呢？有下列幾個設計原則（胡政源，2009；胡政源、林曉芳，2004；田志龍，1997）：

1. 可根據特定構面(dimension)或層次（社會階級、年齡層……）來設計答項，不宜將許多構面混合。

2. 宜提供中間或不確定的答案。例如：態度量表中，必要「沒意見」、「普通」……等中性的選答項。

3. 答案應該依序互相排列。例如：依據不同程度的反應給予 1 至 5 分的選答項(Likert 5 Point Scale)。

4. 根據問題本質可考量用單選題或複選題。例如，下列情況可用複選題來問：(1)詢問信用可消費者，在過去一年曾使用信用卡的場所得（百貨公司、大賣場、飯店……）；(2)曾在網際網路購買東西（書、CD、汽車、花卉……）；(3)過去半年您曾搭乘哪一家航空公司的飛機（長榮航空、中華航空、新加坡航空、美國聯合航空……）。

5. 若研究上能乃仍需要評比受訪者對某件事物、態度的「重要性」排名 (ranking)，例如：個人重視價值觀的排名，或組織引進某科技／人管／經營策略之成功關鍵因素的排名……等。

5.3　問卷設計注意事項與常犯的錯誤

5.3.1　問卷設計注意事項

研究者在擬出問卷每一問句時，自己要反問自己下列問題：

1. 這個問句的必要性：有無必要？若沒有它可以嗎？

2. 這個問句範圍的適切性：是否含有太多的主題？例如：白蘭洗衣粉洗淨力強又不會傷害皮膚，這一個問句涵蓋二個主題，就應避免。

3. 這個問句是否能含蓋我所要問的內容：包括 who、when、where、what、how much、why。

4. 此問句是否需要其他資料來幫助解釋意義，即設計該問句時盡量用適用辭彙。

5. 受訪者有無此資訊、他要能回答此問題，否則回答的數據是沒意義的，研究者不可假設受訪者一定都懂。

6. 受訪者願意回答。

7. 這個問句能適合不同狀況都能回答：例如，「請問您花了多少錢買這部錄放影機？」但受訪者的錄放影機可能不是自己買的，而是別人送的。

8. 不用偏差誤導字句。

9. 沒有暗示作用。

10. 不要隱藏其他方案。

11. 句子短而集中。

5.3.2 問卷設計常犯的錯誤

在國內我們時常可以看到一些媒體報導，其中可以發現問卷設計常犯的錯誤；有些民意調查的問卷設計十分離譜，而調查者卻不知覺。這些調查者有意或無意喜歡使用一些引導性或意義含糊之語句，以及否定的語句，以達成某種程度之政治宣傳目的。

國內學者民調問卷中常見的錯誤有以下 11 項（胡政源，2009；胡政源、林曉芳，2004）：

一、部分調查將問卷設計與測驗(test)編製混為一談

有些研究者，對於問卷(questionnaire)及測驗的編製，兩者常無法分辨其異同之處，以致將兩項混為一談，甚至將編製測驗可允許的「誘答項」(distractors)這項技巧誤用到問卷設計中，這是錯誤的作法。

同時，問卷設計與測驗編製在用字方面，還是有所不同的！因為測驗編製是可以使用「全稱性字眼」、「倒裝性的用語」、「假設性的用語」……等，但問卷就不准出現這類語句。

從另一角色來看，測驗與問卷的設計理念亦大不相同。所謂「測驗」(test)是指考試用途之試題或心理測驗，例如：TOFEL 考試、入學考試、

IQ 測驗、性向測驗⋯⋯等。問卷(survey questions)主要用途是做民意調查、市場調查、社會調查⋯⋯等。國內有些學者，由於從小到大，自認自己參加過 N 次考試，見過各式各樣考題，故以為問卷編製就跟測驗編製一樣，而將測驗編製之方，全盤用在問卷設計上，這是全然的錯誤。

此外，問卷及測驗兩者在編製上亦也某些程度上的差異，因為測驗編製需要具備較高的信度及效度，同時亦常用多個題目來測驗某一概念，而這些測驗題是具量化的可加性，並以此來建立常模(norm)。

相對地，問卷設計只須信度及效度即可，且較常使用單一題目來衡量同一概念，而且這些題目通常不具有可量化之可加性，故研究者無法建立其常模（周文欽等人，1996）。

二、問卷調查名稱未能配合測驗

問卷調查名稱與研究主題範圍相符合。有的民意調查的名稱太過廣泛，例如，對某幾所大學做民意調查，就宣稱它是「全體民眾之態度意見研究」，這種調查的外部效度是令人可疑的，因為學生群社會人士的認知是有落差的，研究結果是否可以類推(generalize)至母群體還是一個遭到質疑的問題。

三、遣詞用字過於籠統含混

有的問卷設計時，常見問句內容未能掌握明確的意義，用詞過於籠統含糊，因此在編製問卷內容時，研究者應注意下列事項：

1. 不要使用文言文、倒裝句、俚語、俗語、縮寫字，盡可能用完整的白話文。
2. 避免使用全稱性的字詞，如，「全部」、「經常」、「無人」、「從不」⋯⋯等全稱詞應避免。
3. 避免使用否定或雙重否定句。

4. 少用複合句，而且盡可能不超過二十個中文語詞（但解釋性語句例外）。

5. 盡可能少專有名詞，多採用一般人慣用詞，除非受訪者本身是某一領域之專業人員。

6. 每個問句力求簡單明瞭清晰，不可將多個問題的解決，集中在同一個問題上，且不可一題二問(double-barreled questions)。

7. 不要使用主觀情緒的字眼，或不受歡迎、令人困窘及涉及隱私之語詞。

8. 涉及時間，應當具體不模糊。

例如：在過去時間裡，您與上司相處的如何？

評論：具體修正為：在過去一年（或 6 個月）中，您與上司相處的如何？

四、問卷題目的設計，未能秉持客觀公正的原則，時常使用具有引導性或傾向性之語句

目前臺灣有許多民意調查中心，客觀中立不夠，設計問卷有心無心地含有許多引導性或傾向性之語句，導致其民調結果失去公信力。原因是：有些傳播媒體是某政黨、候選人所經費支援的基金會，或社團，其研究結果是當政治宣傳，導致其調查結果產生偏頗、不夠嚴謹客觀。

（一）結構性的引導

所謂「結構性的引導技巧」是指在草擬題目及編排題目時，設計一種很容易由前面題目來影響後面題目的問答。

（二）額外利用語句的技巧來引導問題之填答

（三）問卷設計當中，具有傾向問題

所謂傾向問題係指問題當中藏有迫使受訪者意見表達空間縮小之題言。

五、問卷設計中，內容方面倍受爭議之部分

（一）問題設計引用二手資料之爭議

問題旨在調查受訪者的第一手資料，包括受訪者做了哪些，目前狀況是如何？有何感想及認知，萬一要調查受訪者不是很清楚之第二手資料，則要非常小心，基本上若一種客觀事實的結果，則第二手資料調查是可以被大家接受的，可是若詢問受訪者有關未證明的第二手（間接的）資料之意見，則應小心處理。

（二）小心詢問「假設性」問題

假設性問題若是訴諸過去經驗或直接性的取諸於知識的話，我們尚可接受，否則假設性問題應小心處理。

（三）詢問「因果性」問題更應謹慎

詢問因果者若某些問題的因果性解適作為解答。這種因果性解答常因無法有效控制眾多的外生變數，導致這種因果性解釋太過牽強附會，無法讓社會科學者接受，畢竟社會科學有很多事件的發生，其實背後有許多原因，不只是單一原因，例如，離婚的原因就非常多，而且這些因彼此動態交互影響。

（四）期望受訪者對「複雜／專業」的問題提出一些解決的辦法

研究者對這類「複雜／專業」的問題，訴諸民意要特別小心，尤其是專業性及技術性問題。

六、問卷印刷編排的錯誤

問卷格式的編排，力求美觀舒適，容易填答，所以字體不宜太小，行距要適當，最好每隔 5 個橫行就加大行距一次，同時，問卷不宜印上顯性流水號。測驗可以印上流水號及要求受測者填上姓名，但問卷則不宜，主要理由是免除受訪者恐懼，而不敢據實回答問題。

七、文獻探討應先於問卷設計之前，並且注意題目編排順序

問卷設計之前，應先研究主題做詳細的文獻探討，以得知研究假設，研究模式背後的相觀理論，再由焦點群組或專家群之意見，形成研究架構中各變數之可能關係，再透過問卷來蒐集以驗證研究假設。問卷可分成二階段來設計，先經小樣本的預測後，再大樣本測。易言之，文獻探討在先，問卷設計在後，兩者不可前後順序顛倒。

八、問卷題目盡量避免一些與主題無關或難以回答的問題

所謂很難回答的問題，包括：

1. 受訪者要有親身經驗。

2. 受訪者雖有經驗但經過歷史長遠，已不太記得。

3. 一些無法用言語表達之意見。

4. 受訪者要等收完資訊才能回答的問題，例如：電腦系統使用滿意度調查，取樣時，就只能放棄不會使用電腦者。

九、題目之回答選題不夠互斥性及周延性

在限制問卷中，每一問句都應詳盡列出所有可能的答案，而且各答案之間要彼此完全互斥(mutually exclusive)。

十、問卷設計要考量未來變數如何量化

問卷設計不能全部只有類別變數，因為它能做的統計分析（次數分配、卡方檢定、data mining）較有限。為了資料處理較有彈性，問卷的選答項，盡可能朝「等距」「比率」尺度來設計。

十一、問卷設計要盡量避免問敏感性問題

常見敏感性問題，包括個人財務狀況、犯罪與否、同性戀、性生活……等，這些敏感問題除非研究上必要，否則能少問盡量少問，即使要問，也要應用技巧來降低敏感度（賴世培，1998）。

在過去研究中，不同研究者進行問卷編製時，均以因素負荷量(loadings)的大小來當作刪題準則，其中 Lederer & Sethi (1991)係以 0.35 當取捨題題目的臨界值，Moore and Benbasat (1991)用 0.50 當篩刪題的臨界值，當時其研究分析對象亦涵蓋資訊科技採用群及未採用群。

行銷研究實務反思

1. 哪些消費族群不向我們購買商品？

2. 為什麼這些人選擇競爭對手或替代品？

( ) 1. 何者是蒐集資料重要之工具，在蒐集資料之方法中觀察法、實驗法或訪談法均會使用到，其中訪談法最常使用？　(A)問卷　(B)調查表　(C)網路填選　(D)手機填選。

( ) 2. 所謂抽象概念的「操作化」，是將研究的哪一項轉換成可以衡量之問卷題目，問卷設計好壞關係著工具的信度及效度？　(A)構念　(B)觀念　(C)初衷　(D)目的。

( ) 3. 一個好的問卷應是依研究者的什麼來發展的，而在發展適當的問卷時有許多的限制，例如：問題的數量、格式與問題的排序等？　(A)個人喜好　(B)成本限制　(C)通路要求　(D)研究目的。

( ) 4. 有些研究者，對於問卷(questionnaire)及測驗的編製，兩者常無法分辨其異同之處，以致將兩項混為一談，甚至將編製測驗可允許的哪一項技巧誤用到問卷設計中，這是錯誤的作法？　(A)鑑識度　(B)誘答項　(C)問卷編碼　(D)前測。

( ) 5. 目前臺灣有許多民意調查中心，客觀中立不夠，設計問卷有心無心地含有許多引導性或傾向性之語句，導致其民調結果失去：　(A)向心力　(B)公信力　(C)民心　(D)信心。

( ) 6. 在草擬題目及編排題目時，設計一種很容易由前面題目來影響後面題目的問答的是：　(A)研究目的　(B)問卷設計　(C)構念調查　(D)結構性的引導技巧。

( ) 7. 問卷設計之前，應先研究主題做詳細的○，以得知研究假設，研究模式背後的相關理論，再由焦點群組或專家群之意見，形成研究架構中各變數之可能關係，再透過問卷來蒐集以驗證研究假設。請問○是指什麼？　(A)引導技巧　(B)研究目的　(C)文獻探討　(D)樣本調查。

（　）8.　問卷可分成二階段來設計，先經小樣本的預測後，再大樣本測。易言之，文獻探討在先，何者在後，兩者不可前後順序顛倒？　(A)樣本調查　(B)研究目的　(C)問卷設計　(D)構念調查。

（　）9.　在限制問卷中，每一問句都應詳盡列出所有可能的答案，而且各答案之間要彼此完全：　(A)相容　(B)互斥　(C)獨立　(D)干擾。

（　）10.　問卷設計不能全部只有何者，因為它能做的統計分析（次數分配、卡方檢定、data mining）較有限？　(A)單一選項　(B)離散變數　(C)連續變數　(D)類別變數。

 解答：1.(A) 2.(A) 3.(D) 4.(B) 5.(B) 6.(D) 7.(C) 8.(C) 9.(B) 10.(D)

消費品品牌關係衡量量表之建構——顧客基礎觀點

The Development of a Brand Relationship Measurement Scale for Consumer Products —Customer Based Perspective

胡政源

摘 要

　　本研究參考相關行銷研究行銷量表發展典範，以顧客基礎觀點，進行消費品「顧客基礎觀點之品牌關係(customer-based brand relationship, CBBR)衡量量表」之發展與建構。首先經由文獻探討法及內容分析法對品牌關係進行探索研究，確認 CBBR 的構念為：

1. **關係密度**：態度聯結度與共同體感覺度。

2. **關係活動**：行為忠誠度與主動參與度；並由此進行研究變數操作性定義。進一步透過實務訪談、消費者自由聯想測試和多個案研究（60 個個案）深度訪問技術法，對品牌關係進行質性詮釋性探索研究，共獲得 59 題研究變數衡量項目。第一階段資料蒐集和量表純化，受測產品為手機、鞋子、內衣、手錶；共刪除 9 題而剩 50 題。第二階段 59 資料蒐集和量表純化，受測產品為牙膏、衛生紙、洗髮精、衣服；共刪除 24 題而剩 26 題。本研究共獲得 26 題：(1)關係密度：態度聯結度 8 題與共同體感覺度 7 題；(2)關係活動：行為忠誠度 5 題與主動參與度 6 題。衡量項目由 59 題刪減為 26 題，信度與效度檢驗皆獲得非常好的支持。

關鍵詞：品牌關係、關係密度、關係活動、衡量量表

壹、前言

　　國外學者對於「品牌關係」之研究不多，大部份僅為品牌關係之概念化討論，或為質性之探索式詮釋研究(Damian, 1991，Sandi, 1992，Alan, 1996，Fournier, 1998，Wileman, 1999，Lauro, 2000，Blackston, 1992, 1995, 2000；Keller, 2001)，客觀性量化之邏輯實證研究尚少。既無學者以邏輯實證量化深入研究品牌關係，也無學者以邏輯實證量化深入研究品牌關係及其相關變數之衡量，故學者仍未建立出有效且被一般研究者共同接受之量表；因此，本研究欲以顧客基礎觀點，進行發展與建構消費品之「顧客基礎觀點之品牌關係衡量量表」。除參考陳振燧、洪順慶(1999)「消費者品牌權益衡量之建構－以顧客基礎觀點」之研究外，並參考相關行銷研究行銷量表發展典範(Churchill, 1997；Parasuraman et. al., 1988 Serqual；Kohli et. al., 1993 Markor；Aaker, 1997)，作為本研究自行發展與建構之「顧客基礎觀點之品牌關係衡量量表」之基礎。

貳、品牌關係之內涵與定義

　　Aaker(1991)是研究品牌權益學者中之佼佼者，Aaker(1995)曾研究如何建構強勢品牌，認為有八項因素使得建立強勢品牌（具有高量品牌權益者）甚為困難：1.價格競爭壓力。2.競爭者激增。3.市場與中介者零碎化。4.品牌策略與品牌關係甚為複雜。5.改變識別與執行之誘惑。6.組織抗拒創新之偏見。7.其他投資壓力。8.短期績效壓力。Aaker(1995)認為品牌關係甚為複雜，以致研究不易；Aaker & Joaschimsthaler(2000)曾論及品牌關係系列(The brand relationship spectrum)，但僅是將品牌關係侷限於品牌與品牌間之系列關係。Stern & Barton(1997)亦指出欲建立顧客關係以創造品牌附加價值，首先應顧客導向，依顧客區隔徹底地了解顧客價值；而資料庫科技則應該槓桿應用於：1.了解個別顧客需求。2.個別化行銷溝通及推廣。3.與高價值之顧客建立有意義之關係。Stern & Barton(1997)並指出品牌不只是製造商之產品，也是服務提供者及零售商

之有效溝通工具，欲建立顧客導向之品牌附加價值，應發展「吾亦是(me-too)」產品，與並消費者需求及生活型態進行最佳契合，而資料庫行銷可透過顧客資訊與知識，強化顧客與品牌之關係，以使企業獲得長期利益。Larry(1993)認為品牌權益結合(coalition for brand equity)可使行銷者重新聚焦於品牌建立，以防品牌權益日益衰弱；Larry(1993)觀察亦指出未來行銷重點是品牌關係行銷(brand relationship marketing)，而品牌之建構必須發展(developing)、防禦(defending)、增強(strengthening)與持續(enduring)具有利潤的品牌關係，並以品牌關係策略進行顧客維持與保留，以取代傳統之顧客吸引活動。最近，Keller(2001)亦以顧客基礎觀點進入品牌關係與品牌權益關聯性之研究，故「品牌關係」相關議題之研究應是品牌行銷未來重要研究領域。

Blackston(1995)曾再對品牌權益之質性構面進行研究，將品牌權益區分為品牌價值與品牌意義(brand value and brand meaning)，而品牌意義是品牌權益之質性構面(qualitative dimension)，Blackston(1995)認為公司若改變品牌意義即改變品牌價值，故品牌關係由品牌形象（客觀品牌）及品牌態度（主觀品牌）兩構面形成。Brandt(1998)指出品牌關係是顧客與品牌雙向的忠誠度，品牌關係必須管理產品本身特質與無形情感個性（如尊敬、一致、誠實），以協助品牌對客戶忠誠；若將產品功能特質與情感性品牌識別特質加以整合，可以給予顧客品牌聯結之動機，故公司必須強烈承諾與顧客建立品牌關係，而最強勢的行銷槓桿來自於品牌忠誠顧客。

由於品牌關係研究涉及顧客與品牌雙方彼此交換關係之互動，品牌關係研究參考關係交換研究與人際關係研究應該可行(Fournier & Julie, 1997，Fournier, 1998，Lauro, 2000，MacLeod, 2000，Blackston 1992, 1995, 2000；Keller, 2001)；Blackston(1992)曾引用溝通模式以解釋人際關係，並以人際關係類比品牌與消費者之關係，而品牌關係之概念是消費者對品牌之態度與品牌對消費者之態度之互動；後來，許多學者亦以紛紛人

際關係來詮釋顧客與品牌間之互動，以討論品牌關係(Fournier & Julie, 1997，Fournier, 1998，Kelleher, 1998，Lauro, 2000，MacLeod, 2000)，但均僅為品牌關係概念與意涵探索研究；亦有學者以質性研究深入研究品牌關係(Wendy & David, 1990，Blackston 1992, 1995, 2000，Fournier, 1998，Keller, 2001)，但為數不多。

歐美的關係交換理論相關文獻中，約可分為「結構模式」與「過程模式」。結構模式以關係結構與交換關係為主，希望建立起結構因素與關係型態間的連繫，了解在什麼樣的關係結構下會產生什麼樣的關係型態。「過程模式」則著重於關係的形成、維持與發展的生命週期過程之研究，屬於縱斷面的研究。此外，也有學者嘗試將「結構模式」與「過程模式」加以整合，成為「混合模式」（康必松，1998）。

關係交換「結構模式」，以研究關係結構與交換關係為主，希望建立起結構因素與關係型態間的連繫，欲了解在什麼樣的關係結構下會產生什麼樣的關係型態，關係交換的「結構模式」理論研究中，Krapfel.et. al.,(1991)研究買賣關係之策略取向，可供品牌關係研究參考應用，Krapfel et. al.,(1991)認為影響經濟交換關係之構面有二，一者為關係價值(relationship value)之高低，另一方面為利益共同性(interest commonality)之一致程度；關係價值係指選擇一種交換關係而放棄另一種交換關係之相對價值，而關係價值之高低由四個因素構成：1.關鍵性(criticality)。2.數量性(quantity)。3.替代性(replace ability)。4.變動適應性(slack)，故關係價值之高低可由此四個因素加以衡量；至於利益共同性係指彼此分享與分擔共同經濟目標，利益共同性反映出交換夥伴間目標之相容與一致程度。Krapfel et. al.,(1991)建議將形成經濟交換關係之關係價值與利益共同性兩個構面加以衡量，並依關係價值之高低與利益共同性之程度高低進行交叉分類，可以獲得四種不同之關係型態，分別為：

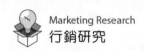

1. **認識(acquaintance)關係**：關係價值與利益共同性均低。

2. **朋友(friend)關係**：關係價值低與利益共同性高。

3. **競爭(rival)關係**：關係價值高與利益共同性低。

4. **夥伴(partner)關係**：關係價值與利益共同性均高。

　　「結構模式」品牌關係研究中，Kelleher(1998)研究年輕族群品牌策略，依關係密度，區分年輕族群四種不同之品牌關係：

1. **看不見之品牌關係(invisible brands)**：係未發現、睡著的、低信賴度低知名度，因消費者具有很少之認知跨欄，故公司易於建立新而獨特之價值。

2. **陳列展示之品牌關係(displayed brands)**：高信賴度低知名度。

3. **發現之品牌關係(discovered brands)**：高知名度但信賴度低。

4. **擁護之品牌關係(champion brands)**：高知名度且高信賴度。Lauro(2000)研究美國民主黨與共和黨之品牌名稱問題，認為消費者與品牌關係類似人際關係，並指出影響品牌關係之 14 種不同特性存在於各式各樣品牌關係程度中，進一步發展 7 種品牌關係型態(relationship styles)，從最初的無承諾(no commitment style)關係到最終的完美契合(perfect fit style)關係，其中完美契合包括雙方之心理化學因素作用融合、情感、信任及彼此相互性。就「過程模式」而言，目前歐美文獻中所提出的關係交換過程模式，都是指兩個或多個原本沒有任何關係的組織或廠商，經由一連串組織間的互動而建立起關係，成為關係夥伴。然後隨著雙方交易的持續進行，再更進一步的發展出緊密的關係型態。前述 Larry(1993)強調未來行銷重點是品牌關係行銷(brand relationship marketing)，而且，品牌之建構必須致力於發展(developing)、防禦(defending)、增強(strengthening)與持續(enduring)具有利潤的長期品牌關係，即是「過程模式」觀點。Hinde (1995)曾提出人際關係有四個核心特質：

1. **關係具有主動互賴性**：關係雙方間透過各種互惠交換而彼此相互影響，並由各種互惠交換中定義彼此關係及重新調整彼此關係。

2. **關係具有目的性，主要在於提供雙方意義**：關係在心理社會文化層面上具有意義，有意義的關係會改變自我概念或透過自我價值、自尊的機制而強化自我概念，在心理層面上，關係可協助解決生活中所遭遇的問題，傳遞某些生活的目標及任務；社會文化層面上，年齡／科羣(cohort)、生命週期、性別、家庭／社交網路、文化等五個因素會影響關係的強度、關係的型態與關係動態過程。

3. **關係是一種多重構面的現象**：關係具有多重構面，且會發展多樣的型態，可提供參與者許多可能的利益，關係可帶給人們社會性與工具性的利益；社會性的利益主要提供心理上的功能，以確定自我價值與自我形象，並提供安全、指引、教養、協助社交等心理報酬；工具性的利益則包括目的性或短期目標的達成；社會性與工具性的利益均會影響關係的型態，如一般程度的喜歡、友誼、愛、迷戀、自願與非自願、正式與非正式等不同關係型態。

4. **關係是一種動態的過程**：因雙方一連串的互動而開始，並隨著環境而改變和結束；關係的動態過程可分為開始、成長、維持、衰退、解散五個階段。

　　Dwyer, Schurr & Oh(1987)亦曾將這種關係交換的發展過程，比喻做兩家廠商間的「婚姻」。結婚的雙方經由介紹（注意）、認識（探索）、戀愛（擴展），進而走入教堂完婚（承諾），當然在此一過程中，隨時可能發生分手（解除）的情形。品牌關係屬於顧客與品牌間動態互動過程，關係交換的理論「過程模式」應該適合供為參考。顧客與品牌間之關係，也會如人際關係，發生開始、成長、維持、衰退、解散五個階段關係的動態過程。

　　整合「結構模式」與「過程模式」之品牌關係研究，Fournier(1998)應用質化研究之深度訪問技術，結合心理、社會與文化之取向，研究品牌關係；Fournier(1998)認為消費者對無生命的品牌會賦予其一些人格特質，可以詞彙加以表現（如活潑的、穩重的等），消費者並選擇性賦予品牌某些情感、思想、意志等方面的人性特質；且消費者經由企業的品牌行銷活動中建構品牌的品牌個性，與消費者本身的個性互動後，會形成消費者與品牌的品牌關係。Fournier(1998)之研究，係透過三個個案之深度訪問與應用質化研究，將消費者與品牌的關係型態區分為三大類：

1. **「朋友」品牌關係**：又再細分成區分的友誼、普通朋友、孩提友誼、好朋友、承諾的夥伴。

2. **「婚姻」品牌關係**：可再細分成安排的婚姻、便利性婚姻、親戚。

3. **「情緒性品牌關係」**：又進一步細分成依賴、敵意、祕密戀情、奴役、反彈逃避、一夜情與求愛時期。Fournier(1998)總共區分出 15 種消費者與品牌的複雜品牌關係型態。

　　Fournier(1998)之深度質性研究，執行三個個案深度訪問計畫，並整合性地檢視人際關係文獻，用以導引與詮釋三個深度訪問個案。該研究進一步推論品牌關係命題以及品牌關係於消費者生活脈絡中之效度；包括討論品牌作為消費者主動積極之關係夥伴之正統合法性，並透過實證經驗支持品牌與消費者之品牌關係連結具有顯著現象之命題；該研究提供一個架構以描繪消費者與品牌所形成之關係型態特徵，透過該架構亦可更加了解消費者與品牌所產生之品牌關係型態；該研究從資料分析中歸納出品牌關係品質(brand relationship quality, BRQ)概念，並提出診斷式工具以概念化品牌關係強度與評估品牌關係強度；該研究並應用歸納之概念，洞察出兩個相關研究領域－品牌忠誠度與品牌個性(brand loyalty and brand personality)；該研究最後力勸研究品牌關係同好者應精煉、測試、增強該研究命題，並發展成操作性假設，再整合消費者與其品牌之生活經驗，以驗證該研究關係前提與操作性假設之效度。

最近，Keller(2001)亦進入品牌關係與品牌權益關聯性之相關研究，顧客基礎之品牌權益模式(CBBE-the customer-based brand equity model)研究為與其新作，其中詳細論述品牌關係與建構品牌權益之步驟與關聯性，Keller 主張四個步驟以建構強勢品牌：1.建立適當的品牌識別。2.創造合適的品牌意義。3.導引正確的品牌回應。4.建構合適的顧客品牌關係。Keller(2001)並提出與顧客進行品牌關係建構之 6 個區塊及重點，依序為品牌特點、品牌績效、品牌意象、品牌判斷、品牌情感與品牌共鳴。其中品牌共鳴(brand resonance)可以評量合適的顧客品牌關係，亦是品牌關係追求之目標；Keller(2001)指出品牌關係(brand relationships)是聚焦於顧客與品牌之關係，重視顧客個人之品牌識別水準。而品牌共鳴論述顧客與品牌關係之本質，以及顧客與品牌彼此是否同時感覺品牌關係發生於顧客與品牌之間；品牌共鳴之特性可由顧客與品牌心理聯結之深度及行為忠誠度引發活動數量之多少加以衡量，品牌共鳴可區分成四種類屬：1.行為的忠誠度、2.態度的聯結度、3.共同體感覺程度、4.主動積極參與度。四種共鳴類屬均可表現品牌關係之強度。Keller(2001)亦提出衡量品牌關係準則之兩個構面：關係密度與關係活動；關係密度是態度聯結與共同體感覺之強度，關係活動是顧客購買與使用之頻率以及每日投入於與購買與消費無關之其他活動之程度，也是觀察顧客行為的忠誠度與主動積極參與之程度。經由以上品牌權益與品牌關係相關研究之探討，可知品牌權益的創造可視為品牌關係的建立，建立品牌權益應藉由管理品牌關係，故品牌與消費者係共創品牌權益之夥伴(Blackston 1992, 1995, 2000)，建立合適的顧客品牌關係是建構強勢品牌的作法，亦是增加品牌權益之策略性步驟(Keller, 2001)。

綜合以上相關文獻探討，本研究對顧客基礎觀點之「品牌關係」闡釋如下：顧客基礎觀點之品牌關係是「消費者對品牌之態度及行為，以及品牌對消費者之態度及行為兩者之互動(Blackston, 1992)，亦可概述為顧客與品牌間品牌態度與品牌行為之互動」；顧客基礎之「品牌關係」係

由品牌與顧客間關係密度高低與關係活動頻率所構成；關係密度高低與品牌與顧客間之行為的忠誠度與態度的聯結度有關，關係活動頻率與品牌與顧客間之共同體感覺與主動積極參與程度有關。

參、量表的發展方法

由於有關品牌關係之研究仍屬質性探索階段，量化實證研究仍少，本研究首先以文獻探討法及內容分析法對品牌關係進行探索研究；並由此提出消費者與品牌關係之操作性定義。進一步參考 Fournier(1998)結合心理、社會與文化之取向，應用質化研究之深度訪問技術之方法，研究消費者與品牌之關係；本研究採多個案研究（60 個個案）深度訪問技術法，對品牌關係進行質性詮釋性探索研究，多個案研究（60 個個案）深度訪問之進行係以社會人士 10 名、嶺東技術學院 40 名（五專五年級 10 名、夜二專三年級 10 名、二技部 10 名、四技部 10 名）及環球技術學院（夜二專三年級 10 名）之學生進行品牌選用經驗及生活經驗之敘述為主，然後依據該 60 個個案品牌選用經驗及生活經驗之敘述加以內容分析，整理出消費者與品牌之態度及行為及其互動經驗，建構出消費者與品牌關係之衡量項目。

本研究進一步參考陳振燧、洪順慶(1999)消費者品品牌權益衡量之建構－以顧客基礎觀點之研究，並參考相關行銷研究行銷量表發展典範(Churchill, 1997，Parasuraman et. al., 1988 Serqual，Kohli et. al., 1993 Markor，Aaker Jennifer, 1997)，為本研究自行發展與建構「顧客基礎觀點之品牌關係衡量量表」。

肆、量表的發展步驟

本研究建構顧客基礎之品牌關係衡量表(customer-based brand relationship, CBBR)的發展步驟（如附圖 5-1），共有 6 個步驟，說明如下：

量表發展步驟	工作說明
步驟 1. 透過文獻探討確認 CBBR 的構念範圍以及變數操作性定義	文獻探討法及內容分析法對品牌關係進行探索研究，確認 CBBR 的構念為： 1. 關係密度：態度聯結度與共同體感覺度。 2. 關係活動：行為忠誠度與主動參與度；並獲得變數操作性定義。
↓	↓
步驟 2. 衡量項目產生	透過實務訪談、消費者自由聯想測試和多個案研究（60 個個案）深度訪問技術法，對品牌關係進行質性詮釋性探索研究，共獲得 59 題衡量項目。
↓	↓
步驟 3.：　第一階段資料蒐集和量表純化 3-1　計算每一構面的係數和單項對總數相關係數 3-2　刪除相關係數低者 3-3　探索性因素分析以確認量表的結構性	受測產品為手機、鞋子、內衣、手錶。共刪除 9 題而剩 50 題。
↓	↓
步驟 4.：第二階段資料蒐集和量表純化。重複步驟 3-1、3-2、3-3	受測產品為牙膏、衛生紙、洗髮精、衣服。共刪除 24 題而剩 26 題。
↓	↓
步驟 5. 信度與效度檢驗	內部一致性、表面效度收斂效度。
↓	↓
步驟 6. 獲得最後衡量項目和變數	共獲得 26 題：關係密度 15 題：態度聯結度 8 題與共同體感覺度 7 題。關係活動 11 題：行為忠誠度 5 題與主動參與度 6 題。

🛒 附圖 5-1　量表發展步驟

步驟 1　透過文獻探討確認顧客基礎品牌關係構念以及變數操作性定義

1. 品牌關係相關構念

　　本研究對顧客基礎觀點之「品牌關係」定義如下：顧客基礎觀點之品牌關係是「消費者對品牌之態度及行為，以及品牌對消費者之態度及行為兩者之互動(Blackston, 1992)，亦可概述為顧客與品牌間品牌態度與品牌行為之互動」；顧客基礎之「品牌關係」係由品牌與顧客間關係密度高低與關係活動頻率所構成；關係密度高低與品牌與顧客間之行為的忠誠度與態度的聯結度有關，關係活動頻率與品牌與顧客間之共同體感覺與主動積極參與程度有關。本研究自行發展與建構「顧客基礎觀點之品牌關係衡量量表」。

　　本研究以顧客基礎觀點視之品牌關係相關構念即為品牌關係密度（態度聯結度與共同體感覺）與品牌關係活動（行為忠誠度與主動參與度）。

2. 變數操作性定義

　　變數操作性定義，係為本研究發展量表之用。

(1) 品牌關係：本研究定義品牌關係如下：

　　「品牌關係為顧客對品牌之態度及行為與顧客認知的品牌對顧客之態度及行為之互動過程。」

(2) 關係密度：是態度聯結與共同體感覺之強度。

(3) 關係活動：是顧客購買與使用之頻率以及每日投入於與購買與消費無關之其他活動之程度，亦即行為的忠誠度及主動積極參與之程度。

(4) 行為的忠誠度(behavioral loyalty)：最強烈的品牌忠誠度可由顧客採購或消費時願意投資時間精力金錢與其他資源於該品牌加以確知，行為的忠誠度主要特質是顧客對該品牌重複購買與對該品牌

類別產品數量之分擔。顧客購買之次數與數量決定最基本的利潤，品牌必須引發足夠之購買頻率與數量。

(5) 態度的聯結度(attitudinal attachment)：有些顧客因該品牌是其可接近之唯一選擇或因該品牌是其付得起的而進行非必要性購買；品牌必須從廣泛品類脈絡中創造特殊性以被認知，知覺、共鳴、喜愛、期望擁有、愉悅、期待等均是良好的態度聯結的表徵。

(6) 共同體感覺(sense of community)：品牌共同體之確認使顧客與其他與品牌聯結之人們（如同類品牌使用者或消費者、公司員工、公司業務代表）具有親屬關係之感覺。

(7) 主動積極參與(active engagement)：顧客願意參加品牌俱樂部或與其他同類品牌使用者、品牌之正式或非正式代表保持聯繫並接觸最近品牌有關訊息，他們可能會上與品牌有關之網路或聊天室；此類顧客會成為品牌傳播者並協助品牌與其他人們溝通及增強品牌與這些人之連結；強烈的態度聯結與共同體感覺可以建構出顧客對該品牌之主動積極參與。

步驟 2　衡量項目產生

本研究透過實務訪談、消費者自由聯想測試，結合多個案研究（60個個案）深度訪問技術法，對品牌關係進行質性詮釋性探索研究，多個案研究（60個個案）深度訪問之進行係以社會人士 10 名、嶺東科技大學 50 名（五專五年級 10 名、夜二專三年級 20 名、二技部 10 名、四技部 10 名）之學生進行品牌選用經驗及生活經驗之敘述為主，然後依據該 60 個個案品牌選用經驗及生活經驗之敘述加以內容分析，整理出消費者與品牌之態度及行為及其互動經驗，建構出消費者與品牌關係之衡量項目。

　　茲針對各品牌關係研究構念與品牌關係研究變數的衡量項目加以整理如下：

1. **行為忠誠度**：(1)經常購買選用；(2)重複購買選用；(3)一定會再選用；(4)經常購買大數量；(5)經常足量的購買；(6)經常團體的購買；(7)購買次數較多；(8)購買頻率較繁；(9)非購買到不可；(10)經常定期購買；(11)每天都使用到；(12)購買金額較多；(13)願意多花金錢購買；(14)願意到處尋找購買；(15)願意多花時間購買。

2. **主動積極參與**：(1)投資時間參與；(2)投資精力參與；(3)投資金錢參與；(4)參加俱樂部或會員；(5)經常接觸品牌代表；(6)經常接觸品牌業務；(7)經常接觸品牌使用者；(8)經常接觸品牌訊息；(9)聊天經常提起；(10)經常傳播口碑；(11)經常主動參加活動；(12)經常推薦別人選用；(13)經常注意相關訊息；(14)經常主動聯絡。

3. **態度連結程度**：(1)期望擁有該品牌；(2)擁有該品牌很愉悅；(3)對該品牌很了解；(4)喜愛使用該品牌；(5)認為該品牌獨一無二；(6)願意使用該品牌；(7)認為該品牌名聲好；(8)對該品牌印象很好；(9)感覺該品牌高級；(10)認為該品牌是流行象徵；(11)願意試用該品牌；(12)對該品牌感覺很滿意；(13)認為該品牌很熱情；(14)認為該品牌很真誠；(15)認為該品牌很誘惑，具有魅力。

4. **共同體感覺**：(1)感覺像夫妻；(2)感覺個性契合；(3)感覺很合自我品味；(4)具有依賴感覺；(5)具有認同感覺；(6)具有親密感覺；(7)感覺很貼心；(8)感覺很體貼；(9)感覺像朋友；(10)感覺像情侶；(11)感覺像親屬；(12)感覺像伙伴；(13)感覺像知己；(14)具有承諾感覺；(15)具有信任感覺。

步驟 3　第一階段資料蒐集和量表純化

　　第一階段資料蒐集和量表純化，計算每一構面的 α 係數和單項對總數相關係數、刪除相關係數低者、進行探索性因素分析以確認量表的結構性。第一階段資料蒐集，係以嶺東科技大學 480 名（五專五年級 100 名、夜二專三年級 140 名、二技部 80 名、四技部 80 名、在職班 80 名）之學生，受測產品為手機、鞋子、內衣、手錶。問卷設計 59 題係以李克特五點尺度量表加以設計，以進行資料蒐集。經過重複相關分析，行為的忠誠度項目由 15 題刪減為 7 題，α 值為 0.8535；主動積極參與項目仍為 14 題，α 值為 0.9177；態度的聯結度項目由 15 題刪減為 14 項，α 值為 0.9147；共同體的感覺項目仍為 15 項，α 值為 0.9523。第一階段資料蒐集和量表純化結果彙總如附表 5-1。共刪除 9 題而剩 50 題。

◎ 附表 5-1　第一階段資料蒐集和量表純化結果

	修正前		修正後	
	題數	Cronbach α	題數	Cronbach α
行為的忠誠度	15	0.8746	7	0.8535
主動積極參與	14	0.9177	14	0.9177
態度的聯結度	15	0.8750	14	0.9147
共同體的感覺	15	0.9523	15	0.9523
合　計	59		50	

　　經由上述分析後，對行為的忠誠度、主動積極參與、態度的聯結度及共同體的感體等 50 題再進行因素分析，結果有十個因素其特徵值大於 1，分別將其命名為共同體、印象好、積極參與、主動參與、購買頻率、參與高、重複選用、態度佳、感覺佳、期望擁有。衡量項目如附表 5-2 所示，因素負荷值都在 0.4 以上。

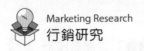

附表 5-2　因素分析結果

	因素一	因素二	因素三	因素四	因素五	因素六	因素七	因素八	因素九	因素十
感覺像朋友	.820									
感覺很體貼	.811									
感覺像知己	.798									
感覺像伙伴	.777									
感覺像情侶	.770									
具有親密感覺	.755									
感覺像親屬	.751									
感覺很貼心	.740									
感覺像夫妻	.735									
具有依賴感覺	.720									
具有承諾感覺	.667									
感覺個性契合	.644									
具有認同感覺	.626									
具有信任感覺	.529									
認為該品牌名聲好		.835								
願意使用該品牌		.812								
對該品牌印象很好		.698								
喜愛使用該品牌		.670								
感覺該品牌高級		.623								
對該品牌感覺很滿意		.584								
感覺很合自我品味		.510								
經常接觸品牌業務			.772							
參加俱樂部或會員			.733							
經常接觸品牌代表			.689							
經常主動參加活動			.664							
經常注意相關訊息			.577							
經常定期購買			.487							

🎯 附表 5-2　因素分析結果（續）

	因素一	因素二	因素三	因素四	因素五	因素六	因素七	因素八	因素九	因素十
聊天經常提起				.684						
經常傳播口碑				.677						
經常接觸品牌訊息				.615						
經常注意相關訊息				.591						
經常推薦別人選用				.583						
對該品牌很了解				.436						
經常接觸品牌使用者				.419						
購買頻率較繁					.854					
購買次數較多					.793					
經常購買選用					.669					
投資精力參與						.796				
投資時間參與						.764				
投資金錢參與						.678				
一定會再選用							.720			
重複購買選用							.661			
經常購買大數量							.412			
認為該品牌很真誠								.641		
認為該品牌很熱情								.519		
認為誘惑具有魅力								.401		
認為該品牌是流行象徵									.595	
認為該品牌獨一無二									.418	
期望擁有該品牌										.510
擁有該品牌很愉悅										.433

因素命名	共同體	印象好	積極參與	主動參與	購買頻率	參與	重覆選用	態度佳	感覺佳	期望擁有	因素命名
變異解釋量	19.012%	10.33%	8.377%	7.75%	6.28%	5.76%	5.47%	3.62%	3.45%	2.99%	變異解釋量
累積解釋量	19.01%	9.39%	37.76%	45.51%	51.79%	57.55%	63.01%	66.64%	70.09%	73.08%	累積解釋量

步驟4 第二階段資料蒐集和量表純化

第二階段資料蒐集和量表純化，再次計算每一構面的 α 係數和單項對總數相關係數、刪除相關係數低者、再進行探索性因素分析以確認量表的結構性。第二階段資料蒐集，再以嶺東技術學院 380 名（五專五年級 60 名、夜二專三年級 100 名、二技部 60 名、四技部 60 名、在職班 100）之學生，受測產品為牙膏、衛生紙、洗髮精、衣服。問卷設計 59 題亦以李克特五點尺度量表加以設計，以進行資料蒐集。

經過重複相關分析，行為的忠誠度項目由 7 題刪減為 5 題，α 值為 0.8456；主動積極參與項目由 14 題刪減為 6 題，α 值為 0.8612；態度的聯結度項目由 14 題刪減為 8 題，α 值為 0.9042；共同體的感覺項目由 15 題刪減為 7 項，α 值為 0.8713。第二階段資料蒐集和量表純化結果彙總如附表 5-3。共刪除 24 題而剩 26 題。

◎ 附表 5-3　第二階段資料蒐集和量表純化

	修正前		修正後	
	題數	Cronbach α	題數	Cronbach α
行為的忠誠度	7	0.8443	5	0.8456
主動積極參與	14	0.8659	7	0.8612
態度的聯結度	14	0.9033	8	0.9042
共同體的感覺	15	0.8910	8	0.8713
合計	50		26	

經由上述分析後，對行為的忠誠度、主動積極參與、態度的聯結度及共同體的感覺等 28 題再進行因素分析，結果有四個因素其特徵值大於 1，分別將其命名為 1.「態度聯結度」、2.「主動積極參與」、3.「共同體的感覺」、4.「行為的忠誠度」；其命名與操作性定義相同。衡量項目如附表 5-4 所示，因素負荷值都在 0.5 以上。

附表 5-4　因素分析結果

	因素一	因素二	因素三	因素四
感覺該品牌高級	.808			
對該品牌印象很好	.807			
感覺很滿意	.746			
認為是流行象徵	.741			
認為該品牌名聲好	.728			
願意使用該品牌	.714			
認為誘惑具有魅力	.588			
認為該品牌很熱情	.541			
經常接觸品牌使用者		.752		
經常接觸品牌訊息		.750		
經常傳播口碑		.673		
經常接觸品牌代表		.597		
聊天經常提起		.572		
經常注意相關訊息		.559		
感覺很貼心			.835	
感覺很體貼			.833	
具有親密感覺			.791	
感覺像朋友			.640	
感覺個性契合			.625	
感覺像情侶			.603	
感覺像夫妻			.581	
經常購買選用				.795
重複購買選用				.782
購買頻率較繁				.692
購買次數較多				.640
一定會再選用				.568
因素命名	態度聯結度	主動積極參與	共同體感覺	行為忠誠度
變異解釋量	16.35%	15.64%	13.19%	10.44%
累積解釋量	16.35%	31.99%	45.18%	55.63%

步驟 5　信度與效度檢驗

1. 信度的檢驗

　　信度即可靠性，係指測驗結果的一致性或穩定性言。誤差越小，信度越高；誤差越大，信度越低。因此，信度亦可視為測驗結果受機遇影響的程度。測驗的信度係以測驗分數的變異理論為其基礎。測驗分數之變異分為系統的變異和非系統的變異兩種，信度通常指非系統變異。在測驗方法上探討信度的途徑有二：(1)從受試者內在的變異加以分析，用測量標準誤說明可靠性大小；(2)從受試者相互間的變異加以分析，用相關係數表示信度的高低。

　　測驗信度通常以相關係數表示之。由於測驗分數的誤差變異之來源有所不同，故各種信度係數分別說明信度的不同層面而具有不同的意義。

　　Cronbach α 係數是一種分析項目間一致性以估計信度的方法，本研究 α 值皆在 0.8 以上，顯示四個構面所建立問項，亦具相當高的內部一致性。相較於第一階段的信度，α 值無太大差異，顯示本量表應用於不同產品類別仍然相當穩定。

◎ 附表 5-5　測驗信度相關係數（內部一致性）

	題數	Cronbach α
行為的忠誠度	5	0.8456
主動積極參與	6	0.8612
態度的聯結度	8	0.9042
共同體的感覺	7	0.8713
合計	26	

2. 效度的檢驗

效度即正確性，指測驗或其他測量工具確能測出其所欲測量的特質或功能之程度而言。測驗效度越高，即表示測驗的結果越能顯現其所欲測量對象的真正特徵。

本研究對於顧客基礎的品牌關係衡量量表的效度檢驗，包括內容效度及建構效度中的收斂效度。所謂內容效度是指量表「內容的適切性」，即量表內容是否涵蓋所要衡量的構念。本研究量表的衡量項目係根據文獻探討、消費者自由聯想以及多個個案深度訪談而產生 59 題問項，分成四個構念，「行為的忠誠度」、「主動積極參與」、「態度的聯結度」、「共同體的感覺」，並在測試前進行預試，故本研究的量表具相當的內容效度。

收斂效度是指來自相同構念的這些項目，彼此之間相關要高。本研究以因素分析求表各項目之因素結構矩陣，再由結構矩陣所表列之因素負荷量大小來判定建構效度好壞。若因素負荷量的值越大，表示收斂效度越高。由步驟四第二階段純化後量表顯示，除了「對該品牌很了解」、「喜愛使用該品牌」問項因素負荷量小於 0.5，其餘因素負荷量均大於 0.5，表示本研究所發展的量表在建構效度中具有相當的收斂效度。

步驟 6　獲得最後衡量項目和變數

經過二階段資料蒐集和量表純化分析後，此量表由原先 50 題衡量項目刪為 28 題，其中：

1. 態度連結程度八題，包括：(1)認為該品牌很誘惑具有魅力；(2)願意使用該品牌；(3)認為該品牌名聲好；(4)對該品牌印象很好；(5)感覺該品牌高級；(6)認為該品牌是流行象徵；(7)對該品牌感覺很滿意；(8)認為該品牌很熱情。

2. 主動積極參與六題，包括：(1)經常接觸品牌使用者；(2)經常注意相關訊息；(3)經常接觸品牌代表；(4)經常接觸品牌訊息；(5)聊天經常提起；(6)經常傳播口碑。

3. 共同體感覺七題，包括：(1)感覺像夫妻；(2)感覺個性契合；(3)感覺很體貼；(4)感覺像情侶；(5)具有認同感覺；(6)具有親密感覺；(7)感覺很貼心。

4. 行為忠誠度五題，包括：(1)經常購買選用；(2)重複購買選用；(3)一定會再選用；(4)購買次數較多；(5)購買頻率較繁。

伍、結論

　　學者對於「品牌關係」之研究不多，大部份僅為品牌關係之概念化討論，或為質性之探索式詮釋研究(Damian, 1991，Sandi, 1992，Alan, 1996，Fournier, 1998，Wileman, 1999，Lauro, 2000，Black Ston, 1992、1995、2000；Keller, 2001)，客觀性量化之邏輯實證研究尚少。既無學者以邏輯實證量化深入研究品牌關係，對於品牌關係及其相關變數之衡量，學者亦仍未建立出有效且被一般研究者共同接受之量表；因此，本研究以顧客基礎觀點，進行發展與建構消費品之「顧客基礎觀點之品牌關係(customer-based brand relationship, CBBR)衡量量表」。除參考陳振燧、洪順慶(1999)「消費者品品牌權益衡量之建構－以顧客基礎觀點」之研究外，並參考相關行銷研究行銷量表發展典範(Churchill, 1997；Parasuraman et. al., 1988 Serqual；Kohli et al., 1993 Markor；Aaker, 1997)，自行發展與建構之「顧客基礎觀點之品牌關係衡量量表」。首先，經由文獻探討法及內容分析法對品牌關係進行探索研究，確認 CBBR 的構念為：1.關係密度：態度聯結度與共同體感覺度。2.關係活動：行為忠誠度與主動參與度。並由此進行研究變數之操作性定義。進一步透過實務訪談、消費者自由聯想測試和多個案研究（60 個個案）深度訪問技術法，對品牌關係進行質性詮釋性探索研究，共獲得 59 題研究變數衡量項目。第一階段資料蒐集和量表純化，受測產品為手機、鞋子、內衣、手錶；共刪除 9 題而剩 50 題。第二階段資料蒐集和量表純化，受測產品為牙膏、衛生紙、洗髮精、衣服；共刪除 24 題而剩 26 題。共獲得 26 題，態度聯

結度 8 題與共同體感覺度 7 題；行為忠誠度 5 題與主動參與度 6 題。衡量項目由 59 題刪減為 26 題，信度與效度檢驗皆獲得非常好的支持。經由本研究建構顧客基礎之品牌關係衡量量表(customer-based brand relationship, CBBR)的 6 個步驟，發展出 26 題消費品之「顧客基礎觀點之品牌關係衡量量表」問卷調查表，詳見附表 5-6。

　　本研究以顧客基礎觀點，發展出消費品之「顧客基礎觀點之品牌關係(customer-based brand relationship, CBBR)衡量量表」，可衡量消費者與品牌之品牌關係強度，亦可供後續研究品牌關係者發展研究假設及量化實證研究品牌關係時應用之，亦可供實務界建構與消費者品牌關係及衡量消費者與品牌之品牌關係強度時參考應用。

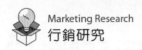

🎯 **附表 5-6　顧客基礎品牌關係(customer-based brand relationship, CBBR) 衡量量表**

	非常同意	同意	尚可	不同意	非常不同意
您感覺該品牌很高級	1	2	3	4	5
您對該品牌印象很好	1	2	3	4	5
您對該品牌感覺很滿意	1	2	3	4	5
您認為該品牌是流行象徵	1	2	3	4	5
您認為該品牌名聲信譽好	1	2	3	4	5
您很願意使用該品牌	1	2	3	4	5
您認為該品牌具誘惑魅力	1	2	3	4	5
您認為該品牌對您很熱情	1	2	3	4	5
您經常接觸該品牌使用者	1	2	3	4	5
您經常接觸該品牌相關訊息	1	2	3	4	5
您經常傳播該品牌好口碑	1	2	3	4	5
您經常接觸該品牌之代表	1	2	3	4	5
您聊天經常提起該品牌	1	2	3	4	5
您經常注意該品牌相關訊息	1	2	3	4	5
您感覺該品牌很貼心	1	2	3	4	5
您感覺該品牌很體貼	1	2	3	4	5
您對該品牌具有親密感	1	2	3	4	5
您感覺該品牌與您像朋友	1	2	3	4	5
您感覺該品牌與您個性契合	1	2	3	4	5
您感覺該品牌與您像情侶	1	2	3	4	5
您感覺該品牌與您像夫妻	1	2	3	4	5
您經常購買選用該品牌	1	2	3	4	5
您會重複購買選用該品牌	1	2	3	4	5
您對該品牌購買頻率較繁	1	2	3	4	5
您對該品牌購買次數較多	1	2	3	4	5
您一定會再選用該品牌	1	2	3	4	5

Chapter

06

行銷研究（市場調查）對態度 之衡量

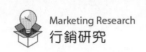
態度其實是很難實際去衡量，對於態度之衡量，直接訪談法只能蒐集事實資料，對人們真正的態度，直接訪談法則無從知道。觀察法觀察人們外在之行為，對於其真正的內心態度亦無法衡量，只能藉由問項的結果來推測。然而在企業研究中，衡量態度是一個很重要的工作。故行銷研究人員為了解人們之態度，發展出許多對態度衡量之工具（胡政源，2004）。

6.1 衡量之意涵

6.1.1 衡量的定義

所謂衡量是指測定物體之屬性的數字或程度之過程。其產生的來源是先由概念形成構念，對變數做概念性定義及操作性定義後，進而實際在生活中進行衡量（胡政源，2004）。Cooper(1995)認為在研究中，所謂的衡量是指把數字以某種規則指派到實證的事件上(empirical events)。Davis & Cosenza(1993)則做了更明確的解釋，其認為「衡量的目的是將實證事件的特質及屬性轉化成研究可以分析的形式。衡量是一種過程，它在研究者的分析上是用來象徵性的代表事實(reality)的每一面(aspects)」。

通常，當研究問題已被確認也決定以何種研究設計來解決問題後，接下來要進行的工作即是變數衡量(measurement)的工作、量表（態度量表）發展的流程、包括如下步驟：確定構念的領域、擬出問項、蒐集資料、問卷量表化、資料彙整、檢驗信度、發展常模（胡政源，2009；胡政源、林曉芳，2004；胡政源，2004）。

在日常生活中，常會用到許多衡量的觀念，例如：量身高、量體重，或者是你可能會被問到，你喜歡某一首歌的程度、你對這個候選人的支持意願有多少？而這些問題可能你都會不假思索的回答說，我 175 公分高、75 公斤重、那首歌喔其實還好啦，不是很喜歡；我很支持那個候選

人喔！然而在研究中，如果要去衡量某一項事物，在程度的決定上卻有嚴格的要求（胡政源，2009；胡政源、林曉芳，2004；胡政源，2004）。

至於衡量的特性如圖 6-1 所示（胡政源，2009；胡政源、林曉芳，2004）。

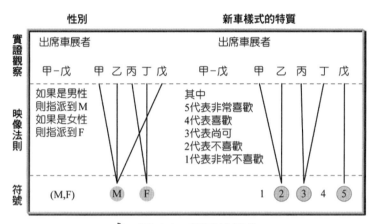

圖 6-1　衡量的特性

資料來源：Cooper (1995). Business Research Methods, fifth edition, p.141.

依 Cooper(1995)的看法，衡量可分成三個要素：

1. 選擇可觀察的經驗事件。

2. 使用數字符號來代表事情的每一面。

3. 應用映像規則(mapping rule)來連接觀察的事件和符號。

Cooper(1995)運用圖 6-1 來解釋以上的觀念。假如你的研究對象是參加 2000 年某廠牌新車大展的參觀者，你想了解參加車展者的男女比率。你在入口處觀察進入參觀者，如果是男性你就以 M 符號做記錄，如果是女性就以 F 符號做記錄（胡政源，2009；胡政源、林曉芳，2004）。

Kenneth D. Bailey(1993)認為衡量可分成兩種陳述，一是定量的陳述，一種是定性的陳述。所謂定量的變項，即是我們使用數字來衡量物體或屬性。而定性的變項是依其分類而給予名目。如上面的例子，男性指定為 M，女性指定為 F（胡政源，2009；胡政源、林曉芳，2004）。

6.1.2 如何進行衡量

衡量是將操作性定義用衡量的工具轉換成研究中實際可以進行分析的格式。例如：在有關滿意度的研究中，研究者將滿意度定義為「使用該產品後能滿足預期效益的程度」（胡政源，2009；胡政源、林曉芳，2004）。而其操作性定義為「事前預期使用該產品效益和事後使用該產品效益的差距程度」。在實際衡量上，研究者可能使用區間尺度來詢問使用前預期滿意與使用後滿意程度，滿意的程度可以從非常滿意到非常不滿意分成五級（胡政源，2009；胡政源、林曉芳，2004；吳萬益、林清河，2000）。

在研究中的概念可分成物體(object)概念及屬性(property)概念。物體概念是指桌子、椅子、人、書及汽車等事物。物體有時候並沒有看得見的實體，如基因、中子與水壓等也是一些物體的概念。而屬性概念，則是物體的特質。如一個人身體的特質可以體重、身高等來陳述。心理上的屬性包含態度和智能。社會的屬性則包括領導能力、社會階級及社會地位等。除了這些以外，還有其他屬性可能用在不同的研究中。

實際上，研究者並不直接衡量物體或者是屬性，而是藉由指標或者量表來了解物體的特質。例如：我們想了解何種人格特質的銷售員具有較高的業績，而這些屬性可能是年齡、工作經驗或者拜訪客戶次數等。研究者可能依可直接被觀察到的屬性為衡量指標來量測物體的特質。

態度這種心理屬性，則是很難衡量的屬性，例如：衡量一個人的情緒、衡量想要成功的幹勁、承受壓力的能力及解決問題的能力等。因為這些東西無法直接被衡量到，必須藉由指標或量表的衡量來推測。

對於研究者而言，衡量態度上的構念並不是唯一的挑戰，因為研究的品質是依據要衡量什麼，及如何去建構衡量之指標及此一衡量與環境的適配程度而定。舉例來說，關於績效的操作性定義就有好多種，到底研究者要選擇哪一種呢？這要依據研究題目來決定，如果研究的主題是關於人力資源方面，那選用如獲利率及銷售額成長率等來衡量人力資源

績效即不是一個十分恰當的做法。而為了避免研究的失敗，在選擇衡量指標時，研究者可多參考前人的相關文獻來決定衡量指標，以避免選擇錯誤而功虧一簣（胡政源，2009）。

6.1.3　衡量尺度(scale of measurements)

衡量尺度依其數量化之程度分成名目尺度(nominal scale)；順序尺度(ordinal scale)；區間尺度(interval scale)及比率尺度(ratio scale)四種。在衡量上，尺度的意思是一種連續的範圍或者是一系列的種類，學者建構了一些尺度的格式，依其數量化之程度分成名目尺度、順序尺度、區間尺度及比率尺度四種。而研究者在衡量時，即是將可觀察到的屬性用適當的尺度來表達。茲分別將各種尺度敘述如下（胡政源，2009；胡政源、林曉芳，2004；胡政源，2004）：

一、名目尺度(nominal scale)

名目尺度係為標示目的而指定之數字，如身分證字號、性別代號（男性 1 ＆ 女性 2）、種族分類（白人 1 ＆ 黑人 2 ＆ 黃人 3），其數字僅代表名目，加減乘除全無意義，也無測量上意義。此種變數可做「分類」，沒有大小沒有距離。以名目尺度進行變項分類時，必須要注意的是有兩個以上的分類，且分類是嚴格、互斥且周延的，即每個衡量的物件只能被指派到一個分類中，不可有界線不清的情況（胡政源，2009）。

二、順序尺度(ordinal scale)

順序尺度在態度衡量上應用最廣。順序尺度只指出人或事物之順序或大小，但無法表示不同順序或等級、大小間之差異程度，它可以測量等級、順序、大小、高低，但不能測量彼此間差異得距離或程度。亦即只有大小沒有距離。例如 $5 > 4$，但 $5 - 4 \neq 1$（胡政源，2009）。

三、區間尺度(interval scale)

區間尺度具有一個相同的測量單位,但無絕對的零點,區間尺度之零點係任意設定,其可以測量順序、等級、大小,也可以表示不同等級、順序之距離或程度。可以加減,但乘除則無意義。例如 $5-4=1$,但 $4 \neq 2 \times 2$(胡政源,2009)。

四、比率尺度(ratio scale)

比率尺度具有一個相同的測量單位,也有一個絕對的零點。除了可以測量順序、等級、大小之外,也可以測量差異之距離,更可以測量差異之倍數。加減乘除算數運算表均可應用。例如 $4=2 \times 2$。

了解以上四種尺度後,最後用一張之簡單的表格來說明其重點涵義,如表 6-1 所示(胡政源,2009;胡政源、林曉芳,2004;Cooper & Emory, 1995)。

◎ 表 6-1　各種尺度的意義與特性比較

尺度的種類	意　義	尺度的特性
名目尺度	是將字母、符號或數字指派到物體上如同一個標籤。	不能排序、不能衡量距離、沒有原點可言。
順序尺度	變項屬性可依邏輯來排序或者根據他們的重要性來選擇。	可以排序、但不能衡量距離、沒有原點可言。
區間尺度	不只可以根據重要性來衡量物體,且可以用同樣間隔的尺度來區別他們的排序順序。	可以排序及用區間了解距離的差異,但沒有絕對的原點。
比率尺度	衡量絕對的觀念而不是相對的觀點。其代表的是變數真實的數量。	可以排序、可了解距離的差異、且有絕對的原點。

資料來源:參考 Cooper, & Emory (1995). Business Research Methods, fifth edition, p.143.

6.1.4 尺度的統計分析

茲將名目、順序、區間、比率這四種尺度在企業研究中常用到數值的操作及敘述性統計概念分述如下表 6-2 所示（胡政源，2009）：

表 6-2 各種尺度用的敘述統計

尺度的種類	數值的操作	敘述性統計
名目尺度	計數(counting)	每一類可做頻率(frequency)計算 每一類可做百分比的計算
順序尺度	排列順序	可計算中位數(median) 可排列順序 可計算百分等級(percentile ranking)
區間尺度	區間的數值可做算數(arithmetic)運算	可計算平均數、標準差、變異數
比率尺度	可以實際數值做算數運算	可以計算幾何平均數、變異數

資料來源：Zikmund, W. G. (1999). Business Research Methods, sixth edition, p.278.

變相若用區間尺度和比率尺度來衡量，稱為計量(metric)變項（胡政源，2009）。而使用名目尺度和順序尺度的變項則為非計量變項(nonmetric)。依變項和自變項若區分成計量變項和非計量變項，此時欲求依變項與自變項之關係時，可使用的統計方法如表 6-3 所示（胡政源，2009；胡政源、林曉芳，2004）。

表 6-3 計量變項與非計量變項可使用的統計

依變項 自變項	一個		一個以上	
	計量	非計量	計量	非計量
一個 計量	迴歸	鑑別分析 羅吉斯(logistic)迴歸	典型相關	鑑別分析(MDA)
非計量	t-test	不連續(discrete)鑑別分析	MANOVA	不連續(MDA)
一個以上 計量	多元迴歸	鑑別分析 羅吉斯(logistic)迴歸	典型相關	MDA
非計量		不連續(discrete)鑑別分析 聯合分析(MONANOVA)	MONOVA	不連續(MDA)

資料來源：Subhash, S. (1996). Applied Multivariate Techniques, p.6.

6.2 衡量之程序

6.2.1 衡量變數種類

　　若以變數(variable)來陳述「實驗設計」，它是在控制的情境下（即除了使自變數做系統性變化外，還須對其他可能影響實驗結果的因素加以控制），實驗者有系統的操弄自變數(X)，使其依照預定計畫改變之後，觀察其改變對依變數(Y)所發生的影響（胡政源，2009）。

1. **自變數**：在實驗法中又稱「因」(cause)變數或實驗變數，它是經由實驗者安排或操弄的變數。

2. **依變數**：在實驗法中又稱「果」(effect)變數或反應變數，它是實驗者企圖觀察測量的行為或反應。

　　研究設計除了上述自變數會對依變數（實驗結果）產生影響外，尚有下列因素也會影響：

1. **外生(extraneous)變數**：指自變數以外，凡是可能影響結果（依變數）之因素。

2. **中介(intervening)變數**：指介於自變數與依變數之間，凡是會對研究結果會產生作用的內在歷程。通常，它是不能直接觀察辨認的，只能憑個體外顯行為的線索來推知。

6.2.2 衡量的指標

　　研究者可能只用一個問題衡量認知，例如：「你了解政府所提出的中小企業白皮書嗎？」但是，如果衡量更複雜的觀念，可能必須用一個以上的問題，此時就需要用多指標衡量工具。多指標的衡量工具(multi-item instruments)用來衡量擁有許多特質的觀念，而衡量一個現象通常是混合一些變項或者是尺度的。舉例而言，一個銷售員的士氣可能用許多混合的問

項(items)來衡量，例如：你滿意你的工作嗎？你滿意你目前的生活嗎？藉由問不同的問題來衡量相同的事物可以提供更高的精確度及正確性。

6.2.3 衡量的程序

完整的衡量程序如下圖（圖 6-2）所示。分別解釋如下（胡政源，2009；胡政源、林曉芳，2004）：

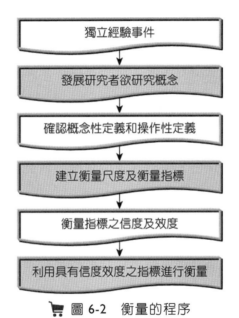

🛒 圖 6-2 衡量的程序

資料來源： Davis, & Cosenza (1993). Business Research for Decision Making, third edition, p.163.

一、獨立經驗事件

衡量的第一步驟即是把要衡量的事件獨立出來。而在文獻探討中，研究者可以了解研究進行中所要衡量的東西是什麼？

二、發展研究者欲研究的概念

將經驗事件以概念或構念來陳述，而這些概念必須和研究問題相關的。

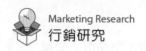
三、發展概念性定義及操作性定義

所謂概念性定義即是定義概念與其他概念的關係，並且為研究者有興趣的概念設計一個研究的範圍。而操作性定義是要說明映像規則(mapping rule)和說明哪一個變數在現實如何被衡量。

四、建立衡量尺度及衡量指標

決定要衡量的變數，採用適合的尺度。一般而言，定性變項多用名目尺度，而定量變項則要視研究者要採用的研究方法來決定。在決定衡量指標之前可以多參考過去文獻，避免尺度決定錯誤而影響研究結果。

五、衡量指標之信度與效度

根據前測之資料來檢定指標之信度及效度，若信度與效度不佳，則必須做問項及指標之修正。信度與效度是衡量研究結果很重要的指標。

六、利用(utilize)尺度

如果採用該尺度衡量研究變項，信度與效度都很好，那麼在後續研究中，關於相同的變項可考慮採用相同的衡量尺度及衡量指標。

6.3　態度衡量之意涵

6.3.1　何謂態度

由前面對衡量的說明，了解到態度其實是很難實際去衡量，只能藉由問項的結果來推測。然而在企業研究中，衡量態度是一個很重要的工作。態度之所以在研究中扮演很重要的角色，是因為它強烈的影響個體的行為表現。所以有些學者在行為模式中把態度當成一個探索性的變項。

除了在理論上態度的衡量十分受到重視外，企業管理者也非常重視這個部分。例如企業可能會對員工滿意度調查，了解員工的心理狀況為何；在推出新產品時，企業也會做關於消費者購買動機、購買意願的調查，以了解消費者對新推出產品的態度。所以不管在理論上或是實務上，了解如何衡量態度是很重要的（胡政源，2009；胡政源、林曉芳，2004）。

6.3.2　態度的意義

所謂態度通常被視為「對這個世界的特定事物，藉由某種特定的方法有一種持久且一致的傾向」。我們以下面簡短的一段話來了解態度。「王大同很喜歡在嶺東科技大學教書，他認為這個學校的學生資質很好、教學資源豐富，而且他有一份不錯的薪水，他想要在這裡教書直到他要退休為止。」在這段簡短的敘述中可以發現態度有三個組成因素，分述如下（胡政源，2009；William G. Zikmund, 1999）：

一、認知因素(cognitive component)

所謂認知因素是代表某個體對於某個標的的認知和了解。例如王大同對他的工作感到滿意，因為他的薪資比起同業高出許多。

二、情感因素(affective component)

所謂情感因素是個體對於某個標的的感覺或者是喜好的傾向。例如我喜歡南投、我喜歡孫子兵法這本書、我喜歡喝可樂，其所反應的是態度的情感特質這一面。

三、行為因素(behavioral component)

所謂行為因素是反應購買意圖或者是行為的預期，是反應一種未來行動的傾向(predisposition)。例如消費者對於某產品的購買意願，為在某特定期間內，計畫購買特定品牌若干數量的心理狀態。

通常一般人態度形成之過程是先有認知,再有情感,然後再有行動之傾向(圖 6-3),然而也有研究指出,在購買東西時有些人是先有情感再有行為及認知,有些人是先有行為再有認知與情感(胡政源,2009;胡政源、林曉芳,2004;William G. Zikmund, 1999)。

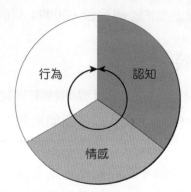

🛒 圖 6-3 態度三因素(William G. Zikmund, 1999)

態度之形成可以由以下之公式得來,其公式如下(胡政源,2009):

$$Att = \sum_{i=1}^{n} Bi \times Impi$$

其中 Att:表示態度

　　　Bi:為個體對標的之屬性的認知(共有 i 個屬性)

　　　Impi:為標的屬性的重要性(共有 i 個屬性)

6.3.3　衡量態度的技術

學者在衡量態度上已發展出許多種類的工具,然而態度衡量之方式卻頗有差異。舉例而言,神經緊張可能藉由生理上的衡量,例如:血壓、脈搏等,但是這些方法並不適合衡量行為意圖。通常行為意圖是直接由口語的陳述來衡量,但是,態度也可以藉由間接方式如定性的、探索性的方法來衡量。而態度衡量中有關口語的敘述一般需要受測者分辨等

級、排序或選擇等工作。所謂等級(ranking)是要受測者對活動、事件或者是某種標的排列等級。對於受測者而言，這是一個蠻容易使用的尺度（胡政源，2009；張紹勳，2006；胡政源、林曉芳，2004；William G. Zikmund, 1999）。

所謂評價(rating)是要受測者去估計某項標的所擁有的某項特質或者品質的重要性；所謂分類(sorting)是先讓受測者看到某些觀念，然後要受測者使用某些方式來將這些觀念予以分類。所謂選擇(choice)是藉由在兩個或兩個以上的選項來選擇，以確認受測者的偏好（胡政源，2009；胡政源、林曉芳，2004）。

6.3.4　態度的評價尺度

在企業研究中，研究者最常用評價尺度來衡量態度，以下介紹各種評價尺度之衡量方法（胡政源，2009；胡政源、林曉芳，2004）。

一、簡單態度尺度(simple attitude scale)

態度尺度是最基本的型式。要求受測者針對單一問題表達同意或者是不同意或者逐項回答問題。範例如下（胡政源，2009；William G. Zikmund, 1999）：

📢 實例

　　以你目前的企業研究方法這門課而言，在大部分的時候你喜歡這門課程嗎？

很喜歡	□是	□否
還算喜歡	□是	□否
不太喜歡	□是	□否
不喜歡	□是	□否

二、類別尺度(category scale)

　　某些的評價尺度只有兩個選項：同意或者是不同意，這樣的評價尺度稍嫌簡單，若將回覆的種類擴大，可增加受測者的選擇空間，甚至可提供更多的資訊，其範例如下（胡政源，2009）：

　　　如果可以選擇的話，你想多久換一次電腦？
□三個月以下
□三～六個月
□六個月以上至一年
□一年以上至二年
□二年以上

　　比起只有兩種類別的尺度，以上兩種的類別尺度在評價工作上，可以提供更敏感性的衡量，且提供了更多資訊。

三、固定總合尺度(constant-sum scale)

　　此種尺度是要求受測者將總合固定的分數分配到相關重要的屬性上。亦有些研究者稱之為比較評價尺度，受測者在對各屬性做衡量判斷時，應直接和其他屬性做比較，並給予各類別屬性評分以比較各類別屬性之重要性。範例如下（胡政源，2009）：

> **實例**
>
> 　　請依照你選擇購買汽車時，考量的因素，以總分 100 分為基準，將各項因素之重要性分類予以評分。
>
> 價格合理_____分　　　　　　操作方便_____分
>
> 品質良好_____分　　　　　　服務優良_____分
>
> 外觀美觀_____分　　　　　　品牌形象_____分
> _____
>
> 總　　計　　100　　分

　　使用固定總合尺度時，如果受測者知教育程度較高時，會有較好的效果。如果受測者依指示正確回答，那其結果會類似以區間尺度為衡量的結果。另外也可以使用此法來衡量偏好，例如（胡政源，2009）：

> **實例**
>
> 　　假如你一個月有五萬元的可用所得，你只能將其用到以下項目中，請問你會如何使用這些錢？請按照你個人的偏好來分配。
>
> 存到銀行　　_____　　____％
>
> 添購服裝　　_____　　____％
>
> 標　　會　　_____　　____％
>
> 購買有價證券_____　　____％
>
> 旅遊　　　　_____　　____％
> _____
>
> 　　總　　計　　$ 50,000　　　100％

四、圖形的評價尺度(constant-sum scale)

　　William G. Zikmund(1999)指出這種衡量態度的方法是使用圖形連續體(continuum)來衡量，其兩端是屬性的兩種極端，受測者藉由選擇連續體中的任一點，對標的進行評價，而受測者的分數是藉由衡量起點至其

標記點的長度來計算。受測依其心中的重要程度推論，在適當位置劃上
「X」記號。圖形尺度可以是水平的或是垂直的，也可以附上分數。使用
圖形評價尺度的優點是，此法允許研究者去選擇任何他們想要去計分的
區間；其缺點是這種圖形評價尺度並沒有標準答案可言。其典型的範例
如下（胡政源，2009；胡政源、林曉芳，2004）：

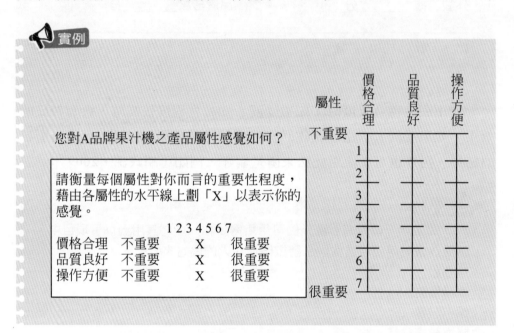

圖形只是一個與受測者溝通的工具並沒有固定的呈現方式，故除了
典型的圖形評價尺度外，還有所謂的梯形尺度及笑臉尺度等。所謂梯形
尺度，其呈現方式是垂直式的，就像梯子般由下往上。而笑臉尺度多是
使用在和小孩溝通時，因小孩對字彙的了解有限，是故笑臉以笑臉的方
式來呈現尺度，是個讓他們容易了解的評價方式，梯形尺度與笑臉尺度
如圖 6-4 所示（胡政源，2009）：

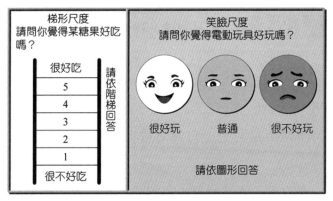

🛒 圖 6-4 梯形尺度與笑臉尺度

資料來源：吳萬益、林清河（民 89）。企業研究方法。臺北：華泰，p.172。

五、逐項列舉之評價尺度(itemized rating scale)

逐項列舉法通常請受測者在以設計好的有限尺度類別（類別尺度的數目 5~10 項）中作一選擇，每一類別尺度上都有文字敘述，其次序依據各類別尺度上的位置而排列，以表示其衡量大小、高低、重要或不重要之程度。

逐項列舉法之設計較為簡易，評價之衡量結果亦頗為可靠。

📢 實例

你覺得 A 牌果汁機之產品屬性如何？					
屬　　性	非常不重要	不重要	無意見	重　要	非常重要
價格合理	☐	☐	☐	☐	☐
品質良好	☐	☐	☐	☐	☐
操作方便	☐	☐	☐	☐	☐

六、索斯洞等距尺度(Thurstone equal-appearing interval scale)

　　Thurstone 依據受訪者能夠評量出兩個不同意見所代表之態度差異，而發展出索斯洞尺度法（Thurstone scale 亦稱相等區間法）；其步驟如下（胡政源，2004）：

1. 蒐集大量與所要衡量的態度有關的意見項目（數百個），將其寫於卡片上。

2. 請 20~30 位審查者，依其意見（有利或不利程度）將卡片分為 11 組。

最不利	次不利				普通				次有利	最有利
1	2	3	4	5	6	7	8	9	10	11

3. 計算各意見（項目）在這 11 組之各別次數分配表。

4. 將次數分配過於分散的意見刪除。

5. 依據各項目（意見）之次數分配之中位數落在哪一組，即以該組之尺度數值代表該意見（項目）。

6. 從每堆卡片中選出一、二個意見，將之混合排列，即得所謂索斯洞尺度。

　　索斯洞尺度法（Thurstone scale 亦稱相等區間法）是 Louis Thurstone 在 1927 年建立此種相當特殊衡量態度之尺度，其做法是將許多相關屬性的陳述句，交由評定者歸類，之後再計算尺度值。由一群「專家」篩選項目準則來刪題（胡政源，2009；胡政源、林曉芳，2004）：

1. 與研究主題是否有關聯性。

2. 題意是否模糊（即專家對該題去留意見不一致者）。

3. 項目所表達之態度層次。Thurstone 量表能否編製成功之關鍵點，是在編製過程，專家們要能去除個人情感好惡來表達其對每一項目去留之意見，接著再將專家意見（該題去留）不一致者的項目刪除。

由一群「專家」篩選項目準則來刪題步驟如下：

1. 蒐集大量與所要衡量的態度有關的意見項目（數百個），將其寫於卡片上。

2. 請 20～30 位評審者，依其意見（有利或不利程度）將卡片分為 11 組。

最不利	次不利				普通				次有利	最有利
1	2	3	4	5	6	7	8	9	10	11

3. 計算各意見（項目）在這 11 組之各別次數分配表。

4. 將次數分配過於分散的意見刪除。

5. 依據各項目（意見）之次數分配之中位數落在哪一組，即以該組之尺度數值代表該意見（項目）。

6. 從每堆卡片中選出一、二個意見，將之混合排列，即得所謂索斯洞尺度。

　　從態度衡量的發展史上來看，此種尺度對於往後態度衡量技巧的發展有一定的貢獻，但在建構此量表上會遇到許多困難。例如：評定者之的專業判斷能力是否足夠？實驗者是否據實回答？各陳述的尺度值是否會因時間的變異而改變？等等都是值得探討的問題。故在目前而言，由於此種尺度因比較費時且耗費成本，很少被企業研究者所採用。

七、李克特綜合尺度(the Likert scale)

　　李克特綜合尺度要求受訪者在一個 5~11 之尺度上，指出他同意或不同意各項目（意見）的程度。然後依據受訪者對各項目（意見）同意之強度，可得到他的態度分數（胡政源，2004）。

　　李克特綜合尺度之步驟如下：

1. 蒐集大量與所要衡量的態度有關的意見（項目）為研究項目，這些項目均可清楚地區分為有利或不利之意見。

2. 建立 5~11 段之衡量尺度，或分別給予等距離之數值（例如 5 段衡量非常同意(+1)，同意(+2)，不確定(+3)，不同意(+4)，同意(+5)）。

3. 邀請一批具有代表母體特性之人士對各項目（意見）表示其同意之程度，並計算數值。

4. 計算各受訪者對各項目（意見）之總分數，加總分數必須根據各意見係有利或不利而分別採不同之給分系統。

5. 刪除那些不能區分高分數者或低分數者的意見（研究項目）。

6. 依照各受訪者總分數的高低依次排列，選出前四分之一和後四分之一這兩群受訪者。

7. 計算這兩群受訪者在每一意見的平均分數，這兩群平均分數差異最大的意見就是最具區別能力之意見。

　　李克特綜合尺度是由 Rensis Likert(1932)改編自加總評分法 (summated ratings method)而來。李克特綜合尺度是個很受歡迎的衡量態度尺度，企業的管理者很容易了解它的使用方式。李克特綜合尺度要求受測者在一個 5~11 尺度上，指出他同意或不同意各項目（意見）的程度，然後依據受測者對各項目（意見）同意之強度，可得到他的態度分數。如果此尺度有五個評分點的稱為李克特五點尺度，如果為七點的稱為李克特七點尺度（胡政源，2009；胡政源、林曉芳，2004），以下為一個五點尺度的例子。

實例

　　在以下敘述中，請依你個人瀏覽奇摩 Yahoo 網站的感覺，來勾選適合的選項：

	非常不同意	不同意	無意見	同意	非常同意
1. 該網站上的內容很豐富	□	□	□	□	□
2. 該網站的設計感覺很棒	□	□	□	□	□
3. 該網站提供了很多產品資訊	□	□	□	□	□
4. 該網站的連結速度很快	□	□	□	□	□

　　李克特綜合尺度之步驟如下：

1. 蒐集大量與所要衡量的態度有關的意見為研究項目，這些項目均可清楚地區分為有利或不利之意見。

2. 建立 5~11 段之衡量尺度，或分別給予等距離之數值（例如：5 段衡量非常同意(+1)、同意(+2)、沒意見(+3)、不同意(+4)、非常不同意(+5)）。

3. 邀請一批具有代表母體特性之人士對各項目表示其同意之程度，並計算數值。

4. 計算各受訪者對各項目之總分數，加總分數必須根據各意見係有利或不利而分別採不同之給分系統。

5. 刪除那些不能區分高分數者或低分數者之項目。

6. 依照各受訪者總分數的高低依次排列，選出前四分之一和後四分之一這兩群受訪者。

7. 計算這兩群受訪者在每一項目的平均分數，這兩群平均分數差異最大的意見就是最具區別能力之意見。

八、語意差異法(semantic differential)

係利用一組由兩個對立的形容詞構成的雙極尺度來評估研究項目（產品、品牌、公司或任何觀念），雙極尺度的兩個對立形容詞係由 5~11 段的連續集所分隔。請受訪者在分隔的兩個對立的形容詞連續帶上，勾出最具代表其態度之那一段語意差異法，可利用因素分析找出構成某事物印象的那些重要因素，然後選擇互斥的最少數目建立雙極尺度以解釋評價之（胡政源，2004）。例如：您對統一超商(Seven-Eleven)之看法。請在下列能反映您看法的數字上劃上圓圈○。

語意差異法是一系列態度的尺度。語意差異法是由 C. E. Osgoods 和 G. J. Suci 於 1950 年代所提出的。語意差異是假設事物的意含可能有多種層面，而這些特質層面之空間，謂之語意空間（胡政源，2009；胡政源、林曉芳，2004；William G. Zikmund, 1999），例如：

好的	1	2	3	4	5	6	7 差的	您對 A 品牌的知覺品質
快的	1	2	3	4	5	6	7 慢的	您對 A 品牌廣告的反映
強的	1	2	3	4	5	6	7 弱的	您對 A 品牌之忠誠度

語意差異量表之設計步驟：

1. 先建立題庫（一組項目），並對「態度」目標物，就受訪者可能的反應，選擇其兩極化的形容詞，來橫跨「1 至 7」之選答區，以便受訪者填答。

2. 對受訪者所回收資料進行資料分析，計算出每題（變數）的平均數。

3. 依據項目順序，將每題（變數）平均數集結起來，以形成整個量表之特徵輪廓。

這是一種相當受歡迎的態度衡量技術，其藉由一系列兩極的多點評價尺度來確認受測者對各種問項的態度。

九、史德培尺度(Staple scale)

　　史德培尺度係由一組單邊的 10 段評價尺度構成之一種評價尺度。評價尺度之數值由–5 到+5 個數值之表示衡量態度之方向和強度，其特性有三（胡政源，2004）：

1. 形容詞或描述詞係個別加以測試，而非雙極尺度。

2. 尺度上固定為十段。

3. 尺度上的點係以數字加以認定。

統一超商服務水準史德培尺度					
服務親切	+5	服務便利	+5	服務可靠	+5
	+4		+4		+4
	+3		+3		+3
	+2		+2		+2
	+1		+1		+1
	–1		–1		–1
	–2		–2		–2
	–3		–3		–3
	–4		–4		–4
	–5		–5		–5

　　史德培尺度最早從 1950 年代發展的，其是用來同時衡量態度的方向和強度。係由一組單邊的 10 段評價尺度構成之一種評價尺度。評價尺度之數值由–5 到+5 個數值之表示衡量態度方向和強度（胡政源，2009；胡政源、林曉芳，2004）。例如：

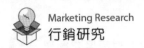

實例

　　請依你的感覺圈選一個數值，例如：認為圓山飯店餐廳服務親切及餐點可口是正確的，請圈選正值，你認為越正確時請圈選數值越高的選項。

圓山飯店餐廳

服務親切	餐點可口	
+5	+5	越
+4	+4	
+3	+3	
+2	+2	
+1	+1	
服務親切	餐點可口	
−1	−1	
−2	−2	
−3	−3	
−4	−4	
−5	−5	越不

十、評價尺度法

　　評價尺度法係請受訪者在一連續帶上或從依序排列的類別中指出與其態度相一致的位置，此一評價尺度上可能列明數值或在做資料分析時方才將數值指派給各尺度水準（胡政源，2004）。

　　評價尺度法所使用之評價尺度(rating scale)原為一種順序尺度，但研究人員設法使各尺度水準之距離看起來相等，然後轉化成區間尺度來處理，以增加其數量化之程度。

　　評價尺度法之評價尺度常應用於下列三種類型（胡政源，2004）。

（一）圖形的評價尺度(graphic rating scale)

圖形的評價尺度，兩端的態度是兩個極端。受訪者依其心中的重要程度推論，在通當位置劃上「√」記號。圖形尺度可以是水平的或垂直的，也可以附上分數。

（二）逐項列舉之評價尺度(itemized rating scale)

逐項列舉法通常請受訪者在已設計好的有限尺度類別（類別尺度的數目為 5~10 項）中作一選擇，每一類別尺度上都有文字敘述，其次序依據各類別尺度上的位置而排列，以表示其衡量大小、高低、重要或不重要之程度。

逐項列舉法之設計較為簡易，評價之衡量結果亦頗為可靠。

屬　　性	非常不重要	不重要	無意見	重要	非常重要
價格合理	☐	☐	☐	☐	☐
品質良好	☐	☐	☐	☐	☐
操作方便	☐	☐	☐	☐	☐

（三）比較的評價尺度(comparative rating scale)

比較的評價尺度，受訪者在對各屬性做衡量判斷時，應直接和其他屬性做比較，並給予各類別屬性評分以比較各類別屬性之重要性。

例如：請依下列各屬性之重要性，給予您對其之不同評分（將 100 點分配給各屬性，越重要者分數越高）。

1. 價格合理_____點。

2. 品質良好_____點。

3. 外觀美觀_____點。

4. 操作方便_____點。

5. 服務優良_____點。

（四）評價尺度應用之優缺點

1. 優點：評價尺度具有：

(1) 設計簡便，省時省錢。

(2) 題目較為有趣，受訪者樂意回答。

(3) 應用範圍廣泛。

(4) 可處理大量的特質或變數。

2. 缺點：評價度容易發生下列三種誤差，必須妥善處理：

(1) 仁慈誤差(error of leniency)：有人在比價時，總是給予較正面之高評價，故發生正向仁慈(positive leniency)。反之，有人則傾向總是給予低的負面評價，而發生負面仁慈(negative leniency)。

(2) 中間傾向誤差(error of central tendency)：有些人總是不願給予很高或很低的評價。即發生中間誤差，其預防方法在於使尺度兩點之差異較中間水準低，或使中間使用較多的點，擴大中間尺度空間及增強用語強度。

(3) 暈輪效果(halo effect)：評價者容易對被評的人或事物給予一個普遍化之現象，造成系統性之差異。其預防方面為勿將被評者之所有特質均置於同一頁，以切斷暈輪效果。

十一、等級法(ranking)

等級法係要求受訪者按照其對研究之比較項目，依其態度或意見給予等級之順序比較。（如 1、2、3、4、5 五種等級，1 表最喜愛或最重要，依次順序，5 表示最不喜歡或最不重要）（胡政源，2004）。

例如：下列五個科中，請按您的興趣分別給予 1、2、3、4、5 之等級，1 表示您最喜愛之科目，依此類推，5 表示您最不喜愛之科目。

_____行銷管理

_____生產及作業管理

_____人力資源管理

_____財務管理

_____研究發展管理

6.4　衡量工具之評估

評估一個衡量工具之優劣，可以從衡量工具的效度(validity)與信度(reliability)進行之。

6.4.1　衡量工具的內部效度

所謂效度是指衡量的工具是否能真正衡量到研究者想要衡量的問題。若信度過低，則沒有效度；效度過低，則信度沒有意義。亦即衡量工具的效度，係指一種衡量工具真正能夠測出研究人員所要衡量之事物之程度。一般之效度有外部效度及內部效度。外部效度指研究樣本與研究母體間是否存在系統性差異，即實驗或衡量之樣本資訊可否推廣延伸到研究母體或其他母體。

內部效度則指實驗或衡量之過程本身有無任何不當之處而造成實驗或衡量結果難以解釋或無法解釋。衡量工具之內部效度，又可區分為內容效度(content validity)、準則效度(criterion-related validity)、建構效度(construct validity)和效標關聯效度。

故衡量工具之內部效度區分如下，逐項說明之。

一、內容效度

衡量工具之內容效度亦稱表面效度(face validity)，係指該衡量工具足夠涵蓋研究主題之程度，如果衡量工具所獲得內容足以代表研究主題之內容，則具有足夠之內容效度。

一個衡量工具是否具有足夠的內容效度，其關鍵因素在於發展衡量工具時所導循的程度(procedure)為何，最重要的工作之一是要在觀念上界定所要衡量變數的範圍，並蒐集大量的項目，使其能概括地代表所界定的變數及該變數之相關構面(dimension)，最後再就項目的內容加以修改，以獲致最後的衡量工具。

內容效度是以研究者專業知識來主觀判斷所選擇的尺度是否能正確的衡量研究所欲衡量的東西。

（一）抽樣(sampling)效度

量表所包含的項目是否能代表母體構念的項目。內容效度的高低，端賴項目(item)取樣代表性之大小而定。

（二）表面(face)效度

是指量表項目和形式上，給人的主觀印象，如果該量表從外表來看，似乎確實可適切地測量其欲測的特質或行為，便稱它具有表面效度。

二、準則效度

準則效度又可細分為預測效度(predictive validity)與同時效度(concurrent validity)。

（一）預測效度

衡量工具或調查可以正確預測未來相關行為之程度。

（二）同時效度

衡量工具或調查可以正確估計目前之相關行為之程度。

三、建構效度

建構效度是科學進展的重要條件，建構效度之建立甚為困難。為了要決定衡量工具的建構效度，要把衡量工具所得之衡量結果與其他命題(propositions)相結合，如果兩者間有某種預期的相關關係存在，表示該衡量工具具有建構程序，其程度高低與相關關係大小有關。建構效度利用一種衡量工具能衡量某種特質或構念的程度。

建構效度有二類：收斂(convergent)效度及區別(discriminate)效度。

四、效標關聯效度

是指使用中的衡量工具和其他的衡量工具來比較兩者是否具有關聯性。效標關聯效度可分為同時(concurrent)效標及預測(predictive)效標。

6.4.2 影響效度的因素與影響效度的因素

一、效度之檢定順序

1. 首先評估有哪些項目可作為測量工具之理論基礎（內容效度）。

2. 定義內容母體的項目，再從中抽取具有代表性樣本（建構效度）。

3. 觀察資料回收後，評估測量工具與外在效標（標準測驗）之相關，以衡量該測量工具的經驗（預測）效度。

二、影響效度的因素

1. 樣本性質：樣本多樣性，代表性越高，測量工具效度就越高。

2. 測驗信度：若信度太低，則效度亦低。

3. 干擾(moderator)變數：它是指存在於測驗所欲測特質及其效標之外，但卻與兩者間具有某種相關程度的變數。例如：年齡層、性別、環境背景、……等(William G. Zikmund, 1999)。

6.4.3 衡量工具之信度

　　所謂信度(reliability)是指一個測量工具包含「變數誤差」的程度。即在任何一次測量中，觀察值之間呈現之不一致、或是採用相同測量工具，然而對特定單位施測，每次所得結果都不一樣。信度是指測量資料的可靠性，即一個測量工具在測量某持久性心理特質（態度）的「一致性」或「穩定性」（張紹勳，2000）。

一、信度種類

（一）等值性

　　又稱「複本法」，專門為檢定同一測驗中不同複本上分數的一致。

1. 複本信度：不同研究者運用同一量表，對不同一批的樣本施測，結果的一致性。

2. 折半係數。

（二）穩定性

　　對同一批樣本，前後二期測兩次，若兩者的相關越高，則表示該測驗的穩定係數越高。

（三）一致性

　　旨在檢定某量表在各種不同層面的一致性。例如，量表單獨項目與總分是否一致性……等等。此種信度又可分成：折半信度、庫李信度、Cronbach's α 信度……等幾類。

二、信度的比較

　　依同質性、一致性、等值性及穩定性對信度加以比較如下（張紹勳，2000）：

信度	構念	量表 (scale)	施測時間	施測對象	使用項目	研究者
1.同質性	相同	不同 scale	相同	相同	相同	相同
2.一致性	相同	相同	相同	相同	不同 items	相同
3.等值性	相同	相同	相同	相同	相同	不同研究者
4 穩定性	相同	相同	不同時間	相同	相同	相同

資料來源：張紹勳（2000）。研究方法。臺中：滄海，p.157。

信度在實際應用上，Cronbach's α 值至少要大於 0.5，最好能 $\alpha>$ 0.7(Nunnally, 1978)。在行銷界有名的學術期刊論文中，有 85%論文之量表 α 值大於 0.5，有 69%量表 α 值大於 0.7。

三、信度與效度關係

1. 若有效度則有信度關係式。

2. 有效度一定有信度。

3. 但有信度不一有效度。

4. 無信度一定無效度。

四、信度與效度的處理

1. 最好的方法是使用學理上驗證過的工具。例如，在 MIS 調查研究中，可以採用 Ives、Olson 及 Baroudi(1983)或 Bailey 及 Pearson(1983)之使用者滿意度(user satisfaction)測量。

2. 自己根據定義創造出來的衡量尺度、或整合、修改以前的工具，則必須有非常嚴謹的設計過程。前測與試測、信度與效度的檢定等工作可增加衡量尺度的說服力（張紹勳，2000；胡政源、林曉芳，2004）。

五、衡量工具之正確性(accuracy)或精確性(precision)

信度是指衡量工具之正確性(accuracy)或精確性(precision)又可細分為（胡政源，2004）：

（一）再測信度(test-retest reliability)

信度追求的目標為穩定性(stability)，再測信度是在二個不同的時間點重複衡量相同的事物或個人，然後比較兩次衡量分數的相關程度。

再測信度必須考慮（胡政源，2004）：

1. 衡量工具兩次必須相同，格式亦一致，兩次之項目一對一相配稱，若能使平均數及標準差兩次相等則較佳。

2. 兩次衡量時間之間距不可太長或太短。間距太短，會造成實驗偏差，受測者記得第一次之衡量，而導致故意一致化之偏差。間距太長，受訪者可能改變態度。

（二）折半信度(split-half reliability)

信度追求的另一個目標為一致性(equivalence or consistency)，即在同一衡量尺度之內，各項目的內部一致性(internal consistency)或內部同質(internal homogeneity) （胡政源，2004）。

折半信度係將尺度中所有項目分成兩個相等的部分，然後求這兩部分的總分之相關係數，以為衡量工具之信度。

（三）Cronbach's α係數

$$\alpha = \left(\frac{k}{k-1}\right)\left(1 - \frac{\sum \sigma_i^2}{\sigma_t^2}\right)$$

k：尺度中項目的數目

σ_i^2：所有受訪者在項目 i 之分數的變異數(i=1, 2, 3,…, k)

σ_t^2：所有受訪者總分的變異數

總分：每一受訪者在各項目上分數的總合

6.4.4　衡量工具之實用性

信度及效度在於檢查衡量工具是否具有科學之方法。但從實用的觀點而言，衡量工具應具有經濟性(economy)、便利性(convenience)及易解釋性(interpretability)（胡政源，2004）。

一、經濟性

經濟性係考慮及衡量工具使用時之時間、成本、預算以及所需耗用之總成本。

二、便利性

便利性係指衡量工具執行時是否方便，這與問卷的指令設計有關，要讓受訪者容易填答。問卷設計及編排亦會影響衡量工具的便利性。指令清晰、編排易答可以提高工具之便利性。

三、易解釋性

研究結果應該容易解釋，不可解釋之衡量工具不具實用價值。

下列項目影響解釋之難易：

1. 執行的詳細指令。
2. 計分要點。
3. 計分說明。
4. 信度的證據。
5. 各項目分數相關之證據。
6. 其他相關之證據。
7. 使用工具之指南。

參考範例：教學反應調查表
××大學企管系教學反應調查表

各位同學：

本調查表目的在了解同學對本課程之教學反應，您的作答將可為教師教學之參考，希望同學切實而客觀的填答，謝謝您的合作！

填答說明：本調查表意見分別以【非常同意】【同意】【尚可】【不同意】【非常不同意】表示，作答時逐題閱讀並按實際情況劃選之。

	非常同意	同意	尚可	不同意	非常不同意
我對本課程任課老師的感受：					
1. 不隨便缺課或調課，有事請假並事後補課	☐	☐	☐	☐	☐
2. 上課認真	☐	☐	☐	☐	☐
3. 不無故遲到早退	☐	☐	☐	☐	☐
4. 對學生的疑問能細心解答	☐	☐	☐	☐	☐
5. 能適時發覺學生不了解之處，並加以講解	☐	☐	☐	☐	☐
6. 能與學生溝通	☐	☐	☐	☐	☐
7. 能維持課堂良好的學習環境	☐	☐	☐	☐	☐
8. 授課時口齒清晰	☐	☐	☐	☐	☐
9. 授課時音量適中	☐	☐	☐	☐	☐
10. 善於引發學生學習興趣	☐	☐	☐	☐	☐
11. 善於激發學生思考	☐	☐	☐	☐	☐
12. 善於鼓勵學生發問	☐	☐	☐	☐	☐
13. 講解深入淺出，易於了解	☐	☐	☐	☐	☐
14. 授課進度快慢適中	☐	☐	☐	☐	☐
15. 頗受學生尊重	☐	☐	☐	☐	☐
16. 教材內容很有系統	☐	☐	☐	☐	☐
17. 授課內容充實	☐	☐	☐	☐	☐
18. 學期中常舉行測驗以了解學生學習效果	☐	☐	☐	☐	☐
19. 命題能配合教學內容	☐	☐	☐	☐	☐
20. 詳實批閱作業與試卷，並作檢討	☐	☐	☐	☐	☐

行銷研究實務反思

1. 我們的競爭對手是誰？

2. 我們的競爭對手正在使用哪些方法來獲取客戶？

(　　) 1. 何者是將操作性定義用衡量的工具轉換成研究中實際可以進行分析的格式？ (A)解釋 (B)編碼 (C)整合 (D)衡量。

(　　) 2. 哪種心理屬性是很難衡量的屬性，例如：衡量一個人的情緒、衡量想要成功的幹勁、承受壓力的能力及解決問題的能力等？ (A)EQ (B)態度 (C)個性 (D)人格。

(　　) 3. 名目尺度係為標示目的而指定之□，如身分證字號、性別代號（男性 1 & 女性 2）、種族分類（白人 1 & 黑人 2 & 黃人 3），其數字僅代表名目，加減乘除全無意義，也無測量上意義。請問□是指： (A)字母 (B)代號 (C)數字 (D)密碼。

(　　) 4. 一般而言，定性變項多用何者，而定量變項則要視研究者要採用的研究方法來決定？ (A)順序尺度 (B)區間尺度 (C)名目尺度 (D)比例尺度。

(　　) 5. 所謂態度通常被視為「對這個世界的特定事物，藉由某種特定的方法有一種○且一致的傾向」。請問○是指： (A)偏好 (B)持久 (C)沉迷 (D)衝動。

(　　) 6. 所謂 sorting 是先讓受測者看到某些觀念，然後要受測者使用某些方式來將這些觀念予以分類，請問 sorting 是指： (A)解釋 (B)整合 (C)編碼 (D)分類。

(　　) 7. ○只是一個與受測者溝通的工具並沒有固定的呈現方式，故除了典型的○評價尺度外，還有所謂的梯形尺度及笑臉尺度等。請問○是指： (A)圖形 (B)字母 (C)數字 (D)代號。

(　　) 8. 李克特綜合尺度要求受測者在一個 5~11 尺度上，指出他同意或不同意各項目（意見）的程度，然後依據受測者對各項目（意見）同意之□，可得到他的態度分數。請問□是指： (A)偏好 (B)分類 (C)評價 (D)強度。

（　）9. 要求受訪者按照其對研究之比較項目，依其態度或意見給予等級之順序
比較的方法是： (A)實驗法　(B)等級法　(C)訪談法　(D)觀察法。

（　）10. 何者是指研究樣本與研究母體間是否存在系統性差異，即實驗或衡量之
樣本資訊可否推廣延伸到研究母體或其他母體？　(A)內部效度　(B)建
構效度　(C)外部效度　(D)統計結論效度。

 解答：1.(D) 2.(B) 3.(C) 4.(C) 5.(B) 6.(D) 7.(A) 8.(D) 9.(B) 10.(C)

MEMO

Chapter

07

行銷研究（市場調查）之抽樣設計

　　行銷研究之研究設計過程中蒐集資料之方法，不論訪談法、觀察法或實驗法均會牽涉到抽樣。抽樣(sampling)與普查(census)不同，抽樣是訪談觀察或調查母體之一部分，而普查則對整個母體加以訪談、觀察或調查（胡政源，2004；胡政源、林曉芳，2004）。除了全國性之工商普查外，企業研究幾乎大部分運用抽樣進行資料之蒐集，不論是訪談法、觀察法或實驗法，要全面普查事實上有其困難之處，故必須透過抽樣來完成資料蒐集、分析及推論結果之行銷研究工作。本章就抽樣設計部分加以探討。

7.1　抽樣之意義及原因

7.1.1　抽樣的基本概念

　　抽樣的基本意義是「選擇母體或群體(population)中一部分的元素，針對抽出之樣本進行研究，並藉由研究的結果推論整個母體」。在企業研究及學術研究中，一般都有時間及成本上的限制，無法對整個母體進行普查。在生產製程中，有時可能因為檢驗的項目特殊，若進行成品普檢，則全部的成品都可能被破壞，因此只能採取抽樣的方式進行研究。讀者可能會懷疑抽出的樣本真的能代表母體特性嗎？如果是依循正確的統計方法，的確只要利用正確且有效的抽樣，即可用最少的成本及時間，得到正確率彎高的推估母體的資訊。例如：蓋樂普公司由美國一億三千萬選民中抽樣一千二百人，來調查選民對總統候選人之支持度，其結果相當準確。所以在抽樣設計上，機率抽樣的學理扮演很重要的角色（胡政源，2009；胡政源、林曉芳，2004；吳萬益、林清河，2000）。

7.1.2　抽樣的原因

相對於普查而言，採取抽樣的方式有以下的好處：

1. 減少人力、成本。

2. 縮短資料蒐集的時間。

3. 對抽樣的樣本可做較深入的研究。

抽樣(sampling)與普查(census)不同，抽樣是訪談觀察或調查母體之一部分，而普查則對整個母體加以訪談、觀察或調查。除了全國性之工商普查外，企業研究幾乎大部分運用抽樣進行資料之蒐集，不論是訪談法、觀察法或實驗法，要全面普查事實上有其困難之處，故必須透過抽樣來完成資料蒐集、分析及推論結果之行銷研究工作。為何必須運用抽樣來進行行銷研究，有下列原因存在：

1. **經濟**：利用抽樣只須訪談、觀察或調查母體之一部分，在人力、財力及時間上均較為經濟。

2. **爭取時效**：競爭環境下，爭取時效是重要的決策，普查費力費時，緩不濟急，抽樣時效快。

3. **母體過大**：全國性或大地區之調查，由於母體過大，不可能全面普查，唯有抽樣方能解決問題。

4. **實驗上之破壞性**：有些實驗、檢驗、測試具有破壞性，要全部破壞不具有意義？唯有抽樣才能達到品質管制之目的。

5. **母體中有些分子（單位）無法接觸**：由於母體中有些分子無法接觸，造成普查上的誤差，唯有抽樣方可解決問題。且普查易流於草率，抽樣可以仔細訪談、調查或觀察，所獲之代表性資料反而來得正確可靠。

7.1.3　抽樣(sampling)相關重要名詞

　　抽樣相關名詞解釋如下（胡政源，2009；胡政源，2004；吳萬益、林清河，2000）：

一、元素(element)

　　元素是指研究的基本單位，亦是蒐集資料的根據。例如：以問卷調查法來說，研究的元素是人或者特定的某些人群。而元素和分析單位很容易被混淆，簡單的分別是元素是用在抽樣，而分析單位是用在資料分析上（胡政源，2009；Earl Babbie, 1998）。

二、母體(population)

　　母體是研究中所有元素的集合，也是我們藉由樣本想要推論的標的。如某汽車公司想要了解其顧客滿意度，那研究的母體即為購買該公司汽車的顧客或消費者。

三、抽樣單位(sampling unit)

　　抽樣單位是指被抽取樣本中的一個或是一組元素。在單一(single-stage)階段抽樣中，抽樣的單位即為元素本身；而在複雜的抽樣過程中，抽樣單位可能會有不同的層次。例如：研究者可能從臺南市中選取幾個區，再從這幾個區中選出數戶家庭，再從這數戶家中選擇一些成年人做樣本，而這種三級抽樣單位分別是區、家庭、成年人，而最後的成年人才是樣本元素。這個例子中，「區」即是原始抽樣單位(primary sampling unit)，「家庭」是次級抽樣單位(secondary sampling unit)，而「成年人」是最終的抽樣單位（胡政源，2009）。

四、樣本(sample)

　　經過抽樣方法抽出的元素即為樣本，樣本為母體的一部分，唯有其與母體具有共同的特質，研究結果才有意義，故樣本必須具有代表性。

五、抽樣架構(sampling frame)

抽樣架構是元素(element)的集合名冊，描繪整個抽樣的情形。

六、抽樣誤差(sampling error)

所謂抽樣誤差即是所選出的樣本並不能完全代表母體特質。而形成抽樣誤差的原因有二：一是抽樣程序中發生的誤差；二是不精確的使用統計去推測母體時所發生的誤差。

七、隨機(random)

照均勻原則，任其自然出現，即每一元素被抽出的機率均相等。

八、普查(census)

研究母體每一分子，例如：戶口普查。

7.1.4 好樣本之特牲

檢驗一個樣本的好壞，有二個指標（Cooper & Emory，1995；胡政源，2009；胡政源、林曉芳，2004）：

一、正確性(accuracy)

指樣本能否代表母群體特徵之程度。例如：位於街道角落的房屋通常較大而且價格較高，若研究者只選角落的房屋作樣本，則可能高估該地段之房價，若全不選角間，則可能低估該地段之房價。

二、精準性(precision)

由於所抽樣的過程會有隨機變異產生，使得樣本與母群體之間有抽樣誤差，導致樣本與母群體很難完全一致吻合。所謂「精準性」是指標準誤之估計值，值越小表示精準性越高。易言之，標準誤之估計值即是母群體之離散程度，值越小，離散程度小。

7.1.5 抽樣設計應考慮因素

抽樣設計的適當性？以下幾個因素必須慎重考慮（胡政源，2009；胡政源、林曉芳，2004；吳萬益、林清河，2000）：

一、正確性

抽出的樣本是否具有代表性對研究者而言是很重要的。正確性是指樣本沒有偏差的程度，一個研究正確的高低要看研究者可容忍的程度，如為了節省成本或有其他的考慮，這些因素都會影響到樣本的正確性。

二、資源

財力及人力資源是否充足，也是會影響抽樣設計的精準性。例如：研究生的碩士論文，經費有限，故通常不能進行大規模的抽樣。而企業界的應用研究在抽樣時大多會考慮成本效益性，在這些情況下，由於資源的限制無法進行較精確的機率抽樣，只能進行非機率抽樣，最常用的為便利抽樣。

三、時間

某些具有時效性的研究如候選人的支持度調查，需要很短的時間內完成資料蒐集的工作，而時間的充裕性亦是研究者在選擇研究設計時的重要因素。在這種具有時效性的研究，一般都會採用電話訪談的方式，而不會採用較耗時的郵寄問卷法。

四、對母體更進一步了解的知識 (advance knowledge of the population)

對母體特質的進一步了解，例如：母體成員的名冊是否可取得、是否更新，都是在抽樣設計時考慮的重要因素。在某些研究母體的名冊對研究者來說是不可得的，在這種情況下並不能進行系統抽樣、分層抽樣

等機率抽樣，研究者可以指定某部分的群體做為最初的研究對象，從這些資訊來源再來建構抽樣架構。

五、全國型或者是區域型調查

地理位置距離的遠近亦會影響抽樣設計。如果母體元素在不同地區的特質是不一致的話，研究者可能依地區採取群集抽樣會是較適合的方法。

六、是否需要統計分析

是否需要統計分析要依樣本選擇的方式來看。非機率抽樣通常不允許利用統計分析的結果來推論母體。

7.2　抽樣之程序

抽樣之程序

為確保抽樣之正確性，抽樣應依下列步驟進行之（胡政源，2009；胡政源，2004；胡政源、林曉芳，2004）：

步驟 1　界定目標母體	母體(population)為欲研究調查之所有對象，應依研究設計界定研究之母體，稱目標母體(target population)。
步驟 2　確定抽樣架構	抽樣架構(sampling frame)係指抽樣時可供選擇的所有抽樣單位之名冊。 抽樣架構要足夠、完整、不重複、正確、便利。

步驟 3 選擇抽樣方法	抽樣方法分為機率抽樣與非機率抽樣，依研究目的及抽樣架構選擇之。
步驟 4 決定樣本大小	依據時間、成本確定最大容忍限度之抽樣誤差。並依信賴水準或信賴界限(confidence limits)決定樣本之大小。
步驟 5 進行抽樣	由抽樣架構中進行抽樣，選出所需數目（確認樣本單位）之樣本單位。
步驟 6 執行訪談調查、觀察（進行資料蒐集）	確認樣本單位，並進行資料之蒐集工作。
步驟 7 評估抽樣之結果	1. 樣本是否適合研究目的。 2. 抽樣計畫是否確實執行。 3. 比較樣本結果及其他獨立性之資料，以評估抽樣效果。

　　Zikmund(1999)，Chruchill, J. R.(1999)提出抽樣程序有以下六個步驟（胡政源，2009；胡政源、林曉芳，2004）：

1. 定義目標母體。

2. 選擇抽樣架構。

3. 選擇適當的抽樣方法。

4. 決定樣本大小。

5. 選擇抽樣元素。

6. 實地進行資料蒐集。

一、定義目標母體(target population)

在研究中進行抽樣，第一個要決定的即是定義目標母體，所謂的目標母體即是和研究計畫相關的特定對象。目標母體必須非明確，後續蒐集得來的資訊才有意義，才能解決要研究的問題。如果目標母體的定義過於簡單，那在尋找樣本時，可能需要花費較多的時間及代價。而如何定義目標母體呢？學者 Davis & Cosenza(1993)認為詳細的母體定義應包含四個因素：1.元素(elements)、2.抽樣單位、3.範圍、4.時間。

二、選擇抽樣架構(sample frame)

抽樣架構是元素(element)的集合名冊，而樣本即是從此抽出。在實際研究進行中，通常是抽樣架構決定了目標母體，而不是目標母體決定抽樣架構。因為在進行抽樣的時候，通常是我們已確定了目標母體，再來選擇適合的抽樣架構。如果目標母體和抽樣架構不一致的話，可能會造成選樣的錯誤。抽樣架構要足夠、完整、不重複、正確、便利。

三、選擇抽樣方法

在決定目標母體後，接著即是要選擇抽樣的方法，如果我們選擇的目標母體是有完整的抽樣架構，那選擇機率抽樣法可能是較適合的。可是在某些研究，如研究遊民時，並沒有遊民的名冊，在此時可能採取非機率抽樣法會較適合，故研究者應依目標群體特性及抽樣架構的完整性來選擇適合的抽樣方法。

四、決定樣本大小

在研究進行中到底抽多少樣本才足夠呢？這個問題如果要精確回答，必須用統計方法來計算，不同的抽樣方法，其樣本大小也會有所差異。依據時間、成本確定最大容忍限度之抽樣誤差。並依信賴水準或信賴界限(confidence limits)決定樣本之大小。

五、選擇抽樣元素(sample elements)

完成以上的步驟後，接下來即是要決定研究抽樣的元素。元素是指研究的基本單位，亦是蒐集資料的根據。而要如何進行，就要看研究者使用的是何種抽樣方法了。

六、從指定的元素中蒐集資料

抽樣過程中最後一個步驟即是實際進行指定元素的資料蒐集。這個工作需要訪員的密切配合，研究者必須清楚的讓訪員了解目標群體為何？抽樣的方式是什麼？這樣才能避免在實際蒐集資料時發生錯誤（吳萬益、林清河，2000）。

7.3　抽樣之方法

抽樣之方法，可以大致分為；機率抽樣(random sampling)及非機率抽樣(nonrandom sampling)（胡政源，2009；胡政源，2004；胡政源、林曉芳，2004）。

7.3.1　機率抽樣

亦稱隨機抽樣，母體中之基本單位，都有一個已知且非零之機率被選為樣本。機率抽樣是一種客觀的抽樣方法，可避免發生抽到某些具有特殊特徵基本單位之傾向而產生抽樣偏差(sampling bias)之現象，只會發生因運氣因素產生之抽樣誤差(sampling error)。

一、簡單隨機抽樣

母體中每一個樣本被抽出之機率均相等，其抽樣進行可採 1.摸彩法或 2.隨機亂數表(random number tables)來加以抽樣。對於 1.母體小；2.

有令人滿意名冊；3.單位訪談成本不受單位地點之影響；4.除母體外沒有其他母體資訊之情況下，簡單隨機抽樣較為適用。

二、系統隨機抽樣(systematic or quasi-radom sampling)

系統抽樣亦稱準隨機抽樣，將母體的每一單位編號後，計算樣本區間之大小 x（即 $x = \dfrac{N}{n}$，N 為母數數目，n 為樣本數目），然後在前 x 個中隨機抽樣一個樣本單位（號碼 a），其後之樣本單位之號碼分別為 a+x, a+2x, ………, a+(n–1)x，而得 n 個樣本。

系統隨機抽樣較簡單隨機抽樣更具有代表性，但應避免週期性(periodicity)之母體，且其抽樣較為簡便。

三、分層隨機抽樣(stratified sampling)

分層隨機抽樣先將母體的基本單位分成若干互相排斥的組成層，然後分別從各組或各層中隨機抽選預定數目之單位為樣本。

分層隨機抽樣必須考慮：1.分層之基礎及分層之數目；2.樣本為等比例(proportionate)或不等比例(disproportionate)。分層之基礎應使層與層之差異大，平均數盡可能不同，而分層數目越多，樣本估計值的精確度越高，分層抽樣應以等比例樣本為原則，以降低抽樣誤差。

分層隨機抽樣，由於具有樣本統計值，可靠性較高及因各層獨立抽樣，有利於比較推論，故廣被採用。

四、集群隨機抽樣(cluster sampling)

集群隨機抽樣先將母體分成相互排斥的群(cluster)，並使每一單位都可歸屬到唯一的群。再從各群中隨機抽取一群或數個群為本群。

如果將所有樣本群均做為樣本，則形成一階段(one-step)集群隨機抽樣，如果就樣本群再進行隨機抽樣部分單位為樣本，則為二階段(two-step)集群隨機抽樣。

五、地區集群機率抽樣(area sampling)

地區機率抽樣以城市之所有街道為 N 個集群，進行集群抽樣得 n 個街道為樣本區（群）。若將抽樣而得之樣本區所有單位均列為樣本，則為一階段(one-step)地區集群隨機抽樣，若就抽樣而得之樣本區（群）再做抽樣，則為二階段(two-step)地區集群機率抽樣，若樣本群之數目相等，二階段地區抽樣可以用簡單二階段地區機率抽樣(simple、two-stage area sampling)，若樣本群之樣本單位數目不等，則應採取不等機率抽樣之地區大小比例機率抽樣(probability-proportional to size area sampling)。

7.3.2 非機率抽樣

抽樣時如能獲知母體中每一個基本單位被抽選為樣本之機率之抽樣方法，稱為機率抽樣。而非機率抽樣對上述之機率不可獲知，故無法運用機率抽樣，非機率抽樣有下列數種抽樣方法。

一、便利抽樣(convenience sampling)

便利抽樣乃以研究者之研究便利性為原則之抽樣方法，其樣本之選擇，以便利接近及便利訪談、調查及衡量者為樣本群。

便利抽樣最為省時省錢，但抽樣偏差極大，除非母體所有單位均很類似，否則便利抽樣很不適用，但抽樣調查於預試時，可採便利抽樣以改進問卷之內容及型式。

二、判斷抽樣(purposive sampling)

亦稱立意抽樣，係依抽樣設計者之專業知識選擇樣本單位。判斷抽樣之抽樣偏差大。但試銷(test marketing)及工業（組織）市場行銷研究及物價指數編製時常採用之。

三、配額抽樣(quota sampling)

配額抽樣將母體依已知分配情況之控制特徵(control characteristics)加以細分成數個較小之子母體，並將總樣本數按照各子母體所占之比例分配，以求得各子母體樣本大小，最後依各子母體之所需樣本數指派「配額」給訪談員，訪談員依配額在各子母體抽樣取得樣本單位。

四、逐次抽樣(sequential sampling)

逐次抽樣，開始先只取少量的樣本，然後根據少量樣本所得之結果推論假設，若結果可以判定假設，則停止研究；若其結果不足以判定是否接受或拒絕該假設，則繼續抽取少量樣本，直到可以判定接受或拒絕該假設為止。

五、雪球抽樣(snowball sampling)

雪球抽樣利用隨機方法選出原始受訪者，再經由原始受訪者推介或提供之訊息找到受訪者，更再由新受訪者滾雪球(snowballing)地推介或提供訊息找到其他受訪者，在研究全體母體之稀少特性時，雪球抽樣可以應用。

7.4 抽樣設計之衡量

7.4.1 抽樣設計之衡量

抽樣設計之好壞，要視其對母體代表性有多大，代表性越大樣本的效度(validity)越高，樣本的效度視其正確性(accuracy)及精準性(precision)。

一、正確性

樣本的正確性是指樣本沒有偏差(bias)存在的程度，正確性（不偏性）高的樣本其樣本單位之數值高會和低母體的情形相互抵減而達到平衡。一個正確性的樣本，其系統性差異(systematic variance)較低，受某些已知和未知因素之影響，而使數值較常傾向某一方向所造成衡量上的差異。

二、精準性

樣本的精準性係指樣本估計值之標準誤(standard error of estimate)，估計標準誤越小，樣本之精準性較高。好的抽樣設計，除要具有不偏性之正確性，亦要盡量縮小估計值之標準誤，以提高其精確度。

三、非機率抽樣與機率抽樣之衡量

非機率抽樣與機率抽樣，比較兩者缺點如下：

比較項目	機率抽樣	非機率抽樣
1. 估計值之可信度	不偏估計值，可信度高	可信度低
2. 統計效率評估	客觀，可評估抽樣誤差之大小	難評估
3. 母體所需之資訊	對母體資訊依賴小	對母體資訊依賴大
4. 經驗與技巧	高度專業	簡單
5. 時間所費	長期費事費時	短而快
6. 成本	設計較為費錢	成本較低

7.4.2 抽樣方法選擇之準則

抽樣方法選擇之準則有四：

1. 成本：隨機抽樣的成本大於非隨機抽樣。

2. 時間：隨機抽樣所花費時間大於非隨機抽樣。

3. 母體特性資訊：母體的大小及其分布狀況。

4. 研究目的：探索研究或實證研究其抽樣方法要求不同。

7.4.3 抽樣應注意事項

一般研究者在樣本抽樣時，常犯的毛病有下列四種（胡政源，2009；林東清、許孟詳，民 86，張紹勳，2002）：

一、抽樣架構(sampling frame)的問題

例如有人宣稱「政治大學水準高」，那我們就應該注意其研究的樣本架構是國內各大學呢？或歐美各大學呢？易言之，政治大學水準到底是跟誰來做評比，Pinsonnealt & Kraemer(1993)在評估 1980~1990 年一些資管(MIS)重要期刊中調查研究的現況時發現，有 60%的 MIS 調查研究沒有討論說明為何要選擇這個樣本架構（亦即樣本的抽樣來源），大部分是以便利為原則來選擇當地協會的會員，某些廠商的顧客、雜誌訂閱者或學生為樣本架構。如果沒有具說服力的理論來說服架構的代表性，從此以後此研究衍生的相關性研究將大有問題。另外 Grover 等人(1993)在評估 1980~1989 年間一些 MIS 主要期刊中調查研究的現況也發現相同的問題。

二、樣本代表性的問題

Pinsonnealt & Kraemer(1993)發現有 70%的 MIS 調查研究利用非系統性的抽樣方法，例如：採取便利型(convenience)的有 2%，滾雪球型(snowball)的有 4%，或沒有解釋的有 56%；而採取系統的方法中，簡單隨機取樣法(random)占 15%，分層隨機取樣(stratified)占 2%，立意取樣法(purposive)占 15%。另外 Grover 等人(1993)也發現，只有 58.6%的調查研究有樣本代表性的說明。

在調查研究中如果樣本的代表性有問題，則此研究的概化或所謂的外部效度(external validity)會受到很大的質疑，即使樣本數目再多都沒有用。

三、樣本大小(sample size)的問題

　　研究幾乎都會遇到的困難，就是樣本到底要多大才夠？根據 Pinsonneault & Kraemer(1993)的調查，MIS 以個人為分析單位的有 50% 的樣本數小於 100 人，以公司為分析單位的則有 2/3 少於 100 人。一般來說，樣本數越多越好，但 Flower(1984)表示樣本數若增加至 100 與 200 中間，則衡量的精準性(precision)將提高很大，樣本數提高至 200 以後，增加的邊際量就下降了，因此研究者應盡量達到樣本數 200 的目標。

　　樣本到底要多大？要考量的準則有下列幾項：

1. 研究的特殊性。

2. 研究的類型：試探性研究、預測、前測所需的樣本就比驗證性、正式研究來得少。

3. 研究假設：當我們預期的實驗處理差異要越小時，則樣本就要越大。

4. 經費來源、可用人力的限制。

5. 研究結果越具重要性，則樣本就要越大。

6. 研究變數的個數越多、或無法控制的變數越多時，則所需的樣本就要越大。

7. 資料蒐集的樣本異質性越高、或不一致性越大，則所需的樣本就要越大。

8. 要求的研究結果之正確性／精確度越高，則所需的樣本就要越大。

9. 母群體的大小：母群體越大，則所需的樣本比例就要越小。

7.4.4　單一樣本大小(sample size)的公式

　　在計算單一樣本的估計時，若因各種限制，僅能進行一次抽樣則必須盡量降低抽樣誤差(e)，再進行點估計及區間估計。根據中央極限定理：

其中 Z = 標準常態分配值，若我們欲使研究推論達到 95%的信賴水準，則 Z = 1.96。

$$Z = e/(S/\sqrt{n})$$

S = 樣本標準差

n = 所需抽取之樣本個數

u = 母群體平均數

可忍受的誤差(e) = 樣本平均數減去母群體平均數 $(\bar{x} - u)$，故由此可推論出所需樣本個數 n 的大小：

$$n = (z^2 \times \sigma^2) / \sigma^2$$

一、當母群體變異數 σ^2 已知時

1. 母群體變異數 σ^2 越大，則研究者所需樣本數 n 就越大。

2. 可忍容的誤差 σ^2 越小，則研究者所需樣本數 n 就越大。

3. 欲使研究推論達到的信賴水準越大(95%→99%)，則 Z 值就越高，所需樣本數 n 就越大。通常我們 Z 值是取 1.96。

二、當母群體變異數 σ^2 未知時

母群體變異數 σ^2 未知時，我們可以採取下列方式來估計變異數：

1. 以過去研究調查資料來估算。

2. 小規模先做個測試(pilot study)，以估計樣本變異數。

3. 取母體全距(range)/6。

三、當抽樣資料為離散時

由於「誤差比率 e」公式：

$$e = Z \times (\sqrt{p \times q/n})$$

可推算出研究者所需樣本數 n 之公式為：

$$n = (Z^2 \times p \times q)/e^2$$

舉例來說，A 工廠品質管制中假設在進行不良率的研究，經初步預試樣本發現品質之不良率 q 為 0.1，則品質良率 q = 0.9，若 A 工廠可容忍誤差比率 e = 0.03，信賴水準 95.42%（即二個標準差），代入公式可得所需樣本數 n 為 400 個：

$$n = \frac{(1.96)^2 \times 0.1 \times 0.9}{(0.03)^2} = 400$$

假設我們事先不對不良率做檢測，則以最大可能的樣本數來算，取 q = 0.5，p = 0.5，代入公式可得所需最大樣本數 n = 1112 個，超過 1112，樣本數邊際效果甚小。

7.4.5 信度與效度的問題

Grover 等人(1993)在評估 1980~1989 年間一些 MIS 主要期刊中調查研究的現況時發現，只有 38.8%的調查研究有工具檢定或信度與效度的分析。

要增加信度與效度，最好的方法是使用學理上驗證過的工具。例如：在 MIS 調查研究中，可以採用 Lves, Olson 及 Baroudi(1983)或 Bailey 及 Pearson(1983)之使用者滿意度(user satisfaction)測量；Chin, Diehl 及 Norman(1988) 之 使 用 者 介 面 (user interface) 測 量 ； 或 是 Doll 與

Torkzadeh(1988)之終端使用者滿意度(end-user satisfaction)測量（張紹勳，2000）。

如果根據定義自己創造出來的衡量尺度，或整合、修改以前的工具，則必須有非常嚴謹的設計過程。前測(pretest)與先導測試(pilot test)、信度與效度的檢定等工作可增加衡量尺度的說服力。

7.5 無反應之處理

7.5.1 無反應之原因

非抽樣誤差(nonsampling)之來源甚多，而其中最重要及經常發生者為無反應偏差(nonresponse)，產生無反應之原因有：

1. 母體名冊不齊全(noncoverage)，以致難以接觸某些單位。

2. 因交通困難、天候不佳所造成之無法接觸。

3. 受訪者不在家、出國……等因素，造成無法接觸。

4. 受訪者不知道答案或不願意回答。

7.5.2 提高反應率之方法

提高反應率（降低無反應偏差）之方法很多，欲提高反應率與蒐集資料時之方法有關。

一、提高郵寄問卷回件率之方法

（一）事前連繫

（二）追蹤(follow-up)技術之應用

（三）問卷設計及外觀

1. 長度勿太長，亦勿太短。

2. 問卷問題必須有趣。

3. 紙張長度以 $8\frac{1}{2}\times11$ 英寸為佳。

4. 紙張厚度要夠。

5. 紙張賞心悅目。

6. 不應如廣告信函。

7. 問卷勿印得太擁擠。

8. 在信頭回應與問卷同一頁，勿單獨一頁。

9. 問卷中附上有回件地址及回郵之信封。

（四）激勵技術

1. 面函(coverletter)增加個人化(personalization)，增加受訪者個人認同。

2. 官方或政府之贊助支持。

3. 匿名(anonymity)以處理敏感問題。

4. 報酬與贈品。

二、提高電話訪談反應率之方法

（一）處理電話訪談接觸不到訪談對象之方法

1. 多打幾次電話。

2. 電話多響幾聲才掛斷。

3. 在晚間進行電話訪談。

（二）處理訪談對象拒絕受訪之方法

1. 另約時間再訪。

2. 盡力說服受訪者接受訪談。

3. 事先信函或電話通知。

4. 告知研究機構，請其查訪以取得受訪者信賴。

三、無反應問題之處理方法

（一）無反應者替代法

找一匹配(match member)者來代替無反應者。

（二）無反應者再次抽樣法(subsampling of nonrespondents)

依無反應率決定抽樣比例，將無反應者視為一群再次抽樣。

（三）時間趨勢法

分析各批回答者之答案，將趨勢加以延伸，以代表無反應者。

（四）以最後反應者代表無反應者

係以最後反應之一群樣本單位之答案為無反應者之答案。

（五）假設無反應者和反應者相同

反應者之答案已可代表全體，對無反應者不予處理。

（六）與母體已知之數值進行比較

與母體已知數值（年齡、教育、所得、職業……）相比較調整。

（七）事後分層法

事後分層法(post-stratifications)係給予較不常在家者的樣本反應權
數較常在家者較大的權數，以為調整。

（八）主觀估計法

主觀估計法(subjective estimate)係請專家判斷哪些變數會產生無反應偏差及各偏差之方向以預測偏差及其方向為參考。

7.6 原始資料蒐集方法之四－固定樣本調查

7.6.1 固定樣本調查(panel survey)之意義及類型

固定樣本調查是指一群定期向研究者定期報告行銷資料的樣本單位。利用固定樣本的設計，可以對同一群固定之樣本單位加以調查以了解樣本單位之行銷資料進而推論研究母體的行為、態度或意圖的變動情況，以獲知相關行銷研究資訊。

固定樣本調查之類型，固定樣本調查依固定樣本之型態，有下列幾種類型。

一、消費者固定樣本與商店稽查固定樣本

若蒐集資料之固定樣本單位在以消費階層為主而加以記錄、蒐集消費者之購買行為、態度或意圖者，稱之為消費者固定樣本(consumer panel)調查。若固定樣本單位以商店階層進行蒐集調查，可獲得零售店的購買資訊，工業和機構採購的資訊和估計市場銷售額及市場占有率者，稱之為商店稽查固定樣本(store-audit panels)。

二、購買固定樣本與閱聽者固定樣本

購買者固定樣本是指一群定期或不定期地記錄消費者購買行為之固定樣本。閱聽者固定樣本，則指提供電視收視情形的固定樣本。

三、現場固定樣本與實驗室固定樣本

現場固定樣本(field panels)是在實際現場（市場、商店、受訪者家中……）中記錄蒐集資訊之固定樣本，而實驗室固定樣本(laboratory panels)則在人為的環境中加以記錄和蒐集。

固定樣本蒐集資訊之方法為：

1. 問卷型態之記錄日記，由固定樣本利用電話訪談蒐集資料。

2. 由研究機構定期打電話給固定樣本，利用電話訪談蒐集資料。

3. 定期或不定期郵寄問卷給固定樣本成員，請其填答寄回。

4. 利用自動偵測儀器，即用機械式觀察法以蒐集記錄資料。

7.6.2　固定樣本調查之利弊

一、固定樣本調查之優點

1. 可以連續的觀察及記錄一群消費者的活動型態及其變動方向。

2. 由於只對同一樣本進行連續多次的調查，抽樣設計只須一次，較為簡單。

3. 由於長期及連續的訪談中建立起研究者對被訪者之良好關係，比較可蒐集到可靠的答案。

4. 對於基本資料：如年齡、性別、職業、教育程度，所謂不須屢次重複蒐集、分析、研究者可將注意力集中於特定資訊之需要上面。

二、固定樣本調查之缺點

1. 抽樣設計之樣本單位經常變動，造成抽樣偏差。

2. 由於拒絕被抽樣，或被抽樣而拒絕合作，及中途脫隊均可能造成抽樣偏差增大之現象。

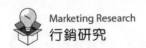
3. 中途脫隊(dropout)：由於死亡、住院、搬家、出國、缺乏興趣均可能造成中途脫隊。

4. 制約偏差：由於制約效果，可能先誇張欺騙，後提供正確答案，也可能逐漸改進其正確性，或因對重複訪談而形成特定之明確立場，及形成回答固定答案之凍結效果(freezing effect)。

5. 記錄誤差：可能因記錄者漏記、忘記、偽造、曲解或不知道而造成記錄誤差(recording error)。

6. 反應偏差：由於加入固定樣本而產生特殊反應之偏差。

7. 序列偏差：由於序列上重複訪談同一品牌或產品，而影響其反應之正確性之序列偏差(sequence bias)。

8. 成本高：固定樣本之徵募及維護成本較高。

行銷研究實務反思

1. 目標客戶如何看待我們的競爭對手？

2. 我們是否有效地接觸了所有會向我們購買商品的客戶？

( ) 1. 與抽樣(sampling)不同，抽樣是訪談觀察或調查母體之一部分，而何者則是對整個母體加以訪談、觀察或調查？ (A)重點調查 (B)綜合分析 (C)統計報表 (D)普查。

( ) 2. 經過抽樣方法抽出的元素稱為什麼，其為母體的一部分，唯有其與母體具有共同的特質，研究結果才有意義，故須具有代表性？ (A)樣本 (B)元素 (C)總體 (D)單位。

( ) 3. 所謂何者是指標準誤之估計值，值越小表示其越高？ (A)誤差值 (B)精準性 (C)精密度 (D)正確性。

( ) 4. 在研究中進行抽樣，第一個要決定的即是定義何者，即是和研究計畫相關的特定對象？ (A)樣本 (B)元素 (C)單位 (D)目標母體。

( ) 5. 哪一種抽樣方法是先將母體的基本單位分成若干互相排斥的組成層，然後分別從各組或各層中隨機抽選預定數目之單位為樣本？ (A)便利抽樣 (B)系統抽樣 (C)分層隨機抽樣 (D)隨機抽樣。

( ) 6. 哪一種抽樣方法是以研究者之研究便利性為原則之抽樣方法，其樣本之選擇，以便利接近及便利訪談、調查及衡量者為樣本群？ (A)便利抽樣 (B)分層隨機抽樣 (C)系統抽樣 (D)隨機抽樣。

( ) 7. 要增加信度與效度，最好的方法是使用學理上驗證過的什麼？ (A)工具 (B)樣本 (C)元素 (D)代號。

( ) 8. 利用哪一種樣本的設計，可以對同一群固定之樣本單位加以調查以了解樣本單位之行銷資料進而推論研究母體的行為、態度或意圖的變動情況，以獲知相關行銷研究資訊？ (A)隨機樣本 (B)便利樣本 (C)固定樣本 (D)分層樣本。

( ) 9. 若蒐集資料之固定樣本單位在以消費階層為主而加以記錄、蒐集消費者之購買行為、態度或意圖者，稱之為哪一種調查？ (A)消費者分層調查 (B)消費者固定樣本調查 (C)消費者隨機調查 (D)消費者便利調查。

（　）10. 若固定樣本單位以商店階層進行蒐集調查，可獲得零售店的購買資訊，
　　　　工業和機構採購的資訊和估計市場銷售額及市場占有率者，稱之為哪一
　　　　種樣本？　　(A)隨機樣本　　(B)商店稽查固定樣本　　(C)便利樣本　　(D)分
　　　　層樣本。

 解答：1.(D) 2.(A) 3.(B) 4.(D) 5.(C) 6.(A) 7.(A) 8.(C) 9.(B) 10.(B)

MEMO

Chapter

08

行銷研究之實驗設計

實驗法係測定因果關係一種較為有效的研究方法，實驗法也是研究設計過程中蒐集資料之方法。而實驗法必須進行實驗設計，實驗設計係在控制的情況下操縱一個或數個變數，以明確地測定這些變數之影響效果之研究設計。實驗設計必須設計出：1.一個實驗單位（被實驗者）；2.一個實驗變數(treatment)或 3.一個準則變數實驗設計之研究程序即讓一個實驗單位去接受一個特定的實驗變數，然後測定這個實驗變數對準則變數之效果（胡政源，2004）。本章就實驗設計部分加以探討。

8.1 實驗設計

8.1.1 實驗設計之意義及類型

實驗法係測定因果關係一種較為有效的研究方法。而實驗法必須進行實驗設計，實驗設計係在控制的情況下操縱一個或數個變數，以明確地測定這些變數之影響效果之研究設計（胡政源，2004）。

實驗設計必須設計出：1.一個實驗單位（被實驗者）；2.一個實驗變數(treatment)或 3.一個準則變數實驗設計之研究程序即讓一個實驗單位去接受一個特定的實驗變數，然後測定這個實驗變數對準則變數之效果。

實驗設計為正確衡量實驗變數之效果，常將實驗單位分為接受實驗變數的單位（實驗組－experiment group）及不接受實驗變數之單位（控制組－control group）。

實驗設計可分為三大類型，以討論單一實驗變數在單一水準上之結果：1.預實驗設計(preexperimental designs)；2.真實驗設計(true experimental design)；3.準實驗設計(quasi-experimental design)。茲將實驗設計之類型 4.統計實驗設計，分述如下。而二個或以上變數之聯合效果，必須包含若干變數之設計，亦將深入探討之。

8.1.2　預實驗設計

　　研究人員對於要讓何者在何時接受實驗變數，以及要在何時和對何者進行衡量幾乎沒有任何控制力。預實驗設計又可分為下列幾種設計（胡政源，2004）。

一、一次個案研究

接受實變數　　　　　　　　觀察或衡量準則變數

X　　　　　　　　　　　　O

　　此設計特性及缺點如下：

1. 無法控制外在變數。

2. 缺少比較過程。

二、一組前後設計

觀察或衡量準則變數 1　　接受實驗變數　觀察或衡量準則變數 2

　　　O_1　　　　　　　　　　　　X　　　　　　O_2

實驗變數之效果＝O_2-O_1

　　此設計特性及缺點會影響到內部效度，分別為：

1. 前後衡量時間不同，造成歷史效果，影響測定實驗變數之真正效果。

2. 第一次實驗，被實驗者知實驗目的而影響到第二次之衡量，稱實驗效果。

3. 第二次衡量時，被實驗者感到不耐煩而影響衡量效果之成熟效果。

4. 前後兩次衡量之人員，技術工具若不同則會影響衡量之比較，稱之為工具效果。

5. 被實驗者中途異動或離席開溜，無法進行第二次衡量，稱之死亡效果。

三、靜態組間比較

實驗組　　接受實驗效果　　觀察或衡量準則變數 1
　　　　　　　　X　　　　　　　　O_1

控制組　　　　　　　　　　觀察或衡量準則變數 2
　　　　　　　　　　　　　　O_2

實驗變數之效果＝O_1-O_2

8.1.3　真實驗設計

真實驗設計，研究者可以隨機指定實驗變數給隨機選出之實驗單位，研究者亦可以隨時指定何者在何時接受實驗變數，也可以控制在何時對何者進行衡量，故其具有隨機性。真實驗設計有下列三種設計（胡政源，2004）：

一、前後加控制組設計（設計較優、經常使用）

	隨機過程	實驗前衡量	接受實驗	實驗後衡量
實驗組	R	O_1	X	O_2
控制組	R	O_2	—	O_4

實驗變數之效果：$(O_2-O_1)-(O_4-O_3)$

二、四組六研究設計（費錢費時，較少應用）

	隨機過程	實驗前衡量	接受實驗	實驗後衡量
第一實驗組	R	O_1	X	O_2
第一控制組	R	O_3	X	O_4
第二實驗組	R	—	X	O_5
第二控制組	R	—	—	O_6

實驗變數之效果：O_5-O_2
實驗前衡量之影響：$O_4-1/2O_3-O_3-O_6+1/2O_1$
實驗前衡量與實驗變數互動之影響：$O_2-O_1-O_5+O_3-O_4+O_6$

三、事後加控制組設計（簡單易行，採用最廣）

	隨機過程	接受實驗	實驗後衡量
實驗組	R	X	O_1
控制組	R		O_2

實驗變數之效果：$O_1 - O_2$

8.1.4　準實驗設計

　　準實驗設計雖可控制某些變數，但不能經由隨機過程來建立相對的實驗組與控制組，亦不能決定何時要與何者去接受實驗變數，但可以決定何時及對何者進行衡量。準實驗設計包括有下列幾種（胡政源，2004）：

一、時間數列設計(time-series design)

　　係在實驗前後進行一系列之衡量，從準則變數在實驗前後的變動趨勢來測定實驗變數之效果。固定樣本(panel)很適用做時間數列設計。

O_1　　　　O_2　　　　O_3　　　　O_4　　　　O_5　　　　O_6　　　　O_7　　　　O_8

二、多重時間數列設計(multiple time-series design)

　　在時間數列設計時，加入另一組樣本為控制組，形成多重時間數列設計。

| 實驗組 | O_1, O_2, O_3 | X | O_4, O_5, O_6 |
| 控制組 | O_7, O_8, O_9 | | O_{10}, O_{11}, O_{12} |

三、對等時間樣本設計(equivalent time-sampling design)

　　係以實驗組本身作為自己之控制組，與重複衡量不會引起反應或實驗變數 X 是易變或不固定時，最適合對等時間樣本設計。

O　　　X_1　　　O　　　X_0 O O O X_1 O O X_0　　　O

四、不對等控制設計(nonequivalent control group design)

對實驗組及控制組均進行事前衡量和事後衡量，但實驗組與控制組之組成單位並非由同一母體中隨機指派。

實驗組　　　　O_1　　　X　　　O_2
控制組　　　　O_3　　　　　　　O_4

8.1.5　統計的實驗設計

行銷研究人員為決定最佳的行銷決策，常需採取包含若干水準的設計，或為了了解二個或以上之變數的聯合效果，必須包含若干變數之設計，有時還需控制某些潛在的外在影響，以免混淆了實驗變數的效果。此種實驗設計，稱之為統計之實驗設計。包括有下列幾種實驗設計（胡政源，2004）。

一、完全隨機設計(completely randomized design)

當實驗變數為名目尺度，且可分成若干個水準，而研究者欲測定該實驗變數之效果，此時可利用完全隨機設計。完全隨機設計之特點是各實驗變數的準則係以完全隨機的方式指派給實驗單位。

二、隨機區集設計(randomized block design)

當各組實驗單位在某些重要的特徵上有顯著的差異時，可使用某些外在的變數，將實驗單位分成若干區集(block)，使區集因素能吸收準則變數的某些差異，進而縮小抽樣的誤差。

三、拉丁方格設計(Latin square design)

研究者欲衡量並控制兩個外在變數的效果時，可採用拉丁方格設計。拉丁方格設計之特點：若實驗變數有 n 個水準，就要 $n \times n = n^2$ 實驗

單，每一實驗變數水準都只能在每一行和每一列中出現一次。拉丁方格設計舉例如下：

拉丁方格設計之結構

4×4			
A	B	C	D
B	C	D	A
C	D	A	B
D	A	B	C

4×4				
A	B	C	D	E
B	C	D	E	A
C	D	E	A	B
D	E	A	B	C
E	A	B	C	D

四、因子設計(factorial design)

前述三種都只能適用於衡量一個實驗變數（預測變數）之效果。研究者如果想衡量兩個或兩個以上實驗變數之效果，則可利用因子設計。若兩實驗變數，一實驗變數有 m 個水準，另一實驗變數有 n 個水準，則可有 m×n 個因子設計安排，依此類推若有 k 個實驗數，則因子設計所需變數之組合為 $n_1 \times n_2 \times n_3 \times \cdots \times n_k$。因子設計可以衡量各種實驗變數之個別效果稱主效果(main effects)，亦可衡量各實驗變數的「互動效果」(interaction effects)。

3×2 因子設計之結構

	B_1	B_2
A_1	A_1B_1	A_2B_2
A_2	A_2B_1	A_2B_2
A_3	A_3B_1	A_3B_2

8.2 實驗設計之衡量

實驗設計及其實施是否妥當及無偏差，應以效度(validity)來加以衡量，而效度可大致分為外部效度及內部效度（胡政源，2004）。

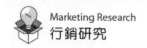
8.2.1 外部效度

外部效度係指參與實驗之樣本單位與所欲研究之母體間是否存在有「受某些已知或未知因素之影響，而使得數值傾向於某一方向的衡量偏差」之系統性差異。實驗若不具有外部效度，則其實驗之結果，甚難加以延伸或推廣。實驗完實驗法因不在現場進行，缺乏現實真實狀況，較現場實驗法不易保持外度效果。

有許多因素可能造成外部效果不高，列舉如下：

1. 預試(pretest)使被實驗者對實驗產生敏感，使其對實驗物之刺激有不同的反應，這種事前衡量之效果若特別顯著將影響外部效度。

2. 實驗的環境本身對被試驗者可能造成偏差，亦影響外部效度。

3. 人為的實驗環境所獲得之結果常不能代表母體的真正反應，影響到外部效度。

4. 被試驗者若事先知道參與實驗，可能會有角色扮演之傾向，而扭曲實驗變數之效果。

5. 抽樣之母體與研究之母體若有不同，其抽樣實驗之外部效果將較低。

8.2.2 內部效度

內部效度係發生在實驗過程均無不當，但實驗結果仍無法解釋，乃因除了實驗變數外，仍有其他變數介入，混淆了實驗之結果及內部之效度。實驗法進行時，實驗之樣本單位有下列之因素，混淆了實驗結果，使得實驗設計缺失了內部效度。

1. **試驗(testing)效果**：第一次試驗會對第二次試驗結果造成影響。

2. **歷史(history)效果**：對同一單位兩次衡量內，其他變數變動所造成之影響。

3. **成熟(maturation)效果**：實際單位因時間變動而日趨成熟，會影響實驗結果。

4. **衡量工具(instrumentation)效果**：因使用衡量之儀器、技術、方法、人員不同而影響衡量之結果。

5. **迴歸(repression)效果**：迴歸效果起因於被抽樣實驗者具有特殊或極端之特徵。

6. **死亡(mortality)效果**：有些被實驗者中途脫隊。

7. **互動(interaction)效果**：實驗組與控制組之作互動作用所造成的效果。

8. **選擇(selection)效果**：因實驗組與控制組的組成分子不相似所造成之影響。

 行銷研究實務反思

1. 達到目標客戶的最佳方法是什麼？

2. 什麼是傳達給目標客戶的正確信息？

習題 Exercise

(   ) 1. 哪一種方法必須進行實驗設計，實驗設計係在控制的情況下操縱一個或
數個變數，以明確地測定這些變數之影響效果之研究設計？　(A)實驗法
(B)訪談法　(C)控制觀察法　(D)調查法。

(   ) 2. 真實驗設計，研究者可以隨機指定實驗變數給隨機選出之實驗單位，研
究者亦可以隨時指定何者在何時接受實驗變數，也可以控制在何時對何
者進行衡量，故其具有：　(A)機動性　(B)隨機性　(C)敏銳度　(D)一致
性。

(   ) 3. 準實驗設計雖可控制某些變數，但不能經由何種過程來建立相對的實驗
組與控制組，亦不能決定何時要與何者去接受實驗變數，但可以決定何
時及對何者進行衡量？　(A)抽樣過程　(B)統計過程　(C)隨機過程
(D)檢驗過程。

(   ) 4. 行銷研究人員為決定最佳的○，常需採取包含若干水準的設計，有時還
需控制某些潛在的外在影響，以免混淆了實驗變數的效果。請問○是指：
(A)行銷決策　(B)行銷研究　(C)行銷規劃　(D)行銷組織。

(   ) 5. 當實驗變數為名目尺度，且可分成若干個水準，而研究者欲測定該實驗
變數之效果，此時可利用哪種設計？　(A)拉丁方格設計　(B)因子設計
(C)實驗設計　(D)完全隨機設計。

(   ) 6. 完全隨機設計之特點是各實驗變數的準則係以哪種方式指派給實驗單
位？　(A)抽樣調查　(B)完全隨機　(C)因子設計　(D)個人隨興。

(   ) 7. 當各組實驗單位在某些重要的特徵上有顯著的差異時，可使用某些外在
的變數，將實驗單位分成若干的什麼，使區集因素能吸收準則變數的某
些差異，進而縮小抽樣的誤差？　(A)區域　(B)區集　(C)區塊　(D)區
段。

（　）8. 研究者欲衡量並控制兩個外在變數的效果時，可採用哪種設計？　(A)因子設計　(B)完全隨機設計　(C)實驗設計　(D)拉丁方格設計。

（　）9. 研究者如果想衡量兩個或兩個以上實驗變數之效果，則可利用哪種設計？(A)拉丁方格設計　(B)實驗設計　(C)因子設計　(D)完全隨機設計。

（　）10. 實驗設計及其實施是否妥當及無偏差，應以何者來加以衡量，且可大致分為外部及內部？　(A)等級　(B)信度　(C)效度　(D)分類。

解答：1.(A) 2.(B) 3.(C) 4.(A) 5.(D) 6.(B) 7.(B) 8.(D) 9.(C) 10.(C)

09

行銷研究（市場調查）之定性
研究方法

定性研究（qualitative research，亦稱為質化研究）之目的不在提供有消費者數量性的資訊，而在發掘消費者的情感和動機。它所提供的資訊並不是客觀的數學，而是主觀的意見和印象，其主要功能在解答為什麼之問題。因為人類行為的重要性，不是固定的、具體的、客觀的，而是因人、因事、因地而異，所以定性／研究目的不在於「解釋」(explanation)，而在於「詮釋」(interpretaion)，其結果是特殊的(ideographic)，而不是一般性的(nomothetic)，重視特殊性而非代表性及完整性。定性研究的另一個目的在於有意義地了解文化或歷史形態(patterns)與實務(practices)。

9.1 定性研究

9.1.1 定性研究之意義及功能

任何不是透過統計程序或其他量化的方法以達成研究目的之研究程序，稱之「定性研究」(qualitative research)。換句話說，定性研究乃指任何不是經由統計程序或其他量化手續而產生研究結果的方法。Straussand Corbin(1990)認為這樣的定義並非所有在研究裡有用到統計程序或量化資料的研究就都不屬於定性研究，而是只要是利用質化的程序來進行分析，不管研究中有沒有用到量化研究，都算是定性研究（胡政源，2009；胡政源，2004；胡政源、林曉芳，2004）。

定性研究的哲學基礎，認為我們所觀察到的科學現象，其意義是經由研究者所賦予的，非客觀存在的，事物現象不是可以用言語文字表達的，它是一種「感覺」(feeling)。不同時空的感覺可能不同，唯有自己才能感受。其「意義」不限於言語可以表達，此種意義植基於研究的目的、研究者的背景、歷史、風俗和與語言、社會階層等。例如：透過研究者的心靈重新創造受測者的氣氛、想法、感覺動機，是研究者主觀的意義（胡政源，2009；許士軍，民85）。

因為人類行為的重要性，不是固定的、具體的、客觀的，而是因人、因事、因地而異，所以定性研究目的不在於「解釋」(explanation)，而在於「詮釋」(interpretaion)，其結果是特殊的(ideographic)，而不是一般性的(nomothetic)，重視特殊性而非代表性及完整性。易言之，定性研究是重質不重量，至於有沒有「代表性」則不是它關心的。人類學家，心理學家即常使用這種定性研究。定性研究的另一個目的在於有意義地了解文化或歷史形態(patterns)與實務(practices)。

　　若以研究問題的性質來看，將社會科學研究只侷限於定量研究（亦稱為量化研究）的方法（如目前普遍存在的主流現況），一直遭受定性研究學者的批評。定性研究對定量研究批判的缺點，包括：

1. 定性研究學者認為社會現象不同於自然現象，乃是一種有生命的有機體，它非任何客觀量表能真正完全表達，而是需經過研究者「內在的」經驗。

2. 若將人類行為只給予量化的統計，其結果是將人性排除在外，量化研究並非人性化，反將人類行為貶為數學的一支。

3. 由於定量研究法加諸於研究程序之限制、簡化及控制，使得所獲得的結果不但瑣碎，而且脫離現實，對實務工作者沒有實際的作用和意義。

4. 定量研究無法利用人類獨特能力（詮釋自己經驗並加以表達的能力），人最珍貴應是超越數字的詮釋能力，但定量研究放棄了這種能力，只靠數字放棄了表達與詮釋，故定量研究不適合社會科學，因為社會科學旨在探討「人與人」之間的關係。而自然科學則是研究「人與物」、「物與物」之間的關係，所以適用於定量研究（許士軍，民85）。

　　定性研究(qualitative research)之目的不在提供有消費者數量性的資訊，而在發掘消費者的情感和動機。它所提供的資訊並不是客觀的數學，而是主觀的意見和印象，其主要功能在解答為什麼之問題。定性研究有下列幾個功能（胡政源，2009；胡政源，2004；胡政源、林曉芳，2004）：

1. 研究類型、抽樣程序和設計之衡量方法均為定性研究。

2. 研究過程與決策過程均為定性研究。

3. 對研究結果之解釋亦屬定性研究。

4. 消費者購買決策之真正動機係屬定性研究。

　　定性(qualitative)研究（質化研究）的目的旨在求說明、解釋或預測我們真實世界的現象。定性研究牽扯到如何利用質性資料來解釋(explain)或感同身受(understand)社會現象，質性資料包括：訪談、文件資料、參與式觀察。常見定性（質化）研究的種類，包括詮釋主義者(interpretivist)常採用之行動(action)研究、個案(case)研究、民族學誌(ethnography)、演講(discourse)分析、詮釋學(hermeneutics)等。以企業研究方向而言，其研究焦點已由科技面轉移到組織面及管理面上的問題解決，也因此，使得定性研究日益受到企業管理界學者的重視（Miller & Crabtree, 1992；胡政源，2009；胡政源，2004；胡政源、林曉芳，2004）。

　　不同的定性（質化）研究法，背後有它不同的傳統，被不同的學域採用。常見的質化研究學域如表所示(Miller & Crabtree, 1992)。Miller & Crabtree(1992)所整理不同學域之定性（質化）研究，其常見論點如表 9-1（胡政源，2009；胡幼慧，2006）：

◎ 表 9-1　定性（質化）研究的學域及研究範疇

研究的學域	研究範疇
心理學	研究人的世界之生活經驗
現象學	行動者的意向是屬個體的
詮釋學	行動者是暴露在社會脈絡
心理學及人類學	個體的
生活史（詮釋學）	它是一個人的傳記
心理學	行為／事件
性格形成	有時間性且處於情境中
生態心理學	是和環境有關的

⊚ 表 9-1　定性（質化）研究的學域及研究範疇（續）

研究的學域	研究範疇
社會學 　俗民方法論 　符號（象徵）互動學 　紮根理論	社會世界 　人們如何達成共識 　人類如何創造符號環境，並在其間互動 　與環境有關
人類學 　民族誌 　符號人類學 　人學科學	文化 　是整體的 　是符號世界 　是社會組織分享意義及語義規則的認知地圖
社會語言學 　會話分析 　人體運動及說話之關係 　溝通民族誌	溝通／說話 　實際會話之方式及機制 　非語言溝通之方式及機制 　溝通型態及規則
專業應用 　護理研究 　教育研究 　組織／市場研究 　評估研究	實施與過程 　看護工作 　教學／學習 　管理／消費 　評估

資料來源：參考自 Miller, & Crabtree (1992). p.24.

9.1.2　定性研究之優缺點

一、定性（質化）研究優點

　　由於定性（質化）研究對於資料的蒐集及分析不必受數量化的限制，所以它可配合被訪對象及研究問題的性質而動態調整，一方面所能獲得的資料內容較為豐富外，另一方面，也給研究者較大的詮釋空間，可供創造力的發揮，以彌補量化研究之不足。

二、定性（質化）研究缺點

定性（質化）研究強調「主觀性」與「參與性」特點，偏重個案，亦可能發生「以偏概全」的效果。而影響到整個研究之外部效度。此外，由於研究者過度投入，使自己成為被研究對象之一，反而喪失了研究者客觀的立場，模糊了原來科學研究的目的，因此降低了研究結果之內部效度（胡政源，2009；許士軍，民 85）。

9.1.3　定性研究之限制

1. 樣本缺少代表性，因此利用小樣本所得結果無法做精確的統計推論。

2. 定性研究技術原用以研究病人及病狀而設計，用以研究消費者之動機需求、態度時應特別注意。

3. 定性研究之信度及效度無法讓人信服。

4. 定性研究之訪問員或主持人必須具有經驗及專業訓練，優秀之訪問員及主持人不可多得。

5. 訪問員與主持人之主觀偏見，會影響研究結果之可靠性。

6. 資料的蒐集和解釋均是主觀的非數量化的，故解釋上也較為困難而不一致。

7. 定性研究技術並無一定的規範可遵循，故科學化程度較低使人不易產生信心。

8. 定性研究之資料分析非數量化，且解釋亦不易用數量化資料解釋，造成不容易理解，影響對定性研究之信任。

9.1.4　定性研究技術在行銷研究應用之種類

定性研究之種類非常多，但在行銷研究上不一定可以應用，在行銷研究應用之定性研究，以深度訪問技術與投射技術為主（胡政源，2004）。

1. **深度訪問技術**：分為深度個別訪問與深度集團訪問。

2. **投射技術**：有字彙聯想法、句子完成法、故事完成法、漫畫測驗、主題統整測驗、墨漬測驗、角色扮演法、心理戲劇法。

有關上述定性研究技術，將於後面分別討論之。

9.2 深度個別訪問技術

9.2.1 深度訪問技術之意義及種類

深度訪問技術與前面所述之訪談法（人員訪談、電話訪談、郵寄問卷調查）有很大的不同，前面所述之訪問法是在一問一答的方式下進行，而問卷的設計也趨向於結構化，資訊的流程是單方向的。

深度訪問技術則鼓勵受訪問者深入探討相關的主題及進行意見交流，故資訊流程係雙向或多方面的。深度訪問技術之目的在發掘受訪者內心的動機，進而深入了解受訪者之需求與情感，以取得有價值之顧客資訊。

深度訪問技術依受訪人數之不同區分為深度個別訪問及深度集體訪問。

9.2.2 深度個別訪問技術

深度個別訪問係由一位訪問員對一位受訪者進行深度而長時間的個別訪問。

深度個別訪問技術主要導自於臨床心理學與精神病學，經行銷研究人員中之動機研究者加以修改調整而應用到消費者分析及研究上，其主要在發掘個人或消費者下意識或無意義之各種動機。

9.2.3 深度個別訪問之要點

1. 消費者深度個別訪談之時間約 1~2 小時，勿超過 2 小時。

2. 訪問員只提示適當之問題，鼓勵受訪者多發言、多說話，以逐漸洩露他們內心深度之動機。

3. 訪問員之訪問技巧很重要，問卷是非常不具結構的大綱而已，訪問員很少說話，只是按照實際深度訪問之進行情形，調整大綱的順序而提出適當的問題。

4. 訪問員與受訪者間應建立親密融洽的社交氣氛，開始時以一般問題切入。

5. 訪問員提示的問題必須是開放式的，不可有任何暗示。

6. 訪問員應善用沉默、傾聽之技巧，促使受訪者洩露無意識的動機或態度。

7. 訪問者應多利用重播(playback)技術、覆述受訪者答覆之最後幾個字，以獲得受訪者繼續陳述下列之回響(echo)效果。

8. 不輕易中斷或改變話題，以免打斷受訪者之思路。

9. 可使用錄音設施以使訪問員專心於訪問工作及協助寫訪問報告。

10. 深度個別訪問應單獨進行，不可有第三者在場。

11. 深度個別訪問以受訪者家中進行最佳。

12. 訪問員應向受訪者保證對其提供的資訊絕對保密。

13. 深度個別訪問必須保持隱密性。

14. 深度個別訪問法，在工業行銷研究比消費者研究中較常採用。

15. 深度個別訪問，在發掘消費者內心深度之動機和態度，比下述深度集體訪問來得有效而深入，因他們有時不願在一群人面前公開討論其個人某些動機或某些意見。

9.2.4　深度個別訪問技術之限制及缺點

1. 深度個別訪問樣本較小，代表性不夠。

2. 深度個別訪問時間長，要完成所有訪問常需費時甚久。

3. 深度個別訪問時間長，不易取得受訪者合作。

4. 深度個別訪問之訪問員必須具有專業心理分析或臨床心理之經驗和訓練，優秀訪問員不易獲得。

5. 深度個別訪問所獲得之資料其分析很難，需有專業而熟練之心理學家才能勝任。

6. 分析之心理學家在解釋受訪者之反應時，深受其背景及參考架構之影響，有很大的主觀性(subjectivity)，研究上之信度(reliability)及效度(validity)不易應用。

7. 訪問員進行深度個別訪問時，其口氣、用詞、服裝，均會造成不同受訪者不同的反應，形成訪問員偏差效果。

9.3　深度集體訪問技術

9.3.1　深度集體訪問技術之意義

深度集體訪問技術係根據精神科醫生使用之集體治療法(group therapy method)理論與技術，由行銷研究人員加以調整應用而發展出來之深度訪問技術。

深度集體訪問係假設人們處在對某一事物具有相同興趣的人群當中，比較願意談論他們內心深度的情感和動機。

深度集體訪問技術鼓勵受訪者彼此意見交流，每一個受訪者不僅聽取其他受訪者之意見，也向其他受訪者表達自己的意見或感想，在意見交互影響激盪下，獲得多方向之意見溝通。

9.3.2　深度集體訪問之特性

深度集體訪問在行銷研究上有下列之特性及功能：

1. 有時能激發偶然發現(serendipity)。

2. 是一種專業化(specialization)的行銷研究。

3. 是一種具有組織性及結構(structure)之研究。

4. 是一種科學詳查之研究。

5. 蒐集資料及訪問速度(speed)均快。

9.3.3　深度集體訪問群體影響之作用

深度集體訪問時，由於受訪者交互影響（群體影響）之下，對行銷研究有下列之作用：協力作用(synergism)之發揮、滾雪球效果(snowballing)產生、鼓舞作用(stimulation)之刺激、安全感(security)之建立、自發性(spontaneity)之功能。

9.3.4　深度集體訪問在行銷研究之用途及功能

深度集體訪問具有下列之用途：

1. 產生研究的假設。

2. 協助問卷的設計。

3. 提供背景、資料。

4. 了解消費者對新產品構想的印象。

5. 激發舊產品的新構想。

6. 產生新的廣告構想。

7. 解釋數量研究的結果。

9.3.5 深度集體訪問之要點

1. 深度集體訪問之受訪者人數以 6~12 人為基本範圍。依訪問員個人風格及訪問地點之容量而決定。

2. 深度集體訪問之訪問對象對主題應有共同的興趣，且受訪者在同一組內之社會階層與知識水準盡可能相近。

3. 受訪者之選擇中，曾參加過深度集體訪談者不適合。

4. 受訪者團體不應該由同一團體派出，以避免意見領袖效果。

5. 深度集體訪問之場所應該讓受訪者感到輕鬆同在，且必須中立。

6. 必須讓受訪者自認為自己是專家。

7. 可利用錄音設備來記錄個人發言內容。

8. 深度集體訪談之時間以 1.5~2 小時為宜。

9. 研究者及訪問員應深切了解研究之目的。

10. 善加利用有效小樣本之主要群體效果。

11. 良好妥善的甄選受訪者。

12. 建立自然輕鬆毫無拘束之環境，以便讓受訪者暢所欲言。

13. 主持人與受訪者建立良好之關係，並傾聽、尊重受訪者。

14. 主持人及研究者必須有熟練之準備，所提問題必須是開放式(open-ended)。

15. 主持人必須妥善處理群體影響並避免意見領袖之產生。

16. 主持人必須深具經驗及訓練,並了解主持方法。

17. 分析人員必須以超然之態度聽取受訪者之意見,旁觀室人員亦勿下斷語。

18. 若主題敏感而微妙時,主持人與受訪者性別相同為佳。

9.3.6 深度集體訪問主持人之要件

一個優秀的深度集體訪問之主持人必須具備下述之要件:

1. 和藹可親但立場堅定(kindness with firmness)。

2. 自由自在(permissiveness):輕鬆自然但不可混亂。

3. 涉入(involvement):主持人必須積極涉入集體的討論,並運用不完全了解之技巧。

4. 不完全的了解(incomplete undestanding):用以鼓勵受訪者深入洩露內心情感。

5. 鼓舞(encouragement):鼓舞不參加討論或表達意見者積極參加討論。

6. 彈性(flexibility):對討論大綱維持彈性,但亦掌握討論之方向。

7. 敏感(sensitivity):敏感辨明受訪者意見是否發自內心。

9.3.7 深度群體訪問之限制

1. 實施困難度頗高。

2. 結果解釋不易及分歧。

3. 主持人偏見及優良主持人難尋。

4. 結果只能當假設,不可當結論。

5. 樣本代表性不足。

9.4　投射技術

9.4.1　投射技術之理論基礎

投射(projection)源自 Freud 之心理分析理論(psychoanalytic theory)，依此理論說明如下（胡政源，2009；胡政源，2004）：

1. 投射是一種自我防衛機能，經由這種機能人們試圖將造成他們內心焦慮和不安之原因，歸諸外在之環境，以減輕、舒緩他們的焦慮與不安。

2. 投射作用是一種無意識的機能，鼓勵人們將自我(ego)不願承認的某一特性或欲望歸諸於他人。

3. 人的知覺(perception)是具有選擇性的，各人依據其需要、動機和經驗及對外界環境之刺激，給予不同的含義及修改，而構成其特別之知覺。

4. 行銷研究之受訪者對刺激物已解釋反映出其人格或需要價值系統(need-value system)。

5. 衡量人格的方法是給受訪者看一系列含糊之刺激物，要求受訪者把這些含糊的刺激物加以有意義之組合，然後將其答覆當作是他的需要價值系統的一種反映。

6. 受訪者之答覆，可以是自我組合，可以是完成一個句子或解釋其含義，也可以是說一個故事，均能夠反映受訪者對模糊刺激物所知覺之需要價值系統。

9.4.2 投射技術之種類

投射技術之種類依刺激物設計之不同，有下列數種方法：

一、字彙聯想法(word association)

其方法為將一連串的「原始字彙」逐一向受訪者宣導，每宣讀一個字彙後，即要求受訪者說出他聽到這個字彙所聯想到的第一個「反應字彙」(胡政源，2009；胡政源，2004)。

1. 字彙聯想法配合人員訪談或電話訪談，受訪者對某一字彙之反應越快，代表該字容易引人注意，並代表受訪者對該字彙所代表之事物態度強硬。

2. 為隱藏研究目的，常將重要之字彙混雜在許多無關之字彙中以減少偏差的可能性。

3. 受訪者在聽到某些主要字彙後，可能表現困窘，乃此字彙相關事物為其所關心者。

4. 遲疑(hesitation)表示受訪者對該字彙及其代表之意義有情緒上之牽連。

5. 從某一反應字彙被提及次數之多寡，可以看出受訪者對某一原始字彙之基本態度。

二、句子完成法(sentence completion)

句子完成法，研究者先讓受訪者看一些未完成之句子，要求受訪者把這些句子完成。所有的句子都是陳述句，且設計成受訪者必須要表示某種態度立場方可完成句子。

1. 句子完成法是字彙聯想法之改良。

2. 句子完成法證明是一種較直接訪談更為有效的資料蒐集方法。

三、故事完成法(story completion)

故事完成法是先向受訪者說一個故事，然後要求他完成此故事。故事完成法可以發掘較多有關態度、信念及偏好之資訊。

四、漫畫測驗(cartoon test)

亦稱漫畫完成法(cartoon completion)，是透過漫畫中的情境或人物，請受訪者完成未完成之部分。

1. 使受訪者對漫畫中的人物產生認同，進而發掘受訪者對某一事物之態度。

2. 漫畫人物必須是中立性，不可帶有面部表情或特徵。

五、主題統覺測驗(thematic apperception test, TAT)

主題統覺測驗利用一張或幾張圖片或漫畫來描述與產品或主題有關之情境，然後要求受訪者看過後解釋這些圖片或漫畫之含義，並描述其中的人物，或編造一個故事。

1. 此測驗之圖片或漫畫，不含正面或反面之意義，應是中立的。

2. 此測驗希望透過受訪者之解釋或描述以洩露出受訪者內心之態度和欲望。

3. 受訪者之描述將反映出他內心無意識的衝動、衝突和人格及洩露其內心態度和動機。

4. 主題統合測驗是行銷研究採用最廣之投射技術，若運用得當是了解消費者態度之有效方法。

六、墨漬測驗(ink blot test)

利用 10 點墨漬請受訪者看後，說出他所看到的事物，它可以挖掘人們內心最深處無意識的思想和動機。

七、角色扮演法(role playing)

先由訪談人員以口頭或書面說明一種假想的情況,然後由受訪者扮演某一角色,編造這個角色之一段獨白。經由獨白中,受訪者會將其真正態度或情緒投射到他所扮演的角色身上。

八、心理戲劇法(psychodrama)

將幾個受訪者聚集在一起,讓他們演一齣有關行銷情形之戲劇,並讓其他受訪者觀賞,並就各演員所扮演之角色加以評論。

9.4.3 投射技術之評估

一、投射技術應用

若欲成功應用,必須:

1. 選擇的刺激物能夠成功的取得受訪者反應。
2. 刺激物引起之反應,應與研究之行銷變數有關。
3. 受訪者之反應可用心理學、社會學或刺激－反應(stimulus-response)理論加以解釋。

二、投射技術隱藏研究目的

隱藏研究目的可以取得消費者真正態度和動機。

三、投射技術探討性研究

宜用於探討性研究,協助尋找研究假設。

四、投射技術取得資料

所取得資料為主觀的、非數量性的,解釋甚為困難。

五、投射技術（胡政源，2009；胡政源，2004）

可信度及效度無法令人評估及信服，故應用並不廣泛。

 行銷研究實務反思

1. 我們是否有效地接觸到有說服力的 KOL（key opinion leader，意見
   領袖），說服他人從我們這裡購買？（注意：在 B2B 環境中，影響者
   通常被稱為動員者或活躍的客戶利益相關者）

2. 在外部環境中發生的事情是否正在不斷增加對我們產品的需求？

（　）1. 定性研究（qualitative research，亦稱為質化研究）之目的不在提供有消費者數量性的資訊，而在發掘消費者的什麼和動機？　(A)行為　(B)情感　(C)情緒　(D)偏好。

（　）2. 任何不是透過統計程序或其他量化的方法以達成研究目的之研究程序，稱之為哪種研究？　(A)調查研究　(B)定量研究　(C)定性研究　(D)混合研究。

（　）3. 哪種研究之目的不在提供有消費者數量性的資訊，而在發掘消費者的情感和動機？　(A)調查研究　(B)定量研究　(C)混合研究　(D)定性研究。

（　）4. 定性（質化）研究強調「主觀性」與「參與性」特點，偏重個案，亦可能發生哪一種效果？　(A)以退為進　(B)以偏概全　(C)以訛傳訛　(D)以往鑒來。

（　）5. 定性研究之種類非常多，但在行銷研究上不一定可以應用，在行銷研究應用之定性研究，以投射技術與哪種技術為主？　(A)深度訪問技術　(B)問卷調查技術　(C)客觀技術　(D)醫學技術。

（　）6. 深度集體訪問技術係根據精神科醫生使用之何種治療法理論與技術，由行銷研究人員加以調整應用而發展出來之深度訪問技術？　(A)個別治療法　(B)深度治療法　(C)集體治療法　(D)創新治療法。

（　）7. 何者是一種自我防衛機能，經由這種機能人們試圖將造成他們內心焦慮和不安之原因，歸諸外在之環境，以減輕、舒緩他們的焦慮與不安？　(A)深度訪問　(B)集體治療　(C)投射　(D)和解。

（　）8. 人的○是具有選擇性的，各人依據其需要、動機和經驗及對外界環境之刺激，給予不同的含義及修改，而構成其特別之○。請問○是指：　(A)知覺　(B)情緒　(C)行為　(D)動機。

( ) 9. 哪一種方法是先向受訪者說一個故事，然後要求他完成此故事。故事完成法可以發掘較多有關態度、信念及偏好之資訊？ (A)實驗法 (B)控制觀察法 (C)訪談法 (D)故事完成法。

( ) 10. 哪一種測驗利用一張或幾張圖片或漫畫來描述與產品或主題有關之情境，然後要求受訪者看過後解釋這些圖片或漫畫之含義，並描述其中的人物，或編造一個故事？ (A)投射測驗 (B)觀察測驗 (C)心理測驗 (D)主題統覺測驗。

解答：1.(B) 2.(C) 3.(D) 4.(B) 5.(A) 6.(C) 7.(C) 8.(A) 9.(D) 10.(D)

Chapter

10

行銷研究（市場調查）報告之撰述

10.1　行銷研究報告之提出
10.2　行銷研究報告之種類及格式
10.3　研究與論文撰寫之詳細過程、內容及管理
10.4　研究與論文題目之選擇及創造
10.5　研究計畫書之格式與內容
10.6　研究計畫書之專案管理
　　　習題

　　行銷研究之研究成果不是行銷研究之主要目的，正如行銷研究本身不是目的。行銷研究之目的係依據行銷研究之程度獲得行銷研究成果，提供給高階主管作行銷管理及決策之用。故行銷研究報告的撰述便成為重要的行銷研究工作。行銷研究報告分為口頭報告及書面報告兩個部分。本章以書面報告之撰述為主要內容，並討論口頭報告之要點。

10.1 行銷研究報告之提出

10.1.1 行銷研究報告溝通理論

　　行銷研究報告不論是書面報告或口頭報告，均是以溝通為主要目的，若以溝通理論之架構應用於行銷研究報告之提出，可以繪圖如圖 10-1 行銷研究報告溝通理論說明之（胡政源，2004）。

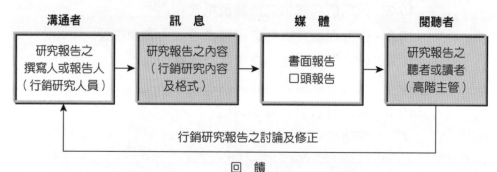

🛒 圖 10-1　行銷研究報告溝通理論

　　對於溝通的四個要素：溝通者、訊息、媒體（通路）、閱聽者進行了解有助於有效之溝通。行銷研究報告之提出亦必須加以了解及應用。

10.1.2　行銷研究報告提出之要點

1. 為增加書面行銷研究報告之可讀性，建議可以私下朗讀研究報告，或事先讓別人閱讀。

2. 在撰寫書面報告時，應注意：
   (1) 每一項都要有編號。
   (2) 開頭應有目錄表。
   (3) 應正確註明資料來源。
   (4) 小心校對，勿打字錯誤。
   (5) 研究報告完全印好前，不要將原稿丟棄。

3. 研究報告撰寫時，必須完全清楚閱聽者是誰，即報告是要給何人看。

4. 書面報告應依閱聽者之不同而加以區分，對公司高階主管或高階主管，以一般性報告（發現與結論）輔以口頭報告為較適當的方法。

5. 口頭報告應力求簡潔、抓住重點吸引閱聽者之注意和興趣。

6. 口頭報告事前應作充分準備，並輔以視聽器材。

7. 書面報告要清晰明白，使用閱聽者熟悉之字彙，對技術性用詞要詳細界定。

8. 書面報告之分析及解釋，利用圖表使之更為清楚。

9. 給幕僚人員及行銷研究人員閱讀之書面報告，應為詳盡之技術性報告，內容力求詳盡，對資料蒐集和分析方法、抽樣技術、研究發現均需詳細說明。

10. 行銷研究報告若欲發展成研討會或學術論文，應加以事先評估及檢試其可能性，並按研討會或學術性期刊所要求之格式加以撰寫。

10.2 行銷研究報告之種類及格式

行銷研究程序最後步驟為提出行銷研究報告，將整個研究過程加以彙總式敘述，並提出解決界定研究之行銷問題的建議方案及研究結論。行銷研究報告分為四種敘述之（胡政源，2009；胡政源，2004）。

10.2.1　技術性報告(technical report)

對研究方法和基本假設均有詳細探討，並具體陳述研究發現、格式及內容大致如下：

一、序文部分

1. 題目頁。

2. 授權信。

3. 目標。

4. 摘要。

二、本文部分

1. 緒論。

2. 研究發現。

3. 摘要和結論。

4. 建議事項。

三、附錄部分

1. 附錄。

2. 參考書目。

10.2.2　一般性報告(popular report)

一般性報告係向企業主管報告之用，力求簡明扼要，不強調技術及方法論，以生動方式說明研究點及結論。

一般性報告之格式及內容大致如下：

1. 題目頁。

2. 目錄。

3. 研究目的。

4. 研究方法。

5. 結論及建議。

6. 研究發現。

7. 附錄。

10.2.3　學術性研究報告

若欲於學術性刊物發表，應配合其格式要求。一般學術性論文格式大致如下：

1. 研究動機與目的。

2. 文獻查考。

3. 研究方法。

4. 研究發現。

5. 結論。

10.2.4　口頭報告

口頭報告亦稱簡報，係向企業高級主管報告，由研究主持人進行。應力求簡明扼要，並可妥善運用視聽器材，口頭報告之進行步驟為：

1. 開場白。

2. 發現與結論。

3. 建議。

　　前述行銷研究報告之討論均以結論性報告為主，若欲將行銷研究報告發展成詳細的研究報告或研究論文，則必須較為詳細，茲於下面數章討論之，以供參考。

10.3　研究與論文撰寫之詳細過程、內容及管理

　　以整體管理的角度觀之，研究及論文為專案管理，不論研究報告或論文均可將研究過程分為三大階段（胡政源，2009；胡政源，2004）。

10.3.1　研究報告與論文研究之期前階段

　　這與主修的領或、相關的研究、有興趣的研究領域及整體工作學習或研究之經驗有關，係正式進入研究前之準備工作。越早決定研究的範圍，研究者可以越早得到完整之相關及背景資料，並在學習課程上選擇到必要的知識及文獻，也可及早與具有相同領域、專長及興趣的指導教授接觸。研究者並應及早建立一個研究檔案，蒐集相關資料，並加以彙總整理、分類、歸檔、以利後續之使用、分析及探討。一般撰寫研究報告及論文前之主要發展活動有四：

1. 自文獻研讀及調查中選擇一般性的領域。

2. 研究主題及論文發展之相關學習的課程規劃。

3. 研究主題及論文構想發展之檔案建立。

4. 替代性研究主題及論文構想的發展與評估。

10.3.2　論文題目及研究主題之選擇

　　研究主題係一個重複不斷的選擇過程，必須經常加以修訂，經系統化的研究分析，並為相關指導教授進行討論後才能加以明確定義合適的主題。

　　當確定真正的研究主題後，應進入更深入的資料探討，並進行研究計畫之擬定。研究計畫要經過釐清、擴展、縮短及精練的過程，並為指導教授們確立研究的範圍及研究的水準與品質，研究計畫才算正式定案，其中當然包括研究進度及寫作進度表。對於研究題目或論文主題之選擇，以及研究計畫書之撰寫，後面均另節詳細討論之。

10.3.3　研究報告及論文正式研究與寫作階段

　　研究計畫中的進度表，規劃出每一個研究階段在執行時所可能必須應用的時間，研究者可以將研究階段及狀況隨時向指導教授報告並進行研討，研討前應先備妥書面大綱及總結，並列出討論的問題及綱要。為使研究報告及論文寫作順利執行，研究者應積極主動的規劃與控制研究活動及寫作活動的進行，才能使整個研究活動之效率及品質獲得提升（胡政源，2009；胡政源，2004）。

10.4　研究與論文題目之選擇及創造

　　研究與論文題目之選擇，一般簡稱開題。好的開題代表好的開始，是研究與論文撰述成功的一半（胡政源，2009；胡政源，2004）。

10.4.1　一個良好研究主題與論文題目之特性

1. 研究主題有研究上的需要性、顯著性及重要性。

2. 具有資料與分析工具取得之研究方法。

3. 可以在適合的時程內完成研究及論文撰述。

4. 研究結果（成果與結論）及研究假設之推論具有實質之意義。

5. 研究主題必須與研究者之興趣與能力契合。

6. 具有後續研究之價值，使研究者更朝該專業領域發展。

7. 主題範圍深入專業領域，並作更深入的探討，即應小題大作。

10.4.2　潛在研究主題與論文題目之來源及取向

1. 檢視專業領域中得獎之論文。

2. 檢視專業領域中新近發表之論文或博、碩士論文。

3. 透過指導教授推薦之優良論文。

4. 暢銷期刊上經常刊登之目前社會、企業、政府、研究機構探討之專業領域。

5. 專業領域內過去論文建議之後續研究建議。

6. 專業領域權威對目前研究及發展之評論。

7. 專業人士所提出之研究需要，以研究成果供其決策參考。

8. 專業領域中被一般研究者接受但仍未被邏輯證明之假設（假說）。

9. 專業領域中未被證明或證明力弱而被該領域權威所經常評論者。

10. 重複既有而具備研究價值之主題，進行不同研究方法或研究母體。

10.4.3　研究主題及論文研究之貢獻

1. 提供新的或改良的證據。

2. 提供新的或改良的方法論。

3. 提供新的或改良的分析法。

4. 提供新的或改良的理論或觀念。

10.4.4　無法視為論文題目之研究主題

1. 文獻調查之編輯而已。

2. 歷史調查之敘述而已。

3. 單一個案之描述而已。

4. 作為教學目的之教科書。

5. 僅是應用已知的知識發展專案而已。

10.4.5　找尋研究主題或論文題目之策略及方法

1. 搜尋國內、外已出版之博、碩士論文。

2. 檢視與研究主題相關的書籍，並詳細查看其書目錄及參考文獻。

3. 由政府出版物中加以搜尋參考。

4. 搜尋期刊文獻的索引服務以及搜尋摘要的索引服務。

5. 搜尋期刊文獻與研究報告中之目錄。

6. 搜尋學術期刊中的年度索引。

7. 實證研究中研究者經常接觸有書面資料者。

8. 實證研究中對研究者本身之過去經驗有關係者。

9. 實證研究中對研究者之經營管理素養提升具有直接貢獻及影響者。

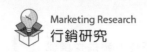
10. 實證研究中工作同仁經常面臨之問題及提升管理績效之可能方法、理論及原則。

10.5 研究計畫書之格式與內容

　　研究計畫書之格式與一般正式論文稍有不同，較為簡潔，但必須具體表達研究目的與價值，故研究計畫書篇幅不多，用字明確而具體。論文本身則必須交代研究之方法、邏輯過程與成果，較為完整而詳盡。一般研究計畫書之內容要項，簡述如下（胡政源，2009；胡政源，2004）：

10.5.1 題　目

　　即研究主題，必須注意其命名。

1. 清楚而具體。

2. 簡潔而明確。

3. 避免縮寫字及自創譯詞。

4. 指出主要的研究結果（成果或結論）。

5. 題目小但具體，值得深入研究及探討（小題大作）。

10.5.2 作　者

　　對本論文或研究有直接實質貢獻的人。

一、列名與順序

　　一人獨立完成，作者為一名；合寫或一同執行研究計畫，則視貢獻大小，分列為第一作者、第二作者……依序列出。非作者而有具體貢獻，可在封面註腳處加以列明感謝即可。

二、職稱

一般不列作者之職稱，但應明確列出研究或服務之單位。

10.5.3　摘　要

大約 200～300 字左右。

概括說明已漸不使用，而使用內容的彙總，即將整個論文之研究內容及研究結果（成果及結論）做一個詳細說明。並加以濃縮式處理以成摘要，使人在不需閱讀全文，即可對研究重點及結果、貢獻有一概括了解（胡政源，2009；胡政源，2004；胡政源、林曉芳，2004）。

10.5.4　緒　論

一般交代研究緣起、問題及目的做較詳盡的敘述，正式論文則可涵蓋：

1. 研究動機及研究目的。
2. 研究問題內容及研究假設。
3. 研究方法、研究流程及研究架構。
4. 研究範圍與研究限制。
5. 預期可能之研究成果。

10.5.5　研究動機及研究目的

應具體而精要，將研究問題與研究架構或模型之橋梁，以闡述研究模型形成之邏輯及背景。

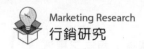

10.5.6　研究架構與研究方法

研究計畫在緒論上只對研究緣起、問題及目的作清楚之交代，以為後續閱讀指引。研究架構及方法包括有：

1. **研究假設**：應用文獻引用，適當地參考關鍵性的、實徵性的研究成果，以作為研究假設之推導邏輯。

2. **研究模型**：將研究假設彙總，並以圖或表來說明研究假設之推導邏輯系統。

3. **研究方法**：具體描述研究設計與研究方法的選擇及其原因和影響，以凸顯該研究之科學性及嚴謹度。

4. **資料蒐集過程與方式**：用以交代研究對象或樣本、資料獲得之來源及調查方式，更可用流程圖表達資料蒐集之流程。

10.5.7　預期貢獻

依據前述研究方法及過程，說明預期可能之研究貢獻，應明確、中肯及客觀。

10.5.8　經費與人力需求

1. 資料蒐集之人力成本及人事費。

2. 儀器設備成本及使用費用。

3. 差旅、研討會……等相關支出。

4. 其他相關之經費支出。

10.5.9　時程規劃

　　考慮執行之可能困難，適當地利用甘特圖、里程碑或其他時程規劃圖，將研究步驟進行分解及定義以分配適當的時間，使計畫執行可隨時控制實際進度及與規劃時程之差異。

10.5.10　研究報告及論文撰寫格式應注意事項

一、文獻引用及參考文獻

　　內文中之文獻引用必須列出人名及年份，而參考文獻則必須詳列人名、篇名、期刊名及期數出版單位、地點、版數、年份及頁數。

二、圖表之標示及資料來源

　　圖下表上是既定之原則，即圖目的說明列於圖下方，表目說明列上方。並應於圖與表之下方，詳盡列出資料來源（作者、年份，或作者、篇名、期刊名及期數、出版單位、地點、版數、年份及頁數，或本研究）。

三、附註、注釋及附錄

　　附註用以說明引用文字之出處，注釋在於對專有名詞或關鍵字及詞之進一步闡述。而附錄在於補充或附加文件及資料，以供參閱。

四、文字格式

　　包括版面編排、行距及段距、字體等，一般出版單位或發行及稿約上均有明確規定，應確實遵行之。

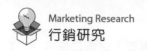
10.6　研究計畫書之專案管理

　　以整體管理的角度觀之，行銷研究及論文為專案管理，不論行銷研究報告或論文均可將研究過程分為三大階段。行銷研究與論文題目之選擇及創造，一般簡稱開題。好的開題代表好的開始，是行銷研究與論文撰述成功的一半（胡政源，2009；胡政源，2004；胡政源、林曉芳，2004）。

10.6.1　行銷研究報告與論文研究之期前階段

　　這與主修的領或、相關的研究、有興趣的研究領域及整體工作學習或研究之經驗有關，係正式進入研究前之準備工作。越早決定研究的範圍，研究者可以越早得到完整之相關及背景資料，並在學習課程上選擇到必要的知識及文獻，也可及早與具有相同領域、專長及興趣的指導教授接觸。研究者並應及早建立一個研究檔案，蒐集相關資料，並加以彙總整理、分類、歸檔、以利後續之使用、分析及探討。一般撰寫研究報告及論文前之主要發展活動有四：

1. 自文獻研讀及調查中選擇一般性的領域。
2. 研究主題及論文發展之相關學習的課程規劃。
3. 研究主題及論文構想發展之檔案建立。
4. 替代性研究主題及論文構想的發展與評估。

10.6.2　論文題目及研究主題之選擇

　　研究主題係一個重複不斷的選擇過程，必須經常加以修訂，經系統化的研究分析，並為相關指導教授進行討論後才能加以明確定義合適的主題。

當確定真正的研究主題後，應進入更深入的資料探討，並進行研究計畫之擬定。研究計畫要經過釐清、擴展、縮短及精練的過程，並為指導教授們確立研究的範圍及研究的水準與品質，研究計畫才算正式定案，其中當然包括研究進度及寫作進度表。對於研究題目或論文主題之選擇，以及研究計畫書之撰寫，後面均另節詳細討論之。

10.6.3　行銷研究報告及論文正式研究與寫作階段

　　研究計畫中的進度表，規劃出每一個研究階段在執行時所可能必須應用的時間，研究者可以將研究階段及狀況隨時向指導教授報告並進行研討，研討前應先備妥書面大綱及總結，並列出討論的問題及綱要。為使研究報告及論文寫作順利執行，研究者應積極主動的規劃與控制研究活動及寫作活動的進行，才能使整個研究活動之效率及品質獲得提升。

10.6.4　一個良好行銷研究主題與論文題目之特性

1. 研究主題有研究上的需要性、顯著性及重要性。

2. 具有資料與分析工具取得之研究方法。

3. 可以在適合的時程內完成研究及論文撰述。

4. 研究結果（成果與結論）及研究假設之推論具有實質之意義。

5. 研究主題必須與研究者之興趣與能力契合。

6. 具有後續研究之價值，使研究者更朝該專業領域發展。

7. 主題範圍深入專業領域，並作更深入的探討，即應小題大作。

10.6.5　潛在行銷研究主題與論文題目之來源及取向

1. 檢視專業領域中得獎之論文。

2. 檢視專業領域中新近發表之論文或博、碩士論文。

3. 透過指導教授推薦之優良論文。

4. 暢銷期刊上經常刊登之目前社會、企業、政府、研究機構探討之專業領域。

5. 專業領域內過去論文建議之後續研究建議。

6. 專業領域權威對目前研究及發展之評論。

7. 專業人士所提出之研究需要，以研究成果供其決策參考。

8. 專業領域中被一般研究者接受但仍未被邏輯證明之假定（假設）。

9. 專業領域中未被證明或證明力弱而被該領域權威所經常評論者。

10. 重複既有而具備研究價值之主題，進行不同研究方法或研究母體。

10.6.6 研究主題及論文研究之貢獻

1. 提供新的或改良的證據。

2. 提供新的或改良的方法論。

3. 提供新的或改良的分析法。

4. 提供新的或改良的理論或觀念。

10.6.7 無法視為論文題目之研究主題

1. 僅有文獻調查之編輯。

2. 僅有歷史調查之敘述。

3. 僅有單一個案之描述。

4. 僅能作為教學目的之教科書。

5. 僅是應用已知的知識進行專案發展而已。

10.6.8　找尋行銷研究主題或論文題目之策略及方法

1. 搜尋國內、外已出版之博、碩士論文。

2. 檢視與研究主題相關的書籍，並詳細查看其書目錄及參考文獻。

3. 由政府出版物中加以搜尋參考。

4. 搜尋期刊文獻的索引服務以及搜尋摘要的索引服務。

5. 搜尋期刊文獻與研究報告中之目錄

6. 搜尋學術期刊中的年度索引。

7. 實證研究中研究者經常接觸有書面資料者。

8. 實證研究中對研究者本身之過去經驗有關係者。

9. 實證研究中對研究者之經營管理素養提升具有直接貢獻及影響者。

10. 實證研究中工作同仁經常面臨之問題及提升管理績效之可能方法、理論及原則。

行銷研究實務反思

1. 在外部環境中正在發生的事情正在減少對我們產品的需求？

2. 目標市場如何看待我們的品牌？

( ) 1. 行銷研究之目的係依據行銷研究之程度獲得行銷研究成果，提供給高階主管作何者及決策之用？ (A)行銷決策 (B)行銷研究 (C)行銷管理 (D)行銷組織。

( ) 2. 對於溝通的四個要素：溝通者、□、媒體（通路）、閱聽者，進行了解有助於有效之溝通。請問□是指： (A)資料 (B)偏好 (C)接受度 (D)訊息。

( ) 3. 給幕僚人員及行銷研究人員閱讀之書面報告，應為詳盡之技術性報告，內容力求詳盡，對資料蒐集和分析方法、○、研究發現均需詳細說明。請問○是指： (A)抽樣技術 (B)訪談技術 (C)問卷調查技術 (D)客觀技術。

( ) 4. 行銷研究程序最後步驟為提出哪一項報告，將整個研究過程加以彙總式敘述，並提出解決界定研究之行銷問題的建議方案及研究結論？ (A)行銷決策報告 (B)行銷研究報告 (C)一般性報告 (D)特殊報告。

( ) 5. 哪一項報告係向企業主管報告之用，力求簡明扼要，不強調技術及方法論，以生動方式說明研究點及結論？ (A)一般性報告 (B)行銷決策報告 (C)特殊報告 (D)行銷研究報告。

( ) 6. 何者係一個重複不斷的選擇過程，必須經常加以修訂，經系統化的研究分析，並為相關指導教授進行討論後才能加以明確定義合適的主題？ (A)研究資料 (B)研究動機 (C)專案研究 (D)研究主題。

( ) 7. 使研究報告及論文寫作順利執行，研究者應積極主動的規劃與控制寫作與哪一種活動的進行，才能使整個研究活動之效率及品質獲得提升？ (A)戶外活動 (B)團體活動 (C)腦力激盪活動 (D)研究活動。

( ) 8. 研究與論文題目之選擇，一般簡稱為□。好的□代表好的開始，是研究與論文撰述成功的一半。請問□是指： (A)選題 (B)開題 (C)破題 (D)選組。

(　)9. 研究計畫在緒論上只對○、問題及目的作清楚之交代，以為後續閱讀指引。請問○是指：　(A)研究緣起　(B)研究結果　(C)研究成員　(D)研究分析。

(　)10. 研究主題係一個重複不斷的選擇過程，必須經常加以修訂，經系統化的□，並為相關指導教授進行討論後才能加以明確定義合適的主題。請問□是指：　(A)研究分析　(B)研究緣起　(C)研究結果　(D)研究成員。

解答：1.(C) 2.(D) 3.(A) 4.(B) 5.(A) 6.(D) 7.(D) 8.(B) 9.(A) 10.(A)

Chapter

11

統計學之行銷研究（市場調查）應用

統計學(statistics)是由拉丁字根 status 發展出來的。其最初是因政府單位需要處理資料發展而來，如：教育行政機關處理全國各級各類學校資料；或戶政機關整理戶口普查資料等等。政府機關要從這些雜亂無章的資料中整理出有系統、有意義的訊息，即必須要使用計算、畫記測量和分析等方法。故統計學為蒐集、整理、陳示、分析和解釋統計資料，並可由樣本資料來推論母體，使能在不確定的情況下做成決策的一門科學方法。統計學無固定的研究對象和領域，乃是一種方法和工具，因其理論基礎極為嚴謹與科學，故根據其理論基礎所做之決策，皆有精確的解釋效果，故其為一種科學方法與決策工具，行銷研究－市場調查與分析必然要應用統計學進行分析與推論，故本章敘述統計之行銷研究應用。

11.1 統計學的基本概念

一、統計學的分類

依資料的意義而言，統計學可分為三大類，分別為敘述統計學、推論統計學與實驗設計等三大類：

（一）敘述統計學(descriptive statistics)

又可稱為描述統計學，其主要目的為使用測量、畫記、計算和描述等方法，將一群資料加以整理、摘要和說明，利用圖表或簡單特徵量，來表達一堆繁雜資料的統計方法，使研究者與讀者容易了解資料所含的意義與欲所傳達的訊息。重點在於僅將所蒐集之資料作討論分析，並不將資料分析結果之意義推展至更大範圍。如：只計算樣本的算術平均數 $\bar{x}$ 或樣本比例 $\hat{p}$，而不作母體平均數 μ 或母體比例 p 之推論。

（二）推論統計學（inductive statistics 或 inference statistics）

又稱為歸納統計學或統計推論，其係根據得自樣本的資料來推測母群體的性質，並陳述可能發生之誤差的統計方法。在推論統計中，研究者的重點在於了解母群體的性質，而非描述樣本的性質。

推論統計因母群體條件的不同，而又再分為「有母數統計學」和「無母數統計學」兩大類：

1. 有母數統計學

當母群體符合常態分配時所使用的統計推論方法。如欲了解目前國中生之智力測驗結果，因國中生智力測驗分數為常態分配，故在符合隨機取樣原則下，抽測 n 名國中生作測驗，得到樣本平均數 $\bar{x}$，再由樣本平均數 $\bar{x}$ 推算所有國中學生之未知平均數 μ，即可得知目前國中生之智力測驗表現情形。

2. 無母數統計學

當母群體的資料分配不符合常態分配時，所使用的統計推論方法。如欲了解國小學童有頭蝨的比例，故隨機抽測 n 名國小學童，其中有 m 位罹患砂眼，則樣本比例 $\hat{p} = \dfrac{m}{n}$，再由 $\hat{p}$ 來估算所有國小學童患有頭蝨之未知比例 p。因國小學童患有頭蝨的情況並非是常態，故無法以有母數推論統計學來作資料處理，必須以無母數統計方法來作推論分析。

（三）實驗設計(design of experiment)

實驗設計是利用資料產生之重複性與隨機性，使特定因素以外之其他因素（已知或未知）的影響相抵銷，以淨化觀察特定因素的影響效果，因而提高分析結果精確度的設計。主要目的即是在於考驗實驗假設中所列自變項與依變項之間的關係，嚴謹的實驗研究中，實驗者要操弄自變項以觀察其對依變項所發生的影響。

在統計學的發展歷程中，依次序而言，敘述統計學最早發生，其次是推論統計學，再其次是實驗設計，而敘述統計學通常為推論統計學作基礎的鋪路之作。

另有學者將統計學的分類分為：敘述統計學、推論統計學與應用統計學等三類。而應用統計(apply statistics)乃是藉由推論統計方法，建立統計模型，利用統計模型做成決策之科學方法。

二、統計方法的基本步驟

（一）蒐集資料

研究者若有足夠的人力、財力和時間，則可直接由資料來源處觀察、調查、實驗或測量直接取得資料；否則，可引用政府機關、學術機關等已發表的間接資料。

（二）整理資料

原始資料是雜亂無章的，而使群體所蘊含的特質無從顯現。資料整理的目的在於將凌亂無章的資料予以簡單化、系統化，使錯綜複雜的資料成為簡約的形式，以彰顯群體的特質。

（三）陳示資料

陳示資料是以文字說明、統計表、統計圖或數學方程式，來表現統計資料特徵及其相互間的關係。

（四）分析資料

計算統計資料的重要表徵數，如：算術平均數、標準差、相關係數、樣本比例等等，以顯現資料的重要特徵及其相互間的關係意義。

（五）解釋資料

闡名由分析資料所得之表徵數的意義，可使表徵數更具有代表性，且能顯現統計資料所蘊含的特性。

（六）推論母體

由母群體中以隨機抽樣的方式，取得具有代表性的隨機樣本，估算此樣本的統計量，透過抽樣分配原理，對母群體或母數作估計或檢定等統計推論工作。

三、統計資料的分類

（一）依資料的取得是直接或間接來區分

1. 原始資料

研究者直接由資料來源處觀察、調查、測量或實驗而得的資料，稱為原始資料、直接資料或第一手資料。

2. 次級資料

指現成已發表的資料，又稱為間接資料或第二手資料。

（二）依資料存在的時間來分

1. 靜態資料

表示該現象在某一特定時間，及空間靜止狀態之情況下的資料，稱為靜態資料。如：民國 83 年 7 月 31 日全國各級各類學校學生數即為靜態資料。

2. 動態資料

依時間先後連續排列的靜態資料即成了動態資料，亦即表示該現象在某一特定時期內演變情形的資料，稱為動態資料。如：歷年來臺灣地區國民小學的學生數。

（三）依原始資料涵蓋的範圍來分

1. 普查資料

利用調查的方式，對母群體中的所有個體進行調查，即為普遍調查或全面調查，簡稱普查或全查。

2. 抽查資料

係由母群體中隨機抽取部分的個體作調查，再將調查的結果推論至母群體。只要抽樣合乎機率原理，且能小心查驗，由樣本再推論至母群體，仍能得到可靠的結果。

四、母體與統計量

（一）母體

是由具有共同特性之個體所組成的群體，稱為母群體。

（二）母數

是由母體所算出的表徵數，即為母數或參數，例如：算術平均數 μ、比例 p、標準差 σ、相關係數 ρ 等。

（三）樣本

是由母體中抽取部分的個體所組成的小群體，稱為樣本。

（四）統計量

由樣本所算出之表徵數，即稱為統計量，例如：算術平均數 $\bar{x}$、比例 $\hat{p}$、標準差 s、相關係數 r 等。

五、變數及其分類

（一）常數

指不能夠依不同的值出現或改變的屬性，其為一定數。

（二）變數

指可依不同的值出現，或依其他因素而改變的一種屬性，沒有固定的數。變數依不同的情況，可有下列之分類：

1. 以實驗設計觀點論

可分為自變項、依變項、中介變項、調節變項、混淆變項、控制變項、主動變項、屬性變項、抑制變項、曲解變項、虛擬變項（廖俊傑，2000）：

(1) 自變項(independent variable)：在實驗設計中，實驗者所操弄的變項，稱為自變項。

(2) 依變項(dependent variable)：因自變項之變化而發生改變的變項，即為依變項，是實驗者所欲觀察的變項。

(3) 中介變項(intervening variable)：介於自變項與依變項之間，是無法直接觀察與操弄的變項。

(4) 調節變項(moderator variable)：又稱為次級自變項或居中變項，會明顯影響自變項與依變項關係的變項。

(5) 混淆變項(confounding variable)：又稱額外變項或無關變項，除了自變項與調節變項外，另一會影響依變項結果的變項，但卻未受到控制，使得其影響實驗結果。

(6) 控制變項(control variable)：凡在實驗過程中受到控制的變項皆是。

(7) 主動變項(active variable)：又稱自動變項，指可以在受試者身上主動操弄的變項，常用於受試者內設計，如：工作壓力。

(8) 屬性變項(attribute variable)：又稱機體變項，指不能在受試者身上主動操弄的變項，只能以測量方式獲得，常用於受試者間設計，如：性別。

(9) 抑制變項(suppressor variable)：在實驗設計中，有些變項未納入自變項，但其介入對依變項產生很大的影響效果，使得實驗隱藏了

自變項與依變項的真正關係，常被視為干擾變項。針對這種干擾變項，雖然實驗過程中南以避免與消除，但在統計處理上可利用共變項分析，來消除掉其對依變項的影響效果。

(10) 曲解變項(distorter variable)：其介入實驗中，使得自變項與依變項關係反轉。

(11) 虛擬變項(dummy variable)：在統計運算中，某些變項以人為方式給予數據表示，此即稱為虛擬變項。如：以 1 表示男生、以 0 表示女生。

2. 依可數不可數來區分，可分為連續變項和間斷變項

(1) 連續變項(continuous variable)：有許多心理特質或物理特質是成為一個連續不斷之系列的，而在這一連續不斷的系列上，任何一部分都可以加以細分，以得到任何的值，或在其上面任何兩值之間，均可得到無限多介於兩者之間大小不同的值，此類的特質或屬性稱為連續變項。連續變項既然是連續不斷的，故其值應視為一段距離，而不是一個點，故連續變項只是一個近似值。如：身高、體重、時間、智力商數等均為連續變項。

(2) 間斷變項(discrete variable)：又稱非連續變項，是一種只能取特殊的值，而無法無限取出任何值的變項，故間斷變項的一個值，是代表一個點而非一段距離且為精確數。如：每戶人家的孩子數、選舉的票數、桌子的張數、骰子的點數等。

3. 根據 1951 年 Stevens 之分類，從測量尺度觀點可分為名義變項、次序變項、等距變項、比率變項

(1) 名義變項(nominal variable)：又稱類別變項，係使用數字來辨認任何事物或類別之變項，其只說明某一事物與其他事物之不同，但並不說明事物與事物之間的差異大小和形式。如：座號 50 號之學生與座號 40 號學生之差並不能等於座號 30 號與 20 號之差，且座號 50 號並非座號 10 號的五倍。

(2) 次序變項(ordinal variable)：可以依某一特質之多少或大小次序，將團體中各分子加以排列的變項。但次序變項僅表示方向次序，亦即僅描述分子與分子在某一特質方面的次序，並不描述分子與分子之差異的大小量。如：三位同學的作文得甲、乙、丙三個分數，僅能說明甲優於乙優於丙，但並不能說甲乙之差的量等於乙丙之差異的量，亦即乙減丙不等於甲減乙。此外，中位數、百分等級亦屬於次序變項。

(3) 等距變項(interval variable)：除了可說明名稱類別和排列大小次序之外，還可計算出差別之大小量的變項，其基本特性為相等單位。如：28 度、30 度、32 度，不但可說明 32 度高於 30 度，且亦高於 28 度，並且可說明 $32 - 30 = 30 - 28$。此外，平均數、標準差、積差相關亦屬於等距變項。

(4) 比率變項(ratio variable)：除了可說出名稱類別、排列大小順序和計算差距之外，尚可說出某比率與某比率相等的變項。其最重要條件是具有絕對零點。如：重量 50 公斤是 10 公斤的五倍，且 10 公斤是 2 公斤的 5 倍，$50 : 10 = 10 : 2$。

4. **以描述表達觀點而言，可分為量的變項和質的變項**

(1) 量的變項(quantitative variable)：又稱定量變項，描述不同數值，等距變項與比率變項屬之。

(2) 質的變項(qualitative variable)：又稱定性變項，描述不同狀態，名義變項與次序變項屬之。

5. **以是否屬於社會學事實的觀點而言，可分為社會學變項與心理學變項**

(1) 社會學變項(sociological variable)：屬於社會學的事實，來自所屬團體的各種特性，如：社經地位、職業。

(2) 心理學變項(psychological variable)：個體內在不可直接觀察的變項，通常是個人的意見、態度與行為。

11.2 統計特徵量

　　用來表達所有資料中意涵訊息的特徵，以凸顯資料所代表的意義，讓使用該資料之研究者或讀者能夠掌握分析方向，此種量數稱之為統計特徵量(statistics characteristic quantity)。統計特徵量依其描述之特徵，可分為四大類：集中量數、差異量數、偏態與峰度。

一、集中量數（measures of central location，或稱集中趨勢量數，measures of central tendency）

（一）定義

　　指一群體中之個體的某一特性，有其共同的趨勢存在，此一共同趨勢之量數即稱之集中趨勢量數；因其能夠代表該群體特性的平均水準，故通稱為平均數；又其反應該資料數值集中的位置，故又稱之為位置量數。

（二）功能（性質）

1. **簡化作用**：指平均數能夠簡化一群體的所有數值而為一數值。
2. **代表作用**：指平均數能代表整體資料的平均水準。
3. **比較作用**：指平均數代表該群體的平均水準，而便於與其他群體作比較。

（三）種類

1. **算術平均數(arithmetic mean)**
   (1) 定義：為一群體各數據之總和除以個數所得之商，簡稱為平均數，以 $\bar{x}$ 表示。

(2) 公式

① 完整原始資料

A. 母體資料：$\mu = \dfrac{X_1 + X_2 + \cdots\cdots + X_N}{N} = \dfrac{\sum\limits_{i=1}^{n} X_i}{N}$ ，

N：為總母體數

B. 樣本資料：$\overline{X} = \dfrac{X_1 + X_2 + \cdots\cdots + X_n}{n} = \dfrac{\sum\limits_{i=1}^{n} X_i}{n}$ ，

n：為總樣本數

② 分組資料

A. 母體資料：$\mu = \dfrac{\sum\limits_{i=1}^{n} f_i X_i}{N}$

B. 樣本資料：$\overline{X} = \dfrac{\sum\limits_{i=1}^{n} f_i X_i}{n}$

X_i：表示第 i 組之組中點；f_i：為第 i 組之組次數

③ 簡捷法

A. $\overline{X} = A + (\dfrac{\sum\limits_{i=1}^{n} f_i X_i'}{N}) h$

A：假定平均數；N：總個數；f：各組次數；

h：組距；$X' = \dfrac{X - A}{h}$

④ 加權平均數

A. $\overline{X} = \dfrac{\sum\limits_{i=1}^{n} W_i X_i}{\sum\limits_{i=1}^{n} W_i}$ 　W：權重

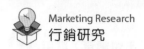

(3) 特性

① 任何一群數列中，各個數值與其算術平均數之差的總和為 0，即 $\sum_{i=1}^{n}(X_i - \overline{X}) = 0$。

② 各數值與算術平均數之差異平方和為最小，即

$$\sum_{i=1}^{n}(X_i - \overline{X})^2 \leq \sum_{i=1}^{n}(X_i - K)^2, K \in R 。$$

③ 算術平均數適合代數運算，亦即可由部分之算術平均數求得總平均數。

④ 當 X 為原變數，a,b 為任意常數，Y 為新變數時，則：

A. $Y = X \pm a$，則 $\overline{Y} = \overline{X} \pm a$。

B. $Y = aX$，則 $\overline{Y} = a\overline{X}$。

C. $Y = \dfrac{1}{a}X$，則 $\overline{Y} = \dfrac{1}{a}\overline{X}$。

D. $Y = a \pm bX$，則 $\overline{Y} = a \pm b\overline{X}$。

⑤ 適用於等距變項、比率變項

⑥ 優點

A. 感應靈敏。

B. 嚴密確定。

C. 簡明易解。

D. 計算簡易。

E. 適合代數運算。

F. 受抽樣變動的影響較小。

⑦ 缺點

A. 受兩極端數值之影響過大。

B. 分組次數表如有不確定之組距時，無法求得算術平均數。

2. 幾何平均數(geometric mean)

(1) 定義

　　n 個連乘積的 n 次方根，以 G 表示。此特徵數特別適用於比例、變動率或對數值求平均數之用，惟各個數值中不得有任一數據為 0 或負數，否則即為無意義。

(2) 公式：$G = \sqrt[n]{X_1 \cdot X_2 \cdot \ldots\ldots \cdot X_n} = \sqrt[n]{\prod\limits_{i=1}^{n} X_i}$

或以對數方式表示：

$$\log G = \frac{1}{n}(\log X_1 + \log X_2 + \ldots\ldots + \log X_n) = \frac{1}{n}\sum\limits_{i=1}^{n} \log X_i$$

(3) 特性

① 若一數列成等比級數，其幾何平均數最具代表性。

② 適合代數運算，亦即可由部分之幾何平均數求得全部數值之幾何平均數。

③ 幾何平均數恆小於算術平均數。

(4) 優點

① 感應靈敏。

② 嚴密確定。

③ 適合代數運算。

④ 受抽樣變動的影響較小。

⑤ 特別適用於求比例之平均，為編列指數的工具。

(5) 缺點

① 不易了解。

② 不易計算。

3. 調和平均數(harmonic mean)

(1) 定義

　　各數值倒數之算術平均數的倒數，又稱之為倒數平均數，以 H 表示之。當一數列為調和數列，欲求平均數時，則應以調和平均數求之為佳。

(2) 公式：$H = \dfrac{n}{\sum\limits_{i=1}^{n} X_i}$

(3) 特性

① 若一數列為調和級數，則其調和平均數最具代表性，尤以分子固定之比率資料更常用調和平均數代表其平均水準。

② 求調和平均數的各個數值中，不能有數值為 0 者。

③ 一群數值的算術平均數、幾何平均數及調和平均數，其關係為算術平均數大於幾何平均數大於調和平均數，即 $\overline{X} \geq G \geq H$。

④ 適合代數運算，亦即可由部分之調和平均數求得全部數值之調和平均數。

(4) 優點

① 感應靈敏。

② 嚴密確定。

③ 適合代數運算。

④ 受抽樣變動的影響甚微。

⑤ 特別適用於求算速率，物價及匯價之平均。

(5) 缺點

① 不易了解。

② 不易計算。

4. 中位數(median)

(1) 定義：指一順序數列之中心項數值，又稱為二分位數，以 Md 表示之。

(2) 公式

① 未分組資料

A. 當 n 為偶數時：$o(Md) = \dfrac{n+1}{2}$ ，n 為總個數，o(Md)為中位數所在之位次

B. 當 n 為奇數時：$o(Md) = \dfrac{\dfrac{n}{2} + \dfrac{n+1}{2}}{2}$

② 分組資料：$Md = L + \dfrac{(\dfrac{N}{2} - f')h}{f}$

L：為中位數所在組之下限；N：總組數；f：中位數所在組之次數；h：組距

f'：小於中位數所在組之各組次數和

(3) 特性

① 在任何數群中，各項數值與中位數之差的絕對值總和為最小，即

$$\sum_{i=1}^{n} |X_i - Md| \leq \sum_{i=1}^{n} |X_i - K| \quad , \quad K \in R$$

② 以同一組資料求算術平均數與中位數時，各項數值與中位數之差的絕對值之和較各項數值與算術平均數之差的絕對值和為小，即

$$\sum_{i=1}^{n} |X_i - Md| \leq \sum_{i=1}^{n} |X_i - \overline{X}|$$

但求平方值後則否，即：

$$\sum_{i=1}^{n}|X_i - Md|^2 \geq \sum_{i=1}^{n}|X_i - \overline{X}|^2$$

③ 中位數不合數學運算，亦即無法由部分資料的中位數求算全部
資料的中位數。

(4) 優點

① 嚴密確定。

② 簡明易解。

③ 計算簡易。

④ 所受抽樣變動的影響甚微。

⑤ 完全不受兩極端數值的影響。

⑥ 當分組次數表有不確定組距時，仍可求得中位數。

⑦ 不但適用於量的變項，且適用於次序變項之資料。

(5) 缺點

① 感應不靈敏。

② 不適合代數方法之運算。

5. 眾數(mode)

(1) 定義

在所有資料中，出現次數最多的數值即為眾數，以 Mo 表示，
但眾數可能不存在，也可能非唯一解。另在數列資料中，眾數可
以不為數字，此乃集中量數之特例。

(2) 公式

對分組資料而言，有下列三種方法可求得眾數：

① King 插補法：此法由 W. I. King 根據物理學之力偶原理所提出。

$$Mo = L + \frac{f_2}{f_1 + f_2} \cdot h$$ h：組距；L：眾數組的下限

f_1：眾數組的前一組次數；f_2：眾數組的後一組次數

② Czuber 插補法：此法乃是 E. Czuber 利用直方圖與幾何原理所創，且修改了 King 差補法忽略眾數組之次數的缺點。

$$Mo = L + \frac{f - f_2}{2f - f_1 - f_2} \cdot h$$ f：眾數組的次數

③ Pearson 經驗法則：此為 K. Pearson 根據經驗發現，在單峰微偏分配中，算術平均數與眾數的距離約等於算術平均數與中位數之距離的三倍。公式為：

$$\overline{X} - Mo = 3(\overline{X} - Md) \Leftrightarrow Mo = 3Md - 2\overline{X}$$

(3) 特性
① 分組資料因公式的不同，所得之數值亦不同。
② 眾數不合數學運算，亦即無法由部分資料的眾數求算全部資料的眾數。
③ 組距相等的分組資料，眾數組若為第一組或最後一組，可依集中分配假設，以其組中點為眾數較適當。
④ 眾數不受極端數值的影響，但眾數值不甚穩定，而且眾數值難求。

(4) 優點
① 簡明易解。
② 不受兩極端分數的影響。
③ 當分組次數分配表有不穩定組距時，眾數仍可求得。
④ 不但適合量的資料，亦適用於質的資料。
⑤ 近似眾數的計算，甚為簡單。

(5) 缺點

① 感應不靈敏。

② 不適合代數方法的運算。

③ 近似眾數之值不易確定，組距或組限稍有變動，其數值可能變動甚大。

④ 當次數分配無規律或無顯著集中趨勢時，則眾數喪失其意義。

⑤ 真確眾數之計算甚為繁難。

▶補充：

避免中位數只顧及一、兩個數值，而忽略了其他大多數資料的缺點，以及算術平均數易受到極大或極小數值的影響，而使得代表性受到質疑的缺點，故有截尾平均數與溫塞平均數作為補救參考。

A. 截尾平均數(Mt)

只取第一分位數(Q_1)與第三分位數(Q_3)間之數值求取算術平均數。

B. 溫塞平均數(Mw)

將比第一分位數小之資料皆以第一分位數來代替，而比第三分位數大的數皆以第三分位數代替，再求取全部數值之算術平均數。

例

求取下列各數之截尾平均數與溫塞平均數：93, 105, 106, 116, 125, 128, 132, 137, 152

解

$$Mt = \frac{106+116+125+128+132}{5} = 121.4$$

$$Mw = \frac{3 \times 106+116+125+128+132 \times 3}{9} = 120.3$$

6. **各種平均數之關係與比較**

(1) 在單峰對稱分配的情況下，則 $\overline{X} = Md = Mo$。

(2) 在單峰微偏分配中之右偏分配，則 $\overline{X} > Md > Mo$；反之，左偏分配則為 $\overline{X} < Md < Mo$。

(3) 任兩數 a, b 之算術平均數、中位數與眾數間之關係為 $G^2 = \overline{X} \cdot H$。

(4) 在 n 個不盡相同的數值中，其平均數有此特性，即 $\overline{X} \geq G \geq H$。

(5) 在 n 個完全相同的數值中，則 $\overline{X} = Md = Mo = G = H$。

(6) 當一數列為等差數列時，以求算術平均數較為適當；當一數列為等比數列時，以求幾何平均數較為適當；當一數列為調和數列時，以求調和平均數較為適當。

(7) 算術平均數之用途最廣，中位數與眾數次之，幾何平均數又次之，調和平均數最罕用。

二、變異量數

（一）變異量數(measures of variation)

1. 定義

測量群體各個體之差異或集中程度的量數，又可稱為趨勢量數或分散量數。藉由差異程度之大小，衡量整組資料之分散程度，亦可反映出平均數代表性的大小。

2. 性質

一般皆以距離或距離平方和當作差異量數，差異量數越小，平均數越能代表此一群題中的各個數值，差異量數越大時，平均數越不能代表此一群體中的各個數值。

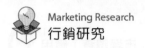
3. 類別

(1) 絕對差異量數：表示一群體或分配的分散情形，其最常用的包括：

① 標準差與變異數(standard deviation, SD; variance, Var)

    A. 定義：指一群數值與其算術平均數之差的平方和之平均數，為變異數，而變異數之平方根則為標準差。標準差越大，則表示資料越離散，平均數的代表性弱；反之，則否。

    B. 公式：

    (A) 母群體資料

      a. 定義公式：

$$\sigma^2 = \frac{\sum_{i=1}^{n}(Xi-\mu)^2}{N} \quad , \quad \sigma = \sqrt{\frac{\sum_{i=1}^{n}(X_i-\mu)^2}{N}}$$

      b. 運算公式：

$$\sigma^2 = \frac{\sum_{i=1}^{n}Xi^2 - \dfrac{(\sum_{i=1}^{n}X_i)^2}{N}}{N} \quad , \quad \sigma = \sqrt{\frac{\sum_{i=1}^{n}X_i^2 - \dfrac{(\sum_{i=1}^{n}X_i)^2}{N}}{N}}$$

    (B) 樣本資料

      a. 定義公式：

$$S^2 = \frac{\sum_{i=1}^{n}(Xi-\overline{X})^2}{N-1} \quad S = \sqrt{\frac{\sum_{i=1}^{n}(X_i-\overline{X})^2}{N-1}}$$

      b. 運算公式：

$$S^2 = \frac{\sum_{i=1}^{n}Xi^2 - \dfrac{(\sum_{i=1}^{n}X_i)^2}{N}}{N-1} \quad S = \sqrt{\frac{\sum_{i=1}^{n}X_i^2 - \dfrac{(\sum_{i=1}^{n}X_i)^2}{N}}{N-1}}$$

C. 性質：

(A) $\because \displaystyle\sum_{i=1}^{n}(X_i - \overline{X})^2$ 為極小值，

$\therefore \displaystyle\sum_{i=1}^{n}(X_i - \overline{X})^2 \leq \sum_{i=1}^{n}(X_i - K)^2$ ，$(K \in R)$。

(B) 標準差恆大於 0，除非所有數值皆相等。

(C) 當各個數值差異甚大時，其變異數大，標準差亦大。

(D) 由部分之變異數，可求得全體之變異數，即

$$S^2 = \frac{\displaystyle\sum_{i=1}^{n} n_i [S_i^2 + (\overline{X}_i - \overline{X})^2]}{\displaystyle\sum_{i=1}^{n} n_i}。$$

(E) 當 X 為原變數，a, b 為任意常數，Y 為新變數時，則：

a. $Y = X \pm a$ ，則 $S_Y^2 = S_X^2$ 　或　 $S_Y = S_X$

b. $Y = aX$ ，則 $S_Y^2 = a^2 S_X^2$ 　或　 $S_Y = |a| S_X$

c. $Y = \dfrac{1}{a}X$ ，則 $S_Y^2 = \dfrac{1}{a_2}S_X^2$ 　或　 $S_Y = \left|\dfrac{1}{a}\right| S_X$

d. $Y = a \pm bX$ ，則 $S_Y^2 = b^2 S_X^2$ 　或　 $S_Y = |b| S_X$

D. 應用：

(A) 標準化：對於不同性質，不同單位資料作分析比較時，可將資料化為標準化，成為標準分數之後再進行比較。

標準化公式為：

$$Z = \frac{X_i - \overline{X}}{S}。$$

(B) Chebyshev 不等式：蘇俄數學家 Chebyshev 提出 $P(|X_i - \overline{X}| \leq ks) \geq 1 - \dfrac{1}{k^2}$ ，來說明平均數與標準差的關係。

故吾人可知：

a. 當 k = 1 時，全體數值落入 $\mu \pm \sigma$ 之間的機率大於或等於 0。

b. 當 k = 2 時，全體數值至少有 $\frac{3}{4}$ 落入 $\mu \pm 2\sigma$ 之間。

c. 當 k = 3 時，全體數值至少有 $\frac{8}{9}$ 落入 $\mu \pm 3\sigma$ 之間。

(C) Pearson 經驗法則：當資料呈現鐘型（或常態）分配時，根據經驗法則，則有下列機率值：

a. $|\mu - \sigma| \leq X$ 約占全部數值之 68.26% > 0

b. $|\mu - 2\sigma| \leq X$ 約占全部數值之 95.44% > $\frac{3}{4}$

c. $|\mu - 3\sigma| \leq X$ 約占全部數值之 99.72% > $\frac{8}{9}$

▶補充：

在微偏分配中，用 Chebyshev 不等式所計算出的結果較為精確。

▶補充：

區間	經驗法則之機率
$\overline{X} \pm 1 \cdot SD$	68.26%
$\overline{X} \pm 1.96 \cdot SD$	95%
$\overline{X} \pm 2 \cdot SD$	95.44%
$\overline{X} \pm 2.575 \cdot SD$	99%
$\overline{X} \pm 3 \cdot SD$	99.72%
$\overline{X} \pm 0.6745 \cdot SD$	50%

(2) 平均差(average deviation, AD)

① 定義：指一群數值中，各數值與其中位數或算術平均數之差的絕對值的算術平均數。在所有差異量數中，是最不常被使用的一種量數。

② 公式：$AD = \dfrac{\sum |X_i - Md|}{N}$（以中位數為中心）

$AD = \dfrac{\sum |X_i - \overline{X}|}{N}$（以算術平均數為中心）

③ 性質：

　　A. 以全體數值作運算，可表示全部數值的差異情形，比全距和
　　　　四分差感應靈敏。

　　B. 因其以絕對值運算，意義較不明顯，並不適合代數運算。

(3) 全距(range, R)

　① 定義：指一群數值中，最大與最小者之差，用來表示一群體內
　　　數值的變動範圍。全距適用於等距變數，不適用於次序與類別
　　　變數。

　② 公式：

　　A. 列舉式資料：$R = X\max - X\min$

　　B. 連續分組資料：$R = U\max - U\min$（即最大組界組之上限減
　　　　最小組界組的下限）

(4) 四分差(quartile deviation, Q)

　① 定義：只第三個四分位數 Q_3 與第一個四分位數 Q_1 之差的一半。
　　　四分差關心的是中間 50% 的資料。

　② 公式：$Q = \dfrac{Q_3 - Q_1}{2}$ ；

$$Q_1 = L_1 + \frac{(\frac{N}{4} - f_1')h}{f_1} \quad \text{、} \quad Q_3 = L_3 + \frac{(\frac{3N}{4} - f_3')h}{f_3}$$

　　L：為第一、三個四分位數所在組之下限；

　　N：總組數；

　　f：第一、三個四分位數所在組之次數；h：組距

　　f'：小於第一、三個四分位所在組之各組次數和

　③ 性質：

　　A. 對稱分配的四分位差 $Q = \dfrac{Q_3 - Q_1}{2}$ ， $Q_3 - Md = Md - Q_1$。

B. 四分位差之大小可說明資料的差異，若 $Q_3 - Q_1$ 之距離小，亦即有一半的數值變化於一個很小的範圍內，分配甚為集中；若 $Q_3 - Q_1$ 之距離大，亦即分配的離異程度大。

C. 四分位差並未顧及全體數值的意義，僅關心中間的 50% 資料，而遺漏的前後各 25% 的數值，使得感應不靈敏，是其一大缺點。

（二）相對差異量數

用以比較兩種以上性質不同或單位不同或算術平均數不同之資料的相對離勢，換言之，即是探討群體與群體或分配與分配之差異情形，常用之相對差異量數有下列四種：

1. 變異係數或差異係數（相對標準差，CV）

(1) 意義：為標準差和算術平均數之比。

(2) 公式：$CV = \dfrac{\sigma}{\mu} \times 100\%$

2. 四分差係數（相對四分位差，QC）

(1) 意義：為第一分位數(Q_1)與第三分位數(Q_3)之差與第一分位數(Q_1)與第三分位數(Q_3)之和的比。

(2) 公式：$QC = \dfrac{Q_3 - Q_1}{Q_3 + Q_1}$

3. 平均差係數（相對平均差，MC）

(1) 意義：平均差與中位數，或算術平均數之比。

(2) 公式：$MC = \dfrac{AD}{Md}$ 或 $MC = \dfrac{AD}{\overline{X}}$

4. 全距係數（相對全距，RC）

(1) 意義：全距與最大數值和最小數值之和的比。

(2) 公式：$RC = \dfrac{X\max - X\min}{X\max + X\min} = \dfrac{R}{X\max + X\min}$

（三）功用

1. 用以比較單位相同，但平均數不同多種資料的差異程度。

2. 用以比較單位不同之多種資料的差異量數

（四）各種差異量數之關係

1. 全距、變異數、標準差與平均差適用於等距變數；四分位差適用於次
   序變數。

2. 以中位數為集中量數時，應以四分位差為變異量數，四分位差比平均
   差更不易受極端分數所影響。

11.3 卡方分配之基本原理

　　在社會科學領域中，時常會遇到類別變項或次序變項間變數關係的
討論，如：「同事關係與工作滿度度之間的關係」或「不同年級學生對於
校規的看法是否有不同」。針對如上例所述之二個非連續之類別變項，或
一個類別變項與次序變項間關係的討論，可以卡方檢定(chi-square test)
來解決。

　　卡方統計量的定義公式為 $\sum_{i=1}^{n}(\dfrac{X_i - \mu_i}{\sigma_i})^2 = \chi^2_{(n)}$ ，其自由度為 $v = n$ 的卡

方分配。若母數 μ 未知，則以統計量 $\overline{X}$ 代之，得到實用公式：

$\sum_{i=1}^{n}(\dfrac{X_i - \overline{X}}{\sigma_i})^2 = \dfrac{(n-1)\widehat{S}^2}{\sigma^2} = \chi^2_{(n-1)}$ ，其自由度為 $v = n-1$ 。

　　而卡方檢定的主要用途有四類：一、適合度考驗；二、百分比同質
性考驗；三、獨立性考驗；四、改變的顯著性考驗。使用卡方考驗分析
時，應注意下列事項：

1. 卡方考驗僅適用於類別性資料。

2. 各細格之期望次數（或理論次數）最好不應少於 5。通常要有 80%以上的 fe≥5，否則會影響其卡方考驗的效果。若有一格或數格的期望次數小於 5 時，在配合研究目的下，可將此數格予以合併。

3. 在 2×2 的列聯表(contigency tablecrosstabulation)中，當期望次數介於 5 和 10 之間（ 5≤fe≤10 ），即應該運用葉氏校正(Yate's correction for continuity)予以校正。

4. 在 2×2 的列聯表中，若期望次數小於 5(fe<5)，或樣本人數小於 20 時，則應使用費雪正確機率考驗(Fisher's exact probability test)。

5. 對於同一群受試者前後進行兩次觀察的重複量數卡方考驗時，應使用麥內瑪考驗(McNemar test)。

當列聯表中只有一格理論次數小於 5 時，表中的所有觀察次數均需校正，此校正稱之為「葉氏校正」(Yate's correction)，進行葉氏校正有幾個原則：

1. 只有在自由度等於 1 時需要校正。

2. 原則上觀察次數＞理論次數，則觀察值減 0.5。

3. 原則上觀察次數＜理論次數，則觀察值加 0.5。

11.4 統計檢定之基本原理

一、基本概念

（一）研究假設

根據研究者的觀察和理論，對某一問題所作的邏輯猜測，並以陳述的方法表達出來，又叫做科學假設，此種假設僅為暫時性或試驗性的理論。

（二）統計假設

將研究假設以數量或統計學用詞等之陳述句加以表達，並對未知母數之性質作有關的陳述，便是統計假設。

（三）統計假設檢定（考驗）

依據某些訊息，事先對有關母數建立合理的假設，再由樣本資料來驗證此假設是否成立，以作為決策之參考依據的方法，又稱為假設檢定，簡稱之為檢定。換言之，檢定是指依據機率理論，由樣本資料來驗證對母體母數所下的假設是否成立，藉以決定採取適當行動之統計方法。

（四）虛無假設(null hypothesis)

凡所定的假設而欲予以否定者，以 H_0 來表示。

（五）對立假設(alternative hypothesis)

係相對於虛無假設之假設，以 H_1 表示之，其大多為實驗研究者內心所想要加以支持的假設。虛無假設與對立假設是互斥的兩個假設。

（六）型一錯誤(type I error)

又稱第一類型錯誤。當虛無假設為真時，而研究者卻加以拒絕時所犯下的錯誤。其發生之機率以 α 表示之。

（七）型二錯誤(type II error)

又稱第二類型錯誤。當虛無假設為假時，而研究者卻加以接受時所犯下的錯誤。其發生之機率以 β 表示之。

	H_0為真	H_0為假
拒絕 H_0	型一錯誤 α（顯著水準）	裁決正確 $1-β$
接受 H_0	裁決正確 $1-α$（信賴水準）	型二錯誤 β

（八）統計考驗力

正確拒絕錯誤之虛無假設的百分比，以 $1-β$ 表示之。

（九）自由度(degree of freedom)

任何變數之中可以自由變動之數值的數目，以 df 表示之。

二、檢定的原則

1. 顯著水準(α)一旦在實驗觀察前決定好，就不可再變動。

2. 在利用一定樣本大小的一次實驗觀察之後，不可再增加樣本之大小。
   絕不可為了達成拒絕虛無假設的結果，而在實驗之後更改 α 與 N。

三、假設考驗的步驟

1. 寫出統計假設（ H_0 和 H_1 ）。

2. 決定統計方法。

3. 決定顯著水準並劃定臨界區。

4. 計算資料。

5. 解釋結果。

四、平均數的統計假設檢定

（一）母體之 σ 已知，採 Z 檢定

H_0	H_1	拒絕 H_0 之條件
$\mu \leq \mu_0$	$\mu > \mu_0$	$Z_0 = \dfrac{\overline{X} - \mu_0}{\sigma / \sqrt{n}} > Z_{(1-\alpha)}$
$\mu \geq \mu_0$	$\mu < \mu_0$	$Z_0 = \dfrac{\overline{X} - \mu_0}{\sigma / \sqrt{n}} < -Z_{(1-\alpha)}$
$\mu = \mu_0$	$\mu \neq \mu_0$	$Z_0 = \dfrac{\overline{X} - \mu_0}{\sigma / \sqrt{n}} > Z_{(1-\alpha/2)}$ 或 $< -Z_{(1-\alpha/2)}$

（二）母體之 σ 未知，大樣本，採 Z 檢定

H_0	H_1	拒絕 H_0 之條件
$\mu \leq \mu_0$	$\mu > \mu_0$	$Z_0 = \dfrac{\overline{X} - \mu_0}{S / \sqrt{n}} > Z_{(1-\alpha)}$
$\mu \geq \mu_0$	$\mu < \mu_0$	$Z_0 = \dfrac{\overline{X} - \mu_0}{\hat{S} / \sqrt{n}} < -Z_{(1-\alpha)}$
$\mu = \mu_0$	$\mu \neq \mu_0$	$Z_0 = \dfrac{\overline{X} - \mu_0}{\hat{S} / \sqrt{n}} > Z_{(1-\alpha/2)}$ 或 $< -Z_{(1-\alpha/2)}$

（三）母體之 σ 未知，小樣本，採 t 檢定

H_0	H_1	拒絕 H_0 之條件
$\mu \leq \mu_0$	$\mu > \mu_0$	$t = \dfrac{\overline{X} - \mu_0}{\hat{S} / \sqrt{n}} > t_{(1-\alpha, n-1)}$
$\mu \geq \mu_0$	$\mu < \mu_0$	$t = \dfrac{\overline{X} - \mu_0}{\hat{S} / \sqrt{n}} < -t_{(1-\alpha, n-1)}$

H_0	H_1	拒絕 H_0 之條件
$\mu = \mu_0$	$\mu \neq \mu_0$	$t = \dfrac{\overline{X} - \mu_0}{\hat{S} / \sqrt{n}} > t_{(1-\alpha/2,\, n-1)}$ 或 $< -t_{(1-\alpha/2,\, n-1)}$

五、兩平均數差的差異檢定

（一）兩母體之 σ_1、σ_2 已知，採 Z 檢定（獨立樣本）

H_0	H_1	拒絕 H_0 之條件
$\mu_1 \leq \mu_2$	$\mu_1 > \mu_2$	$Z = \dfrac{(\overline{X_1} - \overline{X_2}) - (\mu_1 - \mu_2)}{\sqrt{\dfrac{\sigma_1^2}{n_1} + \dfrac{\sigma_2^2}{n_2}}} > Z_{(1-\alpha)}$
$\mu_1 \geq \mu_2$	$\mu_1 < \mu_2$	$Z = \dfrac{(\overline{X_1} - \overline{X_2}) - (\mu_1 - \mu_2)}{\sqrt{\dfrac{\sigma_1^2}{n_1} + \dfrac{\sigma_2^2}{n_2}}} < -Z_{(1-\alpha)}$
$\mu_1 = \mu_2$	$\mu_1 \neq \mu_2$	$Z = \dfrac{(\overline{X_1} - \overline{X_2}) - (\mu_1 - \mu_2)}{\sqrt{\dfrac{\sigma_1^2}{n_1} + \dfrac{\sigma_2^2}{n_2}}} > Z_{(1-\alpha/2)}$ 或 $< -Z_{(1-\alpha/2)}$

（二）兩母體之 σ_1、σ_2 未知，大樣本，採 Z 檢定

H_0	H_1	拒絕 H_0 之條件
$\mu_1 \leq \mu_2$	$\mu_1 > \mu_2$	$Z = \dfrac{(\overline{X_1} - \overline{X_2}) - (\mu_1 - \mu_2)}{\sqrt{\dfrac{\hat{S}_1^2}{n_1} + \dfrac{\hat{S}_2^2}{n_2}}} > Z_{(1-\alpha)}$
$\mu_1 \geq \mu_2$	$\mu_1 < \mu_2$	$Z = \dfrac{(\overline{X_1} - \overline{X_2}) - (\mu_1 - \mu_2)}{\sqrt{\dfrac{\hat{S}_1^2}{n_1} + \dfrac{\hat{S}_2^2}{n_2}}} < -Z_{(1-\alpha)}$

H_0	H_1	拒絕 H_0 之條件
$\mu_1 = \mu_2$	$\mu_1 \neq \mu_2$	$Z = \dfrac{(\overline{X}_1 - \overline{X}_2) - (\mu_1 - \mu_2)}{\sqrt{\dfrac{\widehat{S}_1^2}{n_1} + \dfrac{\widehat{S}_2^2}{n_2}}} > Z_{(1-\alpha/2)}$ 或 $< -Z_{(1-\alpha/2)}$

（三）兩母體之 σ_1、σ_2 未知但相等，獨立樣本，採 t 檢定

H_0	H_1	拒絕 H_0 之條件
$\mu_1 \leq \mu_2$	$\mu_1 > \mu_2$	$t = \dfrac{(\overline{X}_1 - \overline{X}_2) - (\mu_1 - \mu_2)}{Sp\sqrt{\dfrac{1}{n_1} + \dfrac{1}{n_2}}} > t_{(1-\alpha, n_1+n_2-2)}$
$\mu_1 \geq \mu_2$	$\mu_1 < \mu_2$	$t = \dfrac{(\overline{X}_1 - \overline{X}_2) - (\mu_1 - \mu_2)}{Sp\sqrt{\dfrac{1}{n_1} + \dfrac{1}{n_2}}} < -t_{(1-\alpha, n_1+n_2-2)}$
$\mu_1 = \mu_2$	$\mu_1 \neq \mu_2$	$t = \dfrac{(\overline{X}_1 - \overline{X}_2) - (\mu_1 - \mu_2)}{Sp\sqrt{\dfrac{1}{n_1} + \dfrac{1}{n_2}}} > t_{(1-\alpha/2, n_1+n_2-2)}$ 或 $< -t_{(1-\alpha/2, n_1+n_2-2)}$

（四）兩母體之 σ_1、σ_2 未知，且不相等，獨立樣本，採 t 檢定

H_0	H_1	拒絕 H_0 之條件
$\mu_1 \leq \mu_2$	$\mu_1 > \mu_2$	$t = \dfrac{(\overline{X}_1 - \overline{X}_2) - (\mu_1 - \mu_2)}{\sqrt{\dfrac{\widehat{S}_1^2}{n_1} + \dfrac{\widehat{S}_2^2}{n_2}}} > t_{(1-\alpha, v)}$, $V = \dfrac{(\dfrac{\widehat{S}_1^2 + \widehat{S}_2^2}{n_1 + n_2})^2}{\dfrac{(\dfrac{\widehat{S}_1^2}{n_1})^2}{n_1-1} + \dfrac{(\dfrac{\widehat{S}_2^2}{n_2})^2}{n_2-1}}$

H_0	H_1	拒絕 H_0 之條件
$\mu_1 \geq \mu_2$	$\mu_1 < \mu_2$	$t = \dfrac{(\overline{X}_1 - \overline{X}_2) - (\mu_1 - \mu_2)}{\sqrt{\dfrac{\widehat{S}_1^2}{n_1} + \dfrac{\widehat{S}_2^2}{n_2}}} < -t_{(1-\alpha, v)}$
$\mu_1 = \mu_2$	$\mu_1 \neq \mu_2$	$t = \dfrac{(\overline{X}_1 - \overline{X}_2) - (\mu_1 - \mu_2)}{\sqrt{\dfrac{\widehat{S}_1^2}{n_1} + \dfrac{\widehat{S}_2^2}{n_2}}} > t_{(1-\alpha/2, v)}$ 或 $< -t_{(1-\alpha/2, v)}$

（五）常態母體，變異數未知，樣本之抽取為成對樣本，採 t 檢定

H_0	H_1	拒絕 H_0 之條件
$\mu(D) \leq 0$	$\mu(D) > 0$	$t = \dfrac{\overline{D}}{\dfrac{S(D)}{\sqrt{n}}} > t_{(1-\alpha, v)}$ ，$v = n$
$\mu(D) \geq 0$	$\mu(D) < 0$	$t = \dfrac{\overline{D}}{\dfrac{S(D)}{\sqrt{n}}} < -t_{(1-\alpha, v)}$
$\mu(D) = 0$	$\mu(D) \neq 0$	$t = \dfrac{\overline{D}}{\dfrac{S(D)}{\sqrt{n}}} > t_{(1-\alpha/2, v)}$ 或 $< -t_{(1-\alpha/2, v)}$

六、一常態母體變異數的檢定

（一）母體之 μ 未知

H_0	H_1	拒絕 H_0 之條件
$\sigma^2 \leq \sigma_0^2$	$\sigma^2 > \sigma_0^2$	$\chi_0^2 = \dfrac{(n-1)\widehat{S}^2}{\sigma_0^2} > \chi_{(1-\alpha, n-1)}^2$
$\sigma^2 \geq \sigma_0^2$	$\sigma^2 < \sigma_0^2$	$\chi_0^2 = \dfrac{(n-1)\widehat{S}^2}{\sigma_0^2} < \chi_{(\alpha, n-1)}^2$
$\sigma^2 = \sigma_0^2$	$\sigma^2 \neq \sigma_0^2$	$\chi_0^2 = \dfrac{(n-1)\widehat{S}^2}{\sigma_0^2} > \chi_{(1-\alpha/2, n-1)}^2$ 或 $< \chi_{(\alpha/2, n-1)}^2$

（二）母體之 μ 已知

H_0	H_1	拒絕 H_0 之條件
$\sigma^2 \leq \sigma_0^2$	$\sigma^2 > \sigma_0^2$	$\chi^2_{(n)} = \dfrac{\sum (X-\mu)^2}{\sigma^2} > \chi^2_{(1-\alpha,n)}$
$\sigma^2 \geq \sigma_0^2$	$\sigma^2 < \sigma_0^2$	$\chi^2_{(n)} = \dfrac{\sum (X-\mu)^2}{\sigma^2} < \chi^2_{(1-\alpha,n)}$
$\sigma^2 = \sigma_0^2$	$\sigma^2 \neq \sigma_0^2$	$\chi^2_{(n)} = \dfrac{\sum (X-\mu)^2}{\sigma^2} > \chi^2_{(1-\alpha/2,n)}$ 或 $< \chi^2_{(\alpha/2,n-1)}$

七、兩常態母體變異數的檢定

（一）獨立樣本，F 檢定

H_0	H_1	拒絕 H_0 之條件
$\sigma_1^2 \leq \sigma_2^2$ $\dfrac{\sigma_1^2}{\sigma_2^2} \leq 1$	$\sigma_1^2 > \sigma_2^2$ $\dfrac{\sigma_1^2}{\sigma_2^2} > 1$	$F = \dfrac{\widehat{S}_1^2}{\widehat{S}_2^2} > F_{(1-\alpha,v_1,v_2)}$
$\sigma_1^2 \geq \sigma_2^2$ $\dfrac{\sigma_1^2}{\sigma_2^2} \geq 1$	$\sigma_1^2 < \sigma_2^2$ $\dfrac{\sigma_1^2}{\sigma_2^2} < 1$	$F = \dfrac{\widehat{S}_1^2}{\widehat{S}_2^2} < F_{(\alpha,v_1,v_2)} = \dfrac{1}{F_{(1-\alpha,v_1,v_2)}}$
$\sigma_1^2 = \sigma_2^2$ $\dfrac{\sigma_1^2}{\sigma_2^2} = 1$	$\sigma_1^2 \neq \sigma_2^2$ $\dfrac{\sigma_1^2}{\sigma_2^2} \neq 1$	$F = \dfrac{\widehat{S}_1^2}{\widehat{S}_2^2} > F_{(1-\alpha/2,v_1,v_2)}$ 或 $< F_{(\alpha/2,n-1)}$

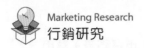
（二）相依樣本，t 檢定

H_0	H_1	拒絕 H_0 之條件
$\sigma_1^2 \leq \sigma_2^2$	$\sigma_1^2 > \sigma_2^2$	$t = \dfrac{\widehat{S}_1^2 - \widehat{S}_2^2}{\sqrt{4\widehat{S}_1^2\widehat{S}_2^2 \dfrac{(1-r^2)}{N-2}}} > t_{(1-\alpha, N-2)}$
$\sigma_1^2 \geq \sigma_2^2$	$\sigma_1^2 < \sigma_2^2$	$t = \dfrac{\widehat{S}_1^2 - \widehat{S}_2^2}{\sqrt{4\widehat{S}_1^2\widehat{S}_2^2 \dfrac{(1-r^2)}{N-2}}} < t_{(\alpha, N-2)}$
$\sigma_1^2 = \sigma_2^2$	$\sigma_1^2 \neq \sigma_2^2$	$t = \dfrac{\widehat{S}_1^2 - \widehat{S}_2^2}{\sqrt{4\widehat{S}_1^2\widehat{S}_2^2 \dfrac{(1-r^2)}{N-2}}} > t_{(1-\alpha/2, N-2)}$ 或 $< t_{(\alpha/2, N-2)}$

八、點二項母體比例 P 的檢定：百分比檢定多用於問卷調查法

（一）小樣本，F 檢定

（二）大樣本，Z 檢定

H_0	H_1	拒絕 H_0 之條件
$P \leq P_0$	$P > P_0$	$Z = \dfrac{\widehat{P} - P_0}{\sqrt{\dfrac{P_0(1-P_0)}{n}}} > Z_{(1-\alpha)}$
$P \geq P_0$	$P < P_0$	$Z = \dfrac{\widehat{P} - P_0}{\sqrt{\dfrac{P_0(1-P_0)}{n}}} < -Z_{(1-\alpha)}$
$P = P_0$	$P \neq P_0$	$Z = \dfrac{\widehat{P} - P_0}{\sqrt{\dfrac{P_0(1-P_0)}{n}}} > Z_{(1-\alpha/2)}$ 或 $< -Z_{(1-\alpha/2)}$

九、兩點二項母體比例差的檢定－Z 檢定

H_0	H_1	拒絕 H_0 之條件
$P_1 \leq P_2$	$P_1 > P_2$	$Z = \dfrac{\widehat{P}_1 - \widehat{P}_2}{\sqrt{\widehat{P}(1-\widehat{P})(\dfrac{1}{n_1} + \dfrac{1}{n_2})}} > Z_{(1-\alpha)}$
$P_1 \geq P_2$	$P_1 < P_2$	$Z = \dfrac{\widehat{P}_1 - \widehat{P}_2}{\sqrt{\widehat{P}(1-\widehat{P})(\dfrac{1}{n_1} + \dfrac{1}{n_2})}} < -Z_{(1-\alpha)}$
$P_1 = P_2$	$P_1 \neq P_2$	$Z = \dfrac{\widehat{P}_1 - \widehat{P}_2}{\sqrt{\widehat{P}(1-\widehat{P})(\dfrac{1}{n_1} + \dfrac{1}{n_2})}} > Z_{(1-\alpha/2)}$ 或 $< -Z_{(1-\alpha/2)}$

11.5 變異數分析

一、變異數分析之意義

在前節已談過二個母體平均數差異的顯著性考驗，可利用 t 檢定來完成。而本單元將針對三個或三個以上平均數比較之統計分析法，此方法稱為變異數分析（analysis of variance，或簡稱為 ANOVA），也可稱為 F 統計法。故可簡言之，變異數分析即是檢定多個母體之平均數是否相等的方法。變異數分析又可依變項個數分為單因子變異數分析，與多因子（二因子、三因子、……）變異數分析；另又以實驗設計方法分為完全隨機化設計（又可稱受試者間設計、獨立樣本）、隨機化區組設計（又可稱為受試者內設計、相依樣本）。在開始進入變異數分析步驟之前，先認識重要名詞：

（一）因子(factor)

整個研究問題欲討論的變項，亦即自變項。

（二）處理(treatment)

又可稱為水準(level)，及因子中可區分之等級。

（三）效標(criterion)

即依變項，或稱效標變項，目的在於作為比較各處理間差異的觀測值。

（四）完全隨機化設計（又可稱受試者間設計、獨立樣本）

利用「隨機抽樣」法從母群體中抽取 N 個受試者樣本，再利用「隨機分派」法將剛剛隨機抽取出的 N 個受試者分派至 K 個不同組別，以分別接受一個自變項之 K 個實驗處理中的其中一種實驗處理。由於每一組內的 N 個受試者皆非同人，且是經由隨機抽樣而來，再分派至各組，故受試者彼此間並沒有關係存在，故為獨立樣本。

若每組之受試者人數相等者，則稱為平衡資料(balance data)；反之，所各組人數不相等時，則稱為不平衡資料(unbalance data)。不論人數相等與否，在獨立樣本實驗中，資料皆不相互影響，亦不相關。

（五）隨機化區組設計（又可稱為受試者內設計、相依樣本）

此類實驗設計又可再分為三種情形：

1. 重複量數設計(repeated measures)

利用同一組 N 個受試者，接受重複的 K 次實驗處理。利用「單一組法」，使同樣的受試者在 K 個實驗處理條件下被重複觀察，其所得之 K 組量數之間是有相關存在的，並非是獨立樣本。

2. 配對組法(pair measures)

利用配對組法組成 K 組受試者，並假定這 K 組受試者在某一與依變項有關的特質方法完全相同，雖然特組並非是同樣的人，但仍假定為同一組人。由於這 K 組受試者是透過某一特質而被視為是同一組人，故這 K 組量數之間亦不是獨立樣本。

3. 同胎法

　　此乃利用同卵雙生子隨機分派至不同組別，去接受不同的實驗處理，再比較其差異。

二、變異數分析之假設

1. 獨立性：各組受試者相互獨立（針對受試者間設計）。

2. 常態性：各組之效標值皆符合常態分配。

3. 變異數同質性：各組效標值之變異數皆相等。

三、變異數分析之步驟

1. 求各觀測值離均差的總平方和，即在迴歸單元已提過之總變異（總離均差平方和），簡寫成 SSt。

2. 求各組內離均差平方和的總和（組內離均差平方和），簡寫成 SSw。

3. 求各組平均數離開總平均數之變異情形的量數（組間離均差的平方和），簡寫成 SSb。

$$*SSt = SSw + SSb$$

4. 決定各變異對應的自由度
   (1) 總變異數的自由度：$dft = N - 1$
   (2) 組間變異數的自由度：$dfb = K - 1$（設有 K 組）
   (3) 組內變異數的自由度：$dfw = N - K = K(n-1)$

$$*dft = dfb + dfw \rightarrow N - 1 = (K-1) + (N-K)$$

5. 求組間變異數不偏估計值和組內變異不偏估計值：將各變異數取其平方和後，再除以相對應之自由度，化成變異數，亦即求得組間變異數

不偏估計值 MSb，與組內變異數不偏估計值 MSw。另，變異數之不偏估計值又稱為均方，以 MS 表示之。

6. 求 F 統計量：將上述步驟所求得之組間變異數不偏估計值 MSb 除以組內變異數不偏估計值 MSw，即取得 F 統計量 $F = \dfrac{MSb}{MSw}$，而分子之自由度為 $K-1$，分母之自由度為 $N-K$。在進行變異數分析時，期望 MSb 值越大越好，至少要大於 MSw，否則若 $\dfrac{MSb}{MSw} = 1$，表示實驗效果不大；若 $\dfrac{MSb}{MSw} = 0$，表示實驗沒有效果。

7. F 考驗：在進行 F 檢定時，只採用單側右尾檢定檢果，因為研究者只想知道 MSb > MSw 的結果是否顯著。此外，在進行考驗之前需先寫出自變項對依變項有無顯著影響之虛無假設與對立假設。

$$H_0 : \mu_1 = \mu_2 = \mu_3 = \ldots\ldots = \mu_k$$

$$H_1 : \mu_i \text{ 不全等}$$

8. 製作變異數分析摘要表(ANOVA table)：如下表所示。

🎯 表 11-1 變異數分析摘要表

變異分析	自由度(df)	變異數平方和(SS)	均方(MS)	F
組間變異 （處理變異）	$m-1$	$SSt = SSb$	$MSt = \dfrac{SSb}{m-1}$	$F = \dfrac{MSt}{MSE}$
組內變異 （殘差）	$N-m$	$SSE = SSw$	$MSE = \dfrac{SSw}{N-m}$	
總變異	$N-1$	SST		

9. 事後比較(posterior comparisons)：當 F 值達顯著時，需再進一步進行兩兩處理的比較，以得知何項處理效果達顯著水準。

四、類別

1. **單因子變異數分析**：影響觀察值大小不同在只有一個因子的情況下。
   例：欲觀察不同的教學方法對學生英文成績的影響為何，自變項即是教學方法，而 K 個不同的教學方法稱之為 K 個處理或 K 個水準。

2. **二（多）因子變異數分析**：觀察值有兩種標準分類者，亦即影響觀察值結果者有二種因子。例：不同的教室氣氛、不同的教學方法對學生國文科成績的影響。

五、公式

1. 總變異量 $SSt = \Sigma\Sigma(X_{ij} - \overline{X})^2 = \Sigma\Sigma X^2 - \dfrac{(\Sigma\Sigma X)^2}{N}$

2. 組間離均差平方和 $SSb = n\Sigma(\overline{X}_{.j} - \overline{X}_{..})^2 = SSt - SSw$

3. 組內離均差平方和 $SSw = \Sigma\Sigma(X_{ij} - \overline{X}_j)^2$

4. 組間變異數不偏估計值 $MSb = \dfrac{SSb}{m-1}$

5. 組內變異數不偏估計值 $MSw = \dfrac{SSw}{N-m}$

6. F 統計量：$F = \dfrac{MSt}{MSE}$

六、多重比較

在進行 ANOVA 之前或之後，實驗研究者常決定要將 K 個平均數之間的差異加以比較，以考驗某種假設是否可以得到支持，或進一步解釋其資料所隱含的意義。有時，可能在進行實驗和進行 ANOVA 之前，就需先選擇好要比較哪幾對特定的平均數。有時候，則在實際觀察實驗和進行 ANOVA 之後，研究者才要進一步對每一平均數兩兩作比較，以了解哪幾對平均數之間有差異存在。而以上所述之比較數對平均數差異的

統計檢定方法，即是多重比較檢定。多重比較又可分為事前比較和事後比較；而兩兩平均數之間的比較又可採正交比較與非正交比較。在說明事前比較與事後比較之前，首先需要認識何謂正交比較與非正交比較。

　　所謂「比較」是指將兩個平均數之差，以符號 ψ_i (sai)表示，如：$\hat{\psi}_1 = \overline{X}_1 - \overline{X}_2$；$\hat{\psi}_2 = \dfrac{\overline{X}_1 + \overline{X}_2}{2}$ 等等。而 ψ_i 的樣本估計可以 $\hat{\psi}_i$ 來表示。樣本平均數之間的關係，可以比較係數(coefficient of comparisons)來表示，如下列式子所示（林清山，1992）：

$$\hat{\psi}_1 = (1)\overline{X}_1 + (-1)\overline{X}_2 + (1)\overline{X}_3 + (0)\overline{X}_4$$

$$\hat{\psi}_2 = (1)\overline{X}_1 + (0)\overline{X}_2 + (-1)\overline{X}_3 + (0)\overline{X}_4$$

$$\hat{\psi}_3 = (1)\overline{X}_1 + (0)\overline{X}_2 + (0)\overline{X}_3 + (-1)\overline{X}_4$$

$$\hat{\psi}_4 = (0)\overline{X}_1 + (1)\overline{X}_2 + (-1)\overline{X}_3 + (0)\overline{X}_4$$

$$\hat{\psi}_5 = (0)\overline{X}_1 + (1)\overline{X}_2 + (0)\overline{X}_3 + (-1)\overline{X}_4$$

$$\hat{\psi}_6 = (1)\overline{X}_1 + (-1)\overline{X}_2 + (1)\overline{X}_3 + (0)\overline{X}_4$$

　　以上為四個平均數，每次一對的比較(pairwise comparisons)；而以下則為四個平均數，每次二個以上平均數之間的比較 (nonpairwise comparisons)，這些比較係數以 C_j 來表示。

$$\hat{\psi}_7 = (\frac{1}{2})\overline{X}_1 + (\frac{1}{2})\overline{X}_2 + (-\frac{1}{2})\overline{X}_3 + (-\frac{1}{2})\overline{X}_4$$

$$\hat{\psi}_8 = (-\frac{1}{2})\overline{X}_1 + (\frac{1}{2})\overline{X}_2 + (-\frac{1}{2})\overline{X}_3 + (\frac{1}{2})\overline{X}_4$$

$$\hat{\psi}_9 = (1)\overline{X}_1 + (-\frac{1}{3})\overline{X}_2 + (-\frac{1}{3})\overline{X}_3 + (-\frac{1}{3})\overline{X}_4$$

為了方便起見，在每一個比較裡，各係數和皆為 0，各係數之絕對值和皆為 2，亦即：$\sum\limits_{j=1}^{k} C_j = 0$ 和 $\sum\limits_{j=1}^{k} |C_j| = 2$ 。

（一）正交比較(orthogonal comparisons)

指兩個比較之間互為獨立或不重疊(nonredundant)的情形。正交比較的條件是：

$$\sum_{j=1}^{k} C_j = 0 \ \text{與} \ \sum C_{ij} C_{i'j} = 0$$

亦即相對應之比較係數乘積和為 0。如：

$\hat{\psi}_1$: $\quad 1 \qquad -1 \qquad 0 \qquad 0$

$\hat{\psi}_6$: $\quad 0 \qquad 0 \qquad 1 \qquad -1$

$\hat{\psi}_7$: $\quad \dfrac{1}{2} \qquad \dfrac{1}{2} \qquad -\dfrac{1}{2} \qquad -\dfrac{1}{2}$

則兩兩相對應之比較係數之乘積和為 0。

$$\sum C_{1j} C_{6j} = (1)(0) + (-1)(0) + (0)(1) + (0)(-1) = 0$$

$$\sum C_{1j} C_{6j} = (1)(\frac{1}{2}) + (-1)(\frac{1}{2}) + (0)(-\frac{1}{2}) + (0)(-\frac{1}{2}) = 0$$

$$\sum C_{6j} C_{7j} = (0)(\frac{1}{2}) + (0)(\frac{1}{2}) + (1)(-\frac{1}{2}) + (-1)(-\frac{1}{2}) = 0$$

（二）非正交比較(nonorthogonal comparisons)

指兩個比較之間不互為獨立事件或是所傳達之訊息有重疊(redundant)的情形。非正交比較的條件是：

$$\sum_{j=1}^{k} C_j = 0 \quad 與 \quad \sum C_{ij}C_{i'j} \neq 0$$

亦即相對應之比較係數乘積和不等於 0。如：

$\hat{\psi}_1$：　1　　　-1　　　0　　　0

$\hat{\psi}_2$：　1　　　0　　　-1　　　0

$$\sum C_{1j}C_{2j} = (1)(1) + (-1)(0) + (0)(-1) + (0)(0) = 1$$

（三）事前比較（a priori, post-hoc 或 planned comparisons）

事前比較是屬於一種「驗證性統計分析」(confirmatory statistical analysis)，在部分較嚴謹的研究中，會先有理論根據或研究假設作為研究引導，而研究者根據理論假設，事先選擇某幾對特定平均數進行比較其差異，目的在於驗證理論的特殊意義。而事前比較主要是為了要考驗某些假設，需在尚未完成實驗結果之前就必須事先進行的任務。就理論上而言，不論變異數分析之 F 值是否達顯著水準，事前比較均需依計畫進行（林清山，1992）目前在一般研究中，進行事前比較的比例，並不若事後比較普遍。而研究者在進行事前比較分析時，也多以統計套裝軟體協助運算，故在此僅簡單提出常用之事前比較，而不再贅述繁瑣的計算公式。

目前常被研究者用來做事前比較的有：丹耐特(Dunnett)檢定與杜恩氏多重比較法(Dunn's multiple comparison procedure)或稱為龐費洛尼 t 考驗法(Bonferroni t-test)，此二種檢定法皆屬於非正交比較；另在正交比較

則以 t 統計法公式為最普遍。在以正交比較法來比較平均數之差異時，可直接利用 t 統計法進行考驗，而不需使用考驗，因為 F 考驗僅能籠統的回答研究者，是否至少有兩個平均數達顯著差異，但卻未能回答究竟是哪些組別之平均數達顯著差異。

（四）事後比較（a posteriori 或 unplanned comparisons）

1. 意義

事後比較是屬於一種「試探性資料分析」(exploratory data analysis)，一般在實驗之前，並未特別選擇哪幾對平均數進行比較，而通常都是在進行完 ANOVA 之後，整體性的 F 統計量達顯著考驗水準之後，才再進行兩兩平均數之差異考驗，以尋找究竟是 $\frac{k(k-1)}{2}$ 組中的哪幾對平均數，達到顯著差異水準。反之，若 F 值未達顯著水準，虛無假設不被拒絕，表示各組平均數並無差異，則就不需再進行各組平均數的差異比較。因是在實驗過後才進行的比較，所以即稱之為事後比較。通常進行事後比較多以 q 統計法或 F 統計法為主。

2. 方法

事後比較通常採非正交比較，常用之比較方法有三種，分別為 Tukey 法（又稱 q 法）、紐曼－柯爾法(Newman-Keuls method)與雪費法（Scheffe's method，簡稱為 S 法）等。以下將簡介其計算公式與適用時機。

(1) Tukey 法（又稱 q 法）：適用於各組人數相等時。

$$q = \frac{\overline{X}_{max} - \overline{X}m_{in}}{\sqrt{\dfrac{MSw}{n}}} = \frac{|\overline{X}_j - \overline{X}_{j'}|}{\sqrt{\dfrac{MSw}{n}}}$$

將所求得之 q 值與 q 分配之臨界值 $q_{(1-\alpha, k, n-k)}$ 相比較，判斷是否達顯著水準。

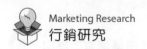
(2) 紐曼－柯爾法（Newman-Keuls method，簡稱為 N-K 法）：適用於各組人數相等時。其特色在於依平均數之大小次序使用不同的臨界 q 值，而 Tukey 法則不論平均數之大小次序，一律皆以同一 q 臨界值。此運算在統計套裝軟體中皆有簡便操作，故不再列出詳細計算過程，僅介紹其計算步驟為：

- 將平均數依次序大小自左而右排列。
- 求 $\dfrac{k(k-1)}{2}$ 對平均數間的差值。
- 求每一對比較的兩個平均數，在平均數排列次序中相差的等級數，並據以查出不同的臨界 q 值。
- 求 $q_{(1-\alpha, k, n-k)} \sqrt{\dfrac{MSw}{n}}$
- 找出大於 $q_{(1-\alpha, k, n-k)} \sqrt{\dfrac{MSw}{n}}$ 的所有差值。

(3) 雪費法（Scheffe's method，簡稱為 S 法）：適用於各組人數不相等時。公式為：

$$F = \frac{(C_j \overline{X}_j + C_{j'} \overline{X}_{j'} + \ldots\ldots + C_{j''} \overline{X}_{j''})}{MSw(\dfrac{C_j^2}{n_j} + \dfrac{C_{j'}^2}{n_{j'}} + \ldots\ldots + \dfrac{C_{j''}^2}{n_{j''}})} \ ,$$

C_j：比較係數；N_j：各組人數。

11.6 相 關

一、相關的意義

研究自變數與依變數間是否有相關存在，以及關連的程度或方向，即稱之為相關。相關係數通常以 r 來表示兩個變數之間關係密切的程度。其值介於 +1 與 −1 之間，亦即 $-1 \le r \le +1$。

二、相關之類別

（一）依自變數的個數區分

1. 簡單相關(simple correlation)

只測量依變數與一個自變數間的變動關係，且能表示二者之方向與關連程度者，可用母數 ρ 或統計量 r，來表示其關連程度與方向。

2. 複相關或多元相關(multiple correlation)

測量依變數與多個自變數間的變動關係，能表示二者之關連程度，但不能表示其方向，可用母數 ρ 或統計量 R，來表示其關連程度。

（二）依方向區分

1. 正相關(positive correlation)

以直線關係而言，隨著自變數增加，而依變數亦隨之增加；或隨著自變數減少，而依變數亦隨之減少，如此同方向的相關性即是正相關。

2. 負相關(negative correlation)

以直線關係而言，隨著自變數增加，而依變數則減少；或隨著自變數減少，而依變數則增加，如此反方向的相關性即是負相關。

（三）依程度區分

1. 函數關係(functional correlation)

若自變數與依變數的變動呈亦步亦趨形式，則相關程度最高，相關係數值為 -1 或 $+1$，此時稱為函數關係或完全相關。 $r = 1$ 稱為完全正相關； -1 稱為完全負相關。

2. 零相關(zero correlation)

若自變數與依變數相互獨立，而無關連性，則此時稱為零相關，以 $r = 0$ 表示之。

3. 統計相關(statistical correlation)

若自變數與依變數之相關係數值非 +1、−1或 0 時，則稱為統計相關。一般社會現象的相關均為此類。

（四）依因果關係區分

1. 因果關係(causation)

係指以自變數為因，依變數為果之直接相關，自變數與依變數不可相互調換位置。

2. 共變關係(covariation)

自變數與依變數可相互調換位置，其關係為間接關係。

三、相關係數種類

（一）Pearson 積差相關(K. Pearson product-moment correlation; r)

1. X 變數：等距、比率變數（連續變數）

2. Y 變數：等距、比率變數（連續變數）

3. 公式：

$$r_{xy} = \frac{\Sigma Z_x Z_y}{N} = \frac{C_{xy}}{S_x S_y} = \frac{\Sigma(x - \bar{x})(y - \bar{y})}{N S_x S_y}$$

$$= \frac{\Sigma xy - \dfrac{\Sigma x \Sigma y}{N}}{\sqrt{\Sigma x_i^2 - \dfrac{(\Sigma x_i)^2}{N}}\sqrt{\Sigma y_i^2 - \dfrac{(\Sigma y_i)^2}{N}}}$$

4. 特性：數值穩定、標準誤小。

5. 例：工作時數與收入的關係。

（二）Spearman 等級相關(Spearman rank correlation; r_s)

1. X 變數：次序變數。

2. Y 變數：次序變數。

3. 公式：

   (1) 未有相同等級者：$r_s = 1 - \dfrac{6\Sigma D^2}{N(N^2-1)}$

   （D 為二變數對稱之等級差）

   (2) 有相同等級者：$r_s = \dfrac{\Sigma x^2 + \Sigma y^2 - \Sigma D^2}{2\sqrt{\Sigma x^2 \Sigma y^2}}$

   $\Sigma x^2 = \dfrac{N^3-N}{12} - \Sigma Tx$ $\Sigma y^2 = \dfrac{N^3-N}{12} - \Sigma Ty$

   $\Sigma T = \dfrac{t^3-t}{12}$ t：表示得到相同等第的人數。

4. 特性：適用於二個評分者評 N 件作品，或同一位評分者，先後二次評 N 件作品。

5. 例：兩位評審對 N 件學生作品之評定。

（三）Kendall 等級相關(Kendall's coefficient of rank correlation; τ (tau))

1. X 變數：人為次序變數。

2. Y 變數：人為次序變數。

3. 公式：$\tau = \dfrac{S}{\dfrac{1}{2}N(N-1)}$。

   S：等第失序量數；　N：被評者的人數或作品件數

4. 特性：相當簡便。

5. 例：兩位評審對 N 件學生作品之評定。

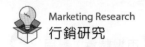
（四）Kendall 和諧係數(the Kendall's coefficient of concordance; W)

1. X 變數：次序變數。

2. Y 變數：次序變數。

3. 公式：

   (1) 未有相同等級者：$W = \dfrac{S}{\dfrac{1}{12} \cdot K^2 \cdot (N^3 - N)}$ ；

   $$S = \Sigma R_i^2 - \dfrac{(\Sigma R_i)^2}{N} = \Sigma (R_i - R)^2$$

   (2) 有相同等級者：$W = \dfrac{S}{\dfrac{1}{12} \cdot K^2 \cdot (N^3 - N) - K\Sigma T}$ ；

   $\Sigma T = \dfrac{t^3 - t}{12}$ ；$(K \geq 3)$

   K：評分者人數；N：被評者的人數或作品件數

4. 特性：特別適用於評分者間信度(interjudge reliability)；考驗多位評審者對 N 件作品評定等第之一致性。

5. 例：多位評審對 N 件學生作品之評定。

（五）Kappa 一致性係數(K coefficient of agreement; K)

1. X 變數：類別變項。

2. Y 變數：類別變項。

3. 公式：Kappa 一致性係數是評分者實際評定一致的次數百分比與評分者理論上評定的最大可能次數百分比的比率（林清山，1992）。公式為：

   $$K = \dfrac{P(A) - P(E)}{1 - P(E)}$$

P(A)：K 位評分者評定一致的百分比；

$$P(A) = [\frac{1}{NK(K-1)}\sum_{i=1}^{N}\sum_{j=1}^{m}n_{ij}^2] - \frac{1}{K-1}$$

N：總人數；K：評分者人數；m：評定類別；n：細格資料

P(E)：K 位評分者理論上可能評定一致的百分比；當評分者的評定等第完全一致時，則 K = 1，當評分者的評定等第完全不一致時，則 K = 0。

$$P(E) = \sum_{j=1}^{m}P_j^2 \quad ; \quad P_j = \frac{C_j}{NK} \quad ; \quad C_j = \sum_{i=1}^{N}n_{ij}$$

4. 特性：前述之肯得爾和諧係數，所論之評分者所評定對象是限定在可評定出等第的，亦即是可以排列出次序的。然而，在有些情況下是無法將被評定對象列出等級次序的，而僅能將其歸於某一類別，此時，就必須使用 Kappa 一致性係數，來表示評分者間一致性的關係。

5. 例：K 位精神科醫師，將 N 名病患，經診斷後歸類至 m 個心理疾病類別中。

（六）二系列相關(biserial correlation; r_{bis})

1. X 變數：人為二分變數（名義變數）。

2. Y 變數：連續變數（等距、比率變數）。

3. 公式：$rbis = \frac{\overline{X_p} - \overline{X_q}}{S_t} \cdot \frac{p \cdot q}{y}$。

4. 特性：項目分析時使用；標準誤大；有可能出現 r_{bis} 大於 1。

5. 例：智商與學業成績及格與否的關係。

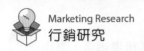
（七）點二系列相關(point-biserial correlation; r_{pq})

1. X變數：真正二分變數（名義變數）。

2. Y變數：連續變數。

3. 公式：$r_{pq} = \dfrac{\overline{X}_p - \overline{X}_q}{S_t}\sqrt{pq}$ 。

   $\overline{X}_p$：表第一類之平均數；$\overline{X}_q$：表第一類之平均數；

   St：表全體分數之標準差；p：表第一類人數之百分比；

   q：表第二類人數之百分比。

4. 特性：標準誤較 r_{bis} 小。

5. 例：性別（男、女）與收入的關係。

（八）φ 相關(phi coefficient; φ)

1. X變數：真正二分變數（名義變數）。

2. Y變數：真正二分變數（名義變數）。

3. 公式：

A	B
C	D

$$\varphi = \frac{p_{xy} - p_x p_y}{\sqrt{p_x q_x}\sqrt{p_y q_y}} = \frac{BC - AD}{\sqrt{(A+B)(C+D)(A+C)(B+D)}}$$

4. 特性：與卡方考驗有密切關係。

5. 例：父母對子女的管教方式（權威式、民主式）。

（九）列聯相關(contingency coefficient; C)

1. X變數：真正二分以上名義變數。

2. Y變數：真正二分以上名義變數。

3. 公式：$C = \sqrt{\dfrac{\chi^2}{N + \chi^2}}$，C 的最大值為 $\sqrt{\dfrac{m-1}{m}}$，N 為總人數。

4. 特性：與卡方考驗有密切關係。

5. 例：人民（老師、學生）對於實施政策的態度（同意、無意見、不同意）。

（十）四分相關(tetrachoric correlation; r_{tet})

1. X 變數：人為二分名義變數（原始資料為等距變數）。

2. Y 變數：人為二分名義變數（原始資料為等距變數）。

3. 公式：$r_{tet} = \cos\left(\dfrac{180^\circ}{1 + \sqrt{\dfrac{BC}{AD}}}\right)$

A	B
C	D

4. 例：學業成績（及格、不及格）與智商（高、低）的關係。

（十一）淨相關(partial correlation; $r_{12.3}$)

1. X 變數：連續變數。

2. Y 變數：連續變數。

3. 公式：$r_{12\cdot3} = \dfrac{r_{12} - r_{13} \cdot r_{23}}{\sqrt{1 - r_{13}{}^2}\sqrt{1 - r_{23}{}^2}}$　（顯著性考驗 $t = \dfrac{r_{12\cdot3}}{\sqrt{\dfrac{1 - r_{12\cdot3}{}^2}{N-3}}}$）

4. 特性：去除與二變數皆有關的重要影響因素，可以求得純粹二變數間的關係。

5. 例：去掉智力的影響，求數學與國文成績的相關。

（十二）曲線相關或相關比(correlation ratio; η)

1. X 變數：連續變數。

2. Y 變數：連續變數。

3. 公式：$\eta_{xy} = \sqrt{\dfrac{SS_b}{SS_t}}$。

4. 特性：隨著 X 變數增加，Y 變數先增加，待增加至某一階段後，反而開始下降，此二者之關係即稱為曲線相關或相關比。

5. 例：工作效率與焦慮的關係。

綜合以上各項相關係數的變數類型，歸納彙整如表 11-2 所示：

🎯 表 11-2　各類相關細述之適用變數整理

X Y	名義變項	次序變項	等距以上變項
名義變項	列聯相關 ϕ 相關 Kappa 一致性係數 四分相關		點二系列相關 二系列相關
次序變項		Spearman 等級相關 Kendall 等級相關 Kendall 和諧係數	多系列相關
等距以上變項	點二系列相關 二系列相關 多系列相關		Pearson 積差相關 淨相關 相關比

四、積差相關係數之特性

（一）$-1 \leq r \leq +1$。

（二）相關係數之數值與 N（個數）之大小有密切關係。

1. 由公式 $r_{xy} = \dfrac{\sum XY}{NS_x S_y}$ 可得知 N 是決定相關係數 r 值大小的重要因素之一。

2. 僅看 r 值之大小，仍不能說兩個變數之間有高相關或低相關（因為有可能是機率所造成），尚須再考慮樣本個數(N)與顯著水準(α)的大小。

(1) 一般而言，N 越小，相關係數 r 值必須越大，方能說此二個變數間有相關存在；相反地，N 越大時，相關係數不需太大，吾人也可說兩個變數間有相關存在。

(2) α 越小，則相關係數值必須越大，方能說其有相關存在。如表 11-3 所示：

🎯 表 11-3　α、N 與 r 的關係表

N	df	$\alpha = .05$	$\alpha = .01$
3	1	.997	.999
5	3	.979	.959
10	8	.632	.765
30	28	.361	.463
102	100	.195	.254

（三）相關的程度不是與 r 成正比。相關係數只是表示二變項之間關係密切與否的指標，故不能將相關係數視為比率或等距變數。如：$r_1 = .80$，$r_2 = .20$，則不可說 r_1 之值為 r_2 之四倍。

（四）有關係存在，但不表示一定有因果關係。兩事件同時發生，或一前一後發生，吾人僅能說兩事件有相關關係，但不一定即有因果關係存在。

11.7　線性迴歸分析

一、迴歸的意義

1885 年高登 (F. Galton) 在其 "Regression Towards Mediocrity in Hereditary Stature" 研究中，發現身高高的父母，其子女之平均身高低於

父母的平均身高；反之，身高矮的父母，其子女之平均身高高於父母的平均身高。高登當時以「regression」來表示這樣的效應，亦即表示兩極端分數會「迴歸」到平均數的現象。迴歸由原本的特殊定義，至今日普遍用於描述兩個或兩個以上變項間的關係，用途可說是相當廣泛，且對於不能以實驗取得資料之社會現象，尤其有重要價值。

二、迴歸分析的定義

研究一個或多個自變數對依變數的影響情況，即稱之為迴歸分析 (analysis of regression)，其多用於預測與估計的統計方法，亦即以一個或多個自變數來描述，其預測或估計一個特定依變數的分析方法。

三、迴歸分析的類別

1. 簡單迴歸(simple regression)：直線迴歸

即研究一個自變數對一個依變數的影響情況。迴歸模型為：$Y = \beta_0 + \beta_1 X + \varepsilon$，可以樣本迴歸方程式來估計：$\hat{Y} = b_0 + b_1 X$。

2. 多元迴歸(multiple regression)：複迴歸

研究多個自變數對一個依變數的影響情況。迴歸模型為：$Y = \beta_0 + \beta_1 X_1 + \beta_2 X_2 + ... + \varepsilon$，可以樣本迴歸方程式來估計：$\hat{Y} = b_0 + b_1 X_1 + b_2 X_2 + ...$。

四、迴歸分析的基本假設

1. 等分散性(homo-scedusticity)：誤差項之變異數不會隨著自變項之不同而不同。即不論預測變項之分數高低，效標變項的估計標準誤都是一樣大的的特性。此乃迴歸分析之重要基本假定之一。

2. 獨立性(independency)：誤差項之間相互獨立。

3. 常態性(normality)：誤差項之分配符合常態分配。

4. 誤差項之期望值為零。

5. 預測變項與效標變項呈直線相關。

五、迴歸分析之迴歸係數的計算公式

簡單線性迴歸模型(simple linear regression model)之假設為：$Y = \beta_0 + \beta_1 X_i + \varepsilon_i$，$I = 1, 2, ..., n$。其中：

Xi： 自變項（或稱為「預測變項」(predictor)、解釋變項(explaintary variable)）。

Yi： 依變項（或稱為「效標變項」(criterion)、被解釋變項(explained variable)）。

ε：誤差項(error term)。

β_0, β_1： 迴歸係數(regression coefficient)。以 X 預測 Y 所得之直線方程式，其斜率 β_1 即迴歸係數，即當 X 變數變動一個單位，而 Y 變數亦隨之變動的比例量數。β_0，則為迴歸方程式之截距。

方法一 **利用最小平方法(least square method)**

在使用最小平方法之前，需符合兩個條件：

1. $\sum(Y - \hat{Y}) = 0$，誤差項之和為零。

2. $\sum(Y - \hat{Y})^2$ 為極小值，即誤差項之平方和為最小。

設迴歸方程式為：$\hat{Y} = a + bX$，

則 $\sum(Y - \hat{Y})^2 = \sum[Y - (a + bX)]^2$

$$= \sum[Y^2 - 2(a + bX)Y + (a + bX)^2]$$

令 $f = \sum[Y^2 - 2aY - 2bXY + a^2 + 2abX + b^2X^2]$

$$= \sum Y^2 - 2a\sum Y - 2b\sum XY + 2ab\sum X + b^2\sum X^2 + Na^2$$

1. 以 b 為變數，並對其作微分，得到：

$$\sum XY = b\sum X^2 + a\sum X \quad\dotfill(1)$$

2. 以 a 為變數，並對其作微分，得到：

$$\sum Y = Na + b\sum X \quad\dotfill(2)$$

解(1)(2)得：$a = \overline{Y} - b\overline{X}$

$$by.x = \frac{\sum XY - \dfrac{\sum X \sum Y}{N}}{\sum X^2 - \dfrac{(\sum X)^2}{N}} = \frac{Cxy}{Sx^2} = r_{xy} \cdot \frac{Sy}{Sx}$$

方法二 利用離均差－斜率不變，截距為 0

$$\because \widehat{Y} = a + bX, \quad a = \overline{Y} - b\overline{X}$$

$$\therefore \widehat{Y} = \overline{Y} - b\overline{X} + bX = \overline{Y} - b(X - \overline{X})$$

即 $\therefore \widehat{Y} - \overline{Y} = b(X - \overline{X})$。

方法三 利用標準分數－截距為 0，斜率為 r_{xy}

由方法二可知：$\widehat{Y} - \overline{Y} = b(X - \overline{X})$，

同除 Sy 後：$\dfrac{Y - \overline{Y}}{Sy} = \dfrac{X - \overline{X}}{Sy}$

則 $\dfrac{Y - \overline{Y}}{Sy} = \dfrac{X - \overline{X}}{Sx} \cdot \dfrac{Sx}{Sy} \Rightarrow Z_y = r_{xy} \cdot Z_x$。

1. 迴歸最適線解釋樣本資料之程度

總離均差平方和（總變異）＝迴歸離均差平方和（解釋變異）＋

殘差平方和（被解釋變異）$\Rightarrow SSt = SSreg + SSres$

$$\Rightarrow \sum (Y - \overline{Y})^2 = \sum (\widehat{Y} - \overline{Y})^2 + \sum (Y - \widehat{Y})^2$$

2. 決定係數、疏離係數

決定係數(coefficient of determination)

總離均差平方和（總變異）被分割成兩大部分：迴歸離均差平方和（解釋變異）與殘差平方和（被解釋變異）。若將殘差平方和部分解釋為預測錯誤的部分，那麼吾人可說解釋變異部分即為預測正確的部分。研究者皆希望預測正確的部分越多越好，預測錯誤的部分越少越好，這樣表示研究的結果越正確。故決定係數即為：由 X 預測 Y 之迴歸方程式中，在效標變項 Y 的總變異之中，由預測變項 X 所能解釋之變異的百分比，希望此值越大越好。以公式表示即為：

$$\frac{SSreg}{SSt} = \frac{\sum(\hat{Y}-\overline{Y})^2}{\sum(Y-\overline{Y})^2} = \frac{[\sum XY - \frac{\sum X \sum Y}{N}]^2}{[\sum X^2 - \frac{(\sum X)^2}{N}][\sum Y^2 - \frac{(\sum Y)^2}{N}]} = r^2$$

疏離係數（或稱「離間係數」，coefficient of alienation）：

因為 $SSt = SSreg + SSres$，所以 $\frac{SSt}{SSt} = \frac{SSreg}{SSt} + \frac{SSres}{SSt} \Rightarrow 1 = r^2 + (1-r^2)$，其中 r^2 為決定係數，而 $\sqrt{(1-r^2)}$ 即為疏離係數。表示根據 Xi 變數預測 Yi 變數時之估計標準差與 Yi 變數標準差的比（比值越小，表預測越正確）。以公式表示即為：$\sqrt{1-r_{xy}^2} = \frac{\sigma_{y \cdot x}}{\sigma_y}$。

3. 估計標準誤的意義與實際運用

估計標準誤（standard error of estimate，縮寫為 SEest）：為根據迴歸線上的分數 Y 來預測 Yi 的估計誤差。由 Xi 來預測 Yi 之直線方程式中，Y（預測值）與實際 Y 值有誤差存在，而其誤差的平方和除以總人數後，即為估計誤差變異數，其平方根即為估計誤差標準差，簡稱之為估計標

準誤。吾人希望在總變異量中,解釋變異量越大越好,而被解釋變異越小越好,即希望估計標準誤越小越好。

$$\text{描述統計公式:} S_{y \cdot x} = \sqrt{\frac{\sum (Y - \hat{Y})^2}{N}} = \sqrt{\frac{SS_{res}}{N}}$$

$$\text{推論統計公式:} S_{y \cdot x} = \sqrt{\frac{\sum (Y - \hat{Y})^2}{N-2}} = \sqrt{\frac{SS_{res}}{N-2}}$$

估計標準誤通常較少以上述公式計算或表示,較常以 $\sqrt{1 - r_{xy}^2} = \dfrac{\sigma_{y \cdot x}}{\sigma_y}$ 表示。由公式可知估計標準誤的大小與相關係數的大小有直接關係存在,亦即相關係數越大,估計標準誤越小,越可以自 X 變數正確的預測 Y 變數;反之,相關係數越小,估計標準誤便越大,其預測正確性便會大為降低。

行銷研究實務反思

1. 與競爭對手相比，我們的品牌權益感受度如何？

2. 我們應該如何發展、調整或重新創造我們的品牌，以增加消費者的購
   買欲望進而提升公司的市場占有率？

Marketing Research 行銷研究

( ) 1. 統計學為蒐集、整理、陳示、分析和解釋統計資料，並可由何者來推論母體，使能在不確定的情況下做成決策的一門科學方法？ (A)樣本數量 (B)調查對象 (C)抽樣結果 (D)樣本資料。

( ) 2. 依資料的意義而言，統計學可分為三大類，分別為敘述統計學、推論統計學與何者等三大類？ (A)實驗設計 (B)推斷統計學 (C)描述統計學 (D)經濟統計學。

( ) 3. 用來表達所有資料中意涵訊息的特徵，以凸顯資料所代表的意義，讓使用該資料之研究者或讀者能夠掌握分析方向，此種量數稱之為： (A)敘述統計量 (B)統計特徵量 (C)趨勢統計量 (D)樣本統計量。

( ) 4. 實驗設計是利用資料產生之重複性與○，使特定因素以外之其他因素（已知或未知）的影響相抵銷，以淨化觀察特定因素的影響效果，因而提高分析結果精確度的設計。請問○是指： (A)獨特性 (B)隨機性 (C)排他性 (D)不變性。

( ) 5. 針對二個非連續之類別變項，或一個類別變項與次序變項間關係的討論，可以何者來解決？ (A)分布檢定 (B)名目檢定 (C)卡方檢定 (D)隨機檢定。

( ) 6. 根據研究者的觀察和理論，對某一問題所作的邏輯猜測，並以陳述的方法表達出來，又叫做哪種假設，此種假設僅為暫時性或試驗性的理論？ (A)科學假設 (B)邏輯假設 (C)研究假設 (D)實驗假設。

( ) 7. 通常進行事後比較多以 F 統計法或什麼為主？ (A)分析統計法 (B)分類統計法 (C)卡方分析法 (D)q 統計法。

( ) 8. 研究自變數與依變數間是否有相關存在，以及關連的程度或方向，即稱之為： (A)無關 (B)通關 (C)過關 (D)相關。

（　）9.　以直線關係而言，隨著自變數增加，而依變數亦隨之增加；或隨著自變數減少，而依變數亦隨之減少，如此同方向的相關性即是：　(A)正相關　(B)反相關　(C)負相關　(D)不相關。

（　）10.　研究一個或多個自變數對依變數的影響情況，即稱之為何者，其多用於預測與估計的統計方法，亦即以一個或多個自變數來描述，其預測或估計一個特定依變數的分析方法？　(A)研究分析　(B)迴歸分析　(C)線性分析　(D)理性分析。

 解答：1.(D) 2.(A) 3.(B) 4.(B) 5.(C) 6.(A) 7.(D) 8.(D) 9.(A) 10.(B)

MEMO

Chapter

12

知名品牌包包之消費者
行為研究

12.1 緒　論

12.1.1　行銷研究背景與動機

現今臺灣的大學生在社會與文化的演變下，許多大學生都追求流行時尚，渴望走在流行尖端展現獨特性，商品多樣性讓消費者有許多選擇，品牌是一個讓人容易辨識的商品屬性，名牌具備了高價位、身分地位及流行等象徵意義，然而現今大學生價值觀受到外在因素影響，對於購買名牌包的動機炫耀性比重大於實用性，購買名牌包對於大學生是一種高消費，此研究為分析消費者購買行為，從察覺購買需要並展開資訊搜尋，決策過程中所需考量的成本與代價，購買後對商品與服務滿意度為消費者帶來哪消費利益，這些都是我們想要深入探討的。

12.1.2　行銷研究目的與問題

此研究目的想要了解大學生選購名牌包的心態，為何想購買名牌包包，品牌認知對消費者影響程度，消費者對於購買名牌包的選擇與考量層面，廠商行銷策略是否對消費者購買行為產生影響，藉由問卷調查了解消費者對名牌包包的看法，最後經由調查分析得到結論，也藉此研究報告提供經銷商行銷策略的建議做為參考。

12.1.3　行銷研究設計與方法

一、研究設計
1. **範圍**：勤益科技大學。
2. **對象**：老師和學生。
3. **執行時間**：12 月 24 日之前。
4. **蒐集之資料**：將分為三大部分做消費者研究分析。

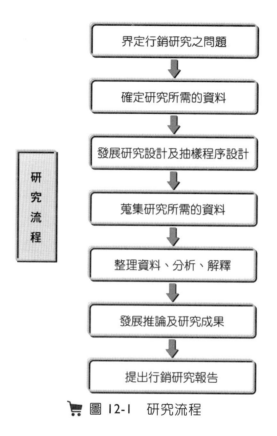

研究流程

界定行銷研究之問題

確定研究所需的資料

發展研究設計及抽樣程序設計

蒐集研究所需的資料

整理資料、分析、解釋

發展推論及研究成果

提出行銷研究報告

圖 12-1　研究流程

二、研究方法（蒐集初級資料和次級資料的方法）

1. 人員訪談－問卷調查。

2. 網路資料搜尋。

3. 行銷研究課本。

4. 消費者行為課本。

5. 服務業行銷課本。

12.2.1 名牌相關理論

一、名牌的定義

名牌，即知名品牌，是馳名品牌和著名品牌的簡稱。有不少人認為名牌就是知名度很高的品牌。這種理解只強調了品牌的認知性，而忽視了品牌的形象(image)和權益。本研究根據（品牌日報 2004.02.18）的定義名牌應該是知名度(awareness)和美好形象的統一體，是優異品質和美好聯想的組合體。名牌往往在市場上有尚佳的表現。經濟學界普遍認為，名牌應是名牌產品、名牌商標和名牌企業三個層次的總和。

Chernatory & McWilliam(1989)認為，品牌是一種識別的圖案，使其與競爭者有所差異，是一致性品質的承諾與保證，並可以作為自我印象投射的工具，或是作為決策的工作。Doyle(1990)表示，成功的品牌是名字、符號、設計或是其組合的運用，使其產品或是特定的組織能具有持續性的差異化優勢。

品牌是符號消費下的最大受益者，每個品牌都有其特殊的圖案與標誌，消費者只要看到這些符號，便會知道這是什麼品牌的商品，當然會加深對名牌的印象。在品牌領導一書中提到，符號不只是與消費者溝通的層面，也可以提高品牌策略的層次，因為它易於辨識與記憶的符號，讓消費者容易記住，才會有下一步消費的行為。

Interbred Group PLC 公司形容：一個強而有力的品牌能經常為公司開鑿財富，優秀的品牌會隨著時間演進，發展出清晰的特質，以及培養大眾對它的鍾愛及忠誠度，最佳的品牌將成為次品牌(sub-brand)和品牌延伸(brand extension)的父母，這使得品牌所有人有機會在新的領域開拓其他價值和新的品牌（陳佩秀，2001）。

綜觀以上名牌相關定義，本研究認為名牌是由品牌和知名度發展而成，從標誌與識別對企業來說也是與其他競爭者的差異，隨著企業文化進一步發展品牌故事、品牌個性、品牌形象，品牌知名度越高使消費者更容易記住，消費者對品牌若持正面的態度，易促成其購買行為。

二、名牌包市場銷售

貝恩公司(Bain & Co)公布的年度奢侈品行業調查報告的結論－預期2010年的名牌服裝、皮包、首飾和手錶等在全世界各地的銷售，會比2009年上升10%，達1,680億歐元，而2009年只有1,530億歐元。

調查報告說：「美國市場的奢侈品銷售量上升12%、歐洲6%，而亞洲則達22%。」報告預期，在去年的全球經濟衰退期間唯一保持銷量穩定的名牌皮貨（包括名牌包），2010年的銷量可望上升16%；此外，貝恩報告對名牌服裝今年的銷售預估是增長8%，達450億歐元。聖誕節期間世界各地的銷售會證實報告對奢侈品銷售量的預估：「報告的保守預估是上漲9%，如果銷售強勁的話，可達11%。」但是由於美元兌歐元的匯率下降，預期這一上漲趨勢會在2011年放緩到3至5%。

三、產品／品牌態度與其他心理過程間的關係

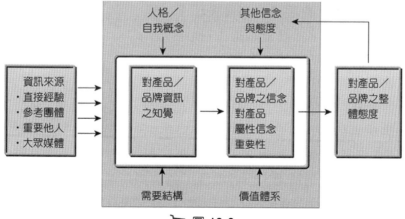

🛒 圖 12-2

四、馬斯洛需要階層模式

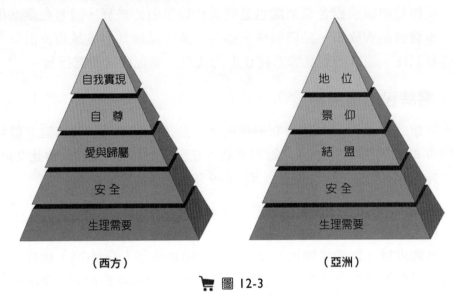

圖 12-3

☆ 本研究選定雨傘包(Arnold Palmer)、Miryoku、Porter 品牌進行消費者
　行為分析研究。

1. 雨傘包(Arnold Palmer)

　　其品牌的創始人「阿諾・帕瑪」(Arnold Palmer)，是美國家喻戶曉的高爾夫球手，以及美國四屆高爾夫名人賽冠軍得主，他每次出賽都吸引大批忠實的球迷持傘觀看，成千上萬的雨傘如花般怒放，蔚為壯觀，所以，這個一把彩色的雨傘「花雨傘」的品牌標誌著 Arnold 當年馳騁球場的盛況。該品牌於 1955 年創立，差不多已經風靡全球 50 年。自 50 年代起  就以品牌純正，做工精細，設計簡潔，色調清新風靡全世界，也曾被評為「中國十大暢銷服裝品牌」之一，在中國人的心目中極具影響力。

2001 年 Arnold Palmer 品牌作品於日本登場，以經典運動作藍本注入潮流元素，迅即成為熱遍全日本的潮流話題。現時 Arnold Palmer 於日本的專賣點已經遍布原宿、澀谷、新宿、代官山等地，而青山旗艦店開幕之後，更是朝拜者眾。而香港方面則正式引入，其設計至剪裁均由對本地時裝市場具充分認識的設計師負責，難怪甫出現便備受少女明星偶像包括 Twins、2R 等喜愛，知名度飆升一時，專賣點除了包括 7 間店外，更於 2003 年 12 月開設首間專賣店，預計將會有更多新店投入服務。Arnold Palmer 以一把雨傘作標記，標誌著其經典的一面；而其可愛活力的一面則以撐著傘子的小兔代表。此外，有別於其他的自家品牌，Arnold Palmer 每季設計有多個設計方向，而 2004 年春夏系列則為年輕女性提供多款充滿活力的衣飾，除了衣服外更備有毛巾、內衣、包包、手帶等供選擇，亦為上班族帶來更多配襯樂趣。

2. Miryoku

Miryoku 代表著個性、自我、不做作的意味，不會跟潮流也不崇拜流行，卻崇尚享受簡單自然的真我個性風！Miryoku 的創始來源是為了年輕少女們所追求的夢想而誕生，給予她們展現最真實自我的個人風采。

其設計團隊的使命－不花俏、不做作，只把獨特的妳展現出來，也不忘照顧和滿足妳細膩的需求。

3. Porter

尚立國際股份有限公司經營 Porter International 品牌逾十個年頭。一路走來，Porter 包以低調自在的詮釋方式、簡約精緻的設計概念、獨家開發的嚴選材質及實用貼心的收納功能，顯露出追求細節的初心。

簡約 (simple)、耐用 (durable)、功能 (functional)、經典時尚 (timeless) 是 Porter International 向來秉持的品牌精神，貼近年輕世代流行文化，勇於創造自我風格，正是 Porter 包獨有的設計語言。正因如此，自 2001 年以來，Porter International 迅速擄獲不少時尚人士的青睞，成為不可或缺的必備品。而每季低調又帶點 Kuso 意味的形象廣告，更常以其特有幽默引起大眾廣泛討論。

為了讓更多喜愛 Porter 包的朋友們可以輕鬆選購系列包款，Porter International 不斷擴增銷售據點。不僅於全臺各地設置了 54 個據點，更於 2003 年起，陸續進入香港、澳門以及新加坡市場，希望讓每個地區的消費者皆可看見 Porter 包的低調身影。無論你身在亞洲哪一間 Porter 店櫃，簡約舒適又帶點巧思的陳列空間，總是能忠實呈現 Porter 包的低調魅力。

12.2.2 消費者的購買行為分析

一、消費者行為意涵

廣義的消費者行為意涵是指「消費者在日常生活中進行交換活動時，所產生的情感與認知、行為與環境事件之動態性互動」。

　　狹義的消費者行為意涵是指「消費者在評估、取得、使用與處置產品與服務時，所投入的決策過程與形體活動」。

二、消費者行為構面

　　消費者行為構面可分成三大部分，分別是消費者決策制定過程主要包括五個階段：1.問題察覺；2.資訊搜尋；3.方案評估；4.購買選擇；5.購後過程，影響消費者行為之內在因素與影響消費者行為之外在因素。

三、消費者行為影響因素

（一）內在影響因素

　　消費者行為也就是在決策制定的過程往往會受到許多因素的影響，其中最不易觀察的部分為消費者的內在心理歷程。

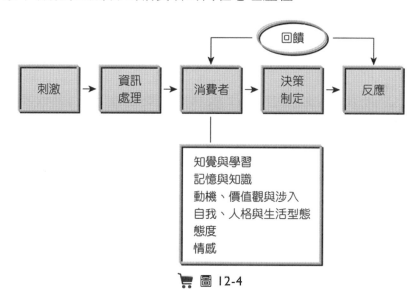

🛒 圖 12-4

　　上圖顯示消費者接受行銷刺激而開始進行資訊處理，在消費者能夠制定決策之前，須經過消費者的心理過程，即消費者的內在心理因素，包括知覺之反應、資訊處理與學習、記憶、知識、動機與涉入、價值觀、

自我、人格、生活型態、態度、情感等。最後，消費者的購後反應與評估會提供經驗性的資訊，作為消費者內在心理過程的回饋。

（二）外在影響因素

消費者的決策過程除了受眾多的心理因素影響之外，亦受到環境因素的左右，這些環境因素與我們的生長環境有關，例如：文化與次文化，潛移默化我們的消費觀念與價值觀；亦與消費者周遭的團體與個人息息相關，例如：團體之人際影響與社會力量，以及家庭成員間的共同需要與聯合採購等。

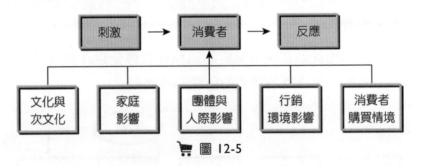

圖 12-5

收入的增加、生活型態及人口結構的改變是消費者行為改變的主要原因(Kaynak et. al., 1996)。消費者行為之架構與意義包含社會學、心理學、經濟學及行銷學等領域，是一門科技整合的學科。Nicosia(1966)定義消費即是以非轉售為目的之購買行為。Engel 等(1993)定義消費者行為是消費者在取得、消費及處置時所涉及的各項活動，並包括這些行動事前與事後所發生的決策在內，顯示消費者行為是一連串的活動。Kotler(1998)指出消費者每次在購買決策過程中，可能同時扮演一種或多種角色：發起者、影響者、決策者、購買者和使用者，會依每次不同情況而扮演不同的角色，當消費者擔任的角色是購買者時，消費者通常在購買產品前會先蒐集資料，並在眾多不同的產品及品牌中，選擇一個合理的價格(Oliveira-Castro, 2003)。

消費者的消費支出是支撐業者經營的基本動力，了解影響消費意願、顧客忠誠度(Yi & La, 2004)、消費時段、購買產品型態、消費頻率、消費金額（Park, 2004；王秀瑩，2000；王怡文和李明聰，2005）等消費者行為的因素，成為經營者所必須掌握的基本方針。若以經營者為主角的思考邏輯中，以營利為出發點，則最重視的是消費金額與消費頻率兩項消費者行為變數，因其兩者的交互作用即貢獻出營業額。

值得注意的是透過購物網站與二手名牌店等購買名牌的比例也占了29%，比例亦不低。由此也可發現，消費者的自主性越來越高，購買管道日趨多元化（《名牌誌》，2006 年 3 月號；卓怡君，2004）。從經濟、心理、生活、社會等角度解釋消費者行為，學者曾經發表多種消費者模式行為，對於探究各類有關消費性(consumption)和擁有性(possession)特質所涵蓋範圍，提出不同意見，包括消費者物質主義、定型化消費者行為以及強迫性購買行為（曾光華，1999）。Schiffman(1993)所稱消費者行為是指消費者為了滿足其所需求，表現出對產品、服務、想法的尋求、購買、使用、評價和處置的行為。因此探討消費者行為除了觀察其購買的動作外，還須包括購買行為背後有關各項實體及精神層面的因素，消費者行為的研究即是研究消費者個人如何制定購買決策，以及運用其所擁有資源在消費的相關過程上。

12.2.3 消費者的購買心理分析

價值是一種持久性的信念，亦是人類行為偏好的基礎，使個人偏好於某種行為模式(Rokeach, 1973)。消費者價值是一種經驗，不是存在於所購買的產品上，也並非於所選擇的品牌上，更不是在擁有此項產品上，而是來自於其中的消費經驗(Hirschman & Holbrook, 1982)。Chaudhuri 和 Morris(2001) 曾對產品的屬性劃分為兩種，其中一種為實用性價值(utilitarian value)，另一種為享樂性價值(hedonic value)。實用性的消費者行為被認為是任務性及理性(Batra & Ahtola, 1990)，產品或服務提供消費

者解決問題的能力,以滿足消費者對於其產品或服務本身的功能或效用上的需求,更進一步促使消費者感受到提高利益或減少成本的效益;享樂性價值較主觀且個人化,其主要來自於享受與樂趣,而非任務的完成(Hirschman & Holbrook, 1982),購買產品或服務的交易過程中,提供消費者正向的感官情緒,給消費者情感、美感或其他感官上的愉悅、幻想的感覺和體驗。

顯而易見的,在此去物質化的消費邏輯中,消費者透過 Logo 的象徵性質巧妙地轉換了自己在社會上的位置和價值,打破了現代性所強調的階級和界線,轉而投向後現代對於界線與差異內爆化之核心論點。因為這樣的一個社會文化價值及其內在的轉移,使得如今消費名牌的人,除了通過消費方式和消費內容向他人傳達某種刻意營造的訊息之外,也是在透過這種方式在尋求某一文化圈內的認同,另一方面,也藉由名牌的附加價值和歷史文化意義在試探社會對自己的尊重程度(高小康,2003)。由此,人們透過消費名牌的符號象徵性巧妙地轉換自身在他人眼中的形象或身分地位,然而這種藉由符號所換來的社會位階,已置入所謂的擬象操作邏輯之中,讓人對於符號訊息的真或假產生了距離。

12.3　行銷研究問卷設計

12.3.1　抽樣設計

母　　體:國立勤益科技大學日間部師生,共 6,059 人。

抽樣方法:非機率抽樣-便利抽樣,便利抽樣是以研究者之便利性為原則之抽樣方法,樣本之選擇,以便利接近及便利訪問、調查及衡量者為樣本群。

樣本數量:100 份。

如何進行抽樣：以發放問卷方式，進行抽樣調查。

12.3.2　問卷設計

研究動機說明

您好：

我們是國立勤益科技大學企管系的學生，這是一份針對「消費者購買下列三個名牌包：雨傘包(Arnold Palmer)、Miryoku、Porter 之心理行為分析與研究」，旨在了解目前名牌包消費者之族群分布以及其購買之心理行為。

如果您曾經購買過名牌包包，皆可回答此問卷。

您所填寫的內容，僅做學術研究之用途，絕不會公開您所提供的資料，耽誤您寶貴的時間，謝謝您的支持！

第一部分：購買行為

1. 此三種名牌的包包，您較常選購哪一個品牌？ 　□雨傘包(Arnold Palmer)　　　□Miryoku　　　□Porter
2. 請問有哪些因素會使您有購買三種名牌包包的動機？ 　□流行趨勢　　□工作需要　　□自我滿足 　□地位與權力　□喜愛　　　　□贈禮　　　　　□其他（請說明）
3. 請問您平均一年花在此三種名牌包包的金額大約多少？ 　□2,000 元以下　□2,000 元～5,000 元　□5,000 元～10,000 元 　□10,000 元以上
4. 請問您平均購買一次此三種名牌包包的價格？ 　□1,500 元以下　　　　　□1,500 元～2,500 元　　□2,500 元～3,500 元 　□3,500 元～4,500 元　　　□4,500 元以上
5. 請問您最常使用哪些通路購買此三種名牌包包？ 　□網路　　　　□旗艦店　　□百貨公司專櫃　　□親朋好友介紹 　□其他（請說明）
6. 請問下列哪些因素會影響您選購此三種名牌包包？ 　（可複選，至多兩個。） 　□電視廣告　　□名人代言　□產地來源　　□品牌概念 　□親朋好友　　□外觀設計　□價格　　　　□商譽　　　　□品質 　□網路資訊　　□其他

7. 請問您比較想購入何種材質的此三種名牌包包？
   □漆皮　　　　□尼龍　　　　□緹花布　　　　□合成皮革　　　□帆布

8. 請問您認為購買此三種名牌包包的目的為何？（可複選，至多兩個。）
   □收藏　　　　□滿足欲望　　□跟他人炫耀　　□實用與功能性
   □流行趨勢　　□穿著搭配　　□身分地位的象徵

9. 請問當您遇到想購買的此三種名牌包包，但價格卻不如預算時，您會如何抉擇？
   □下次再購買　　□換選購其他價位較低的包　　　□不購買

10. 請問哪一種宣傳手法最能吸引您去購買此三種名牌包包？
    □廣告宣傳　　□口碑宣傳　　□名人代言　　　□優惠促銷

11. 請問您在選購此三種名牌包包的過程中，若服務人員態度不佳，或是在購買後
    發現產品有瑕疵，拿回店家做更換卻遭到拒絕，您會採取何種申訴管道？
    □客訴　　　　□私下抱怨　　□訴諸第三者（消基會）

12. 請問您在購賞此三種名牌包包的選擇大部分是因為？
    □隨意選取　　□單純喜歡　　□習慣性選擇　　□多樣性尋求

13. 請問您在何處獲得此三種名牌包包的相關資訊？
    □DM　　　□報章雜誌　　□電視廣告　　□網路資訊　　□親朋好友

14. 請問在購買此三種名牌包包時，您通常扮演何種角色？
    □提議者　　　□影響者　　　□使用者　　　　□資訊蒐集者
    □決策制定者　□採購者或守門者

15. 請問當您遇到很想購買此三種名牌包包，卻受到家人、朋友或另一半的阻擋時，
    您會用什麼方法來說服對方？
    □堅持己見　　□利益交換　　□理性說服　　　□表現受傷失望

16. 請問您覺得網路上的資訊可靠嗎？
    □可靠　　　　□不可靠

17. 請問您是否曾經利用網際網路購買此三種名牌包包？
    □是　　　　　□否

第二部分：購買心理

請勾選符合您的購買趨向	非常同意	同意	無意見	不同意	非常不同意
1. 您會參考報章雜誌上所推薦此三種名牌包的款式。					
2. 只要是此三種名牌的包包，您都想要擁有它。					
3. 您只購買此三種名牌的包包。					
4. 看到某人拿著與您同品牌的包包，您會覺得他很時尚。					
5. 看到雨傘包(Arnold Palmer)、Miryoku、Porter，您會聯想到該品牌的標誌。					
6. 購買此三種名牌的包包時，通常會著重包包的實用性大於外觀性。					
7. 你認為此三種名牌的包包可以突顯個人品味與身分地位。					
8. 市面上此三種名牌包的款式，女性的選擇權較大於男性。					
9. 您會參考親朋好友的意見，來決定選擇此三種名牌中，哪一種款式的包包。					
10.您會參考網友的意見，來決定是否購買此三種名牌包包。					
11.您認為此三種名牌的包包可以代表自我形象。					
12.購買、使用此三種名牌的包包會讓您感覺良好（愉悅）。					
13.您會因為此三種名牌的品牌概念，而去決定是否購買該品牌的包包。					
14.您認為此三種名牌的包包可以代表地位高尚的追求。					
15.這三種名牌的包包您完全不會想要選擇使用二手的。					
16.您對此三種名牌的包包會產生衝動性的購買行為。					
17.在談論此三種名牌的包包時，是您告訴您的朋友相關資訊。					
18.此三種名牌包有新款上市，可以提供您大幅的折扣，但條件是希望您在使用過後，親自證言這款包包的好處。					
19.在廣告中遇到您所喜愛的代言人，代言此三種名牌包包新上市的款式，您會有購買的欲望。					
20.網路上出現負面評價會影響您的購買決策。					
21.您覺得此三種名牌的包包，購買網路上的比自己出門買的好。					

第三部分：基本資料

1. 請問您是否曾買過名牌包？ 　　□是　　　　　　　　□否
2. 請問您的性別是？ 　　□男　　　　　　　　□女
3. 請問您的年齡是？ 　　□16 歲～18 歲　　　□19 歲～24 歲　　　□25 歲～30 歲
4. 請問您的教育程度？ 　　□大專院校　　　　　□研究所
5. 請問您的職業是？ 　　□學生　　　　　　　□非學生
6. 請問您的月收入（含零用錢）？ 　　□3,000 元以下　　　□3,001 元～6,000 元　　　□6,001 元～10,000 元 　　□10,001 元～20,000 元　□20,001 元～25,000 元　　□25,000 元以上

※問卷結束，感謝您的配合與協助，謝謝！※

12.4 行銷研究市場調查資料分析與結果

12.4.1 購買行為分析

1. 此三種名牌的包包，您較常選購哪一個品牌？

研究結果

· MIRYOKU 45%

· 雨傘包(Arnold
　Palmer)34%

· PORTER 21%

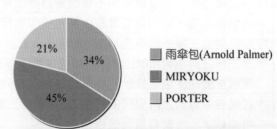

2. 請問有哪些因素會使您有購買三種名牌包包的動機？

(1) 研究結果

- · 自我滿足 29%
- · 喜愛 26%
- · 流行趨勢 20%
- · 贈禮 11%
- · 地位與權力 8%
- · 工作需要 4%
- · 其他 2%

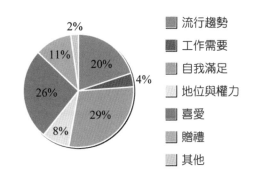

(2) 購買動機之行銷策略

① 研究結果中自我滿足占了較大的比例，自我滿足是屬於個人動機，有時消費者會藉由花錢去減緩他們的沮喪與負面情緒，店家可以提供潛在的感官刺激給購物者，如音樂、香味或店內布置，使消費者可以待在店內較久的時間。

② 購買行動主要是要解決問題，滿足生活所需，因此在哪些情況下會產生購買的動機，成為消費者行為之起始點。根據研究結果顯示，大多數人購買名牌包都是因為自我滿足，所以建議廠商在設計名牌包時可以增加多種款式，提供消費者能有多樣化的選擇，以達到消費者要的自我滿足。

③ 根據研究結果指出自我滿足占了較大部分，而自我滿足是屬於個人動機。消費者會因為身處不同環境而可能左右為何或何時要購買，有些人是無聊去商店打發時間，而有些是想藉由花錢以減緩沮喪的負面情緒，在此種動機下，消費者重視的不是產品效果，而是購買過程所帶來的效用。通常遇到此類消費者時，商店就可以多想一點的促銷貨價格上的優惠將消費者留下。

④ 研究結果中自我滿足占了較大的比例，顯示消費者此購買行為往往屬無意識動機，因此業者可不定時舉辦特賣會，藉以吸引潛在顧客。

3. 請問您平均一年花在此三種名牌包包的金額大約多少？

研究結果

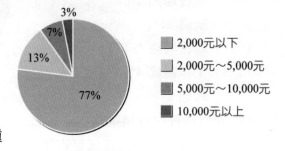

· 2,000 元以下 77%

· 2,000 元～5,000 元 13%

· 5,000 元～10,000 元 7%

· 10,000 元以上 3%

4. 請問您平均購買一次此三種名牌包包的價格？

(1) 研究結果

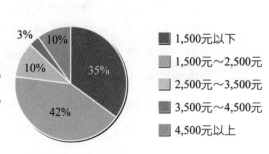

· 1,500 元以下 35%

· 1,500 元～2,500 元 42%

· 2,500 元～3,500 元 10%

· 3,500 元～4,500 元 3%

· 4,500 元以上 10%

(2) 平均購買價格之行銷策略

價格被認為是消費者為了獲取欲求之商品或服務所必須放棄的金額，價格已經成為消費者選擇產品的主要因素，產品訂價是行銷者最具調整彈性的行銷策略，也是影響要費者購買意願與需求和直接的原因，訂價應該在購買者及行銷者可接受的範圍。

5. 請問您最常使用哪些通路購買此三種名牌包包？

(1) 研究結果

- 百貨公司專櫃 54%
- 旗艦店 22%
- 網路 13%
- 親朋好友介紹 10%
- 其他 1%

■ 網路
■ 旗艦店
■ 百貨公司專櫃
▨ 親朋好友介紹
■ 其他

(2) 最常使用通路之行銷策略

① 相似的商品於不同的通路販售給消費者的是不同的價值感受，百貨公司相較於網路購物較有保障，集點送贈品或是禮券可以提高消費者再來買商品的頻率。

② 最大的通路是百貨公司專櫃，行銷者可在百貨公司設立較多專櫃，以便顧客有較多的選擇，因為是專櫃，讓顧客也有較多的保障品質，可讓顧客更加放心。

6. 請問下列哪些因素會影響您選購此三種名牌包包？（可複選，至多兩個）

(1) 研究結果

- 外觀設計 23%
- 價格 16%
- 其他（品牌知名度）16%
- 品質 14%
- 品牌概念 8%
- 產地來源 6%   ・ 親朋好友 5%
- 商譽 5%   ・ 名人代言 3%
- 電視廣告 2%   ・ 網路資訊 2%

▨ 電視廣告
■ 名人代言
▨ 產地來源
■ 品牌概念
▨ 親朋好友
■ 外觀設計
▨ 價格
■ 商譽
▨ 品質
■ 網路資訊
■ 其他（品牌知名度）

(2) 影響選購因素之行銷策略

① 產品的外觀直接影響消費者的感官，可提供客製化的服務，同樣的款式可做成側背、手提或是肩背，讓消費者有較多樣的選擇。

② 研究結果顯示產品的外觀是最影響消費者的購買因素，因此業者可以加強包包的外觀設計和加入許多貼心小設計，例如為手機量身訂做小袋、名片夾，使名牌包更具有個性與獨特性。

7. 請問您比較想購入何種材質的此三種名牌包包？

(1) 研究結果

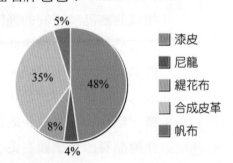

· 漆皮 48%

· 合成皮革 35%

· 緹花布 8%

· 帆布 5%

· 尼龍 4%

(2) 購入包包的材質之行銷策略

消費者在選購包包時，會很注意外觀和觸感！所以從調查發現大部分會選購漆皮依序是合成皮革……等。廠商可以選擇多用漆皮當作主要的材質！迎合消費者需求。

8. 請問您認為購買此三種名牌包包的目的為何？（可複選，至多兩個）

(1) 研究結果

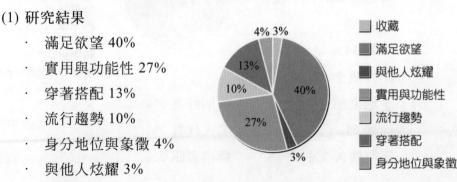

· 滿足欲望 40%

· 實用與功能性 27%

· 穿著搭配 13%

· 流行趨勢 10%

· 身分地位與象徵 4%

· 與他人炫耀 3%

· 收藏 3%

(2) 購買目的之行銷策略

① 目前產品使用情境，亞洲集體互依的文化取向下，社會我的自我概念非常重要，以致於產品使用需視私下或公開場合情境區分，亞洲消費者對私下使用的產品通常涉入感較低，比較不重視品牌形象而重視產品實用功能，購買私下使用產品時，考慮的是金錢性、功能性風險，購買決策比較不受他人影響。所以我們從這份圖表中可以得知，選擇「滿足欲望」的人占 40%，選擇「實用與功能性」的人占 27%，由此可見，目前大多數人購買名牌包的目的是屬於公共意義裡的「私下使用」。所以製造商應該要以設計「功能與實用性」的包包，來擄獲消費者的心。

② 由研究結果可得知滿足自己的欲望是許多消費者的目的，因此業者的行銷手法必須強調名牌包的相對優勢與差異性來進行產品定位，使消費者對名牌包有一定的認知且產生滿足心理的欲望。

9. 請問當您遇到想購買的此三種名牌包包，但價格卻不如預算時，您會如何抉擇？

(1) 研究結果
   · 下次再購買 67%
   · 選購價位較低的包包 18%
   · 不購買 15%

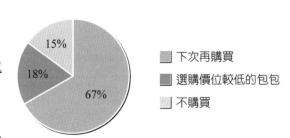

(2) 購買價格不如預算之行銷策略

由結果顯示出大多數消費者仍有購買意願，因此業者可以讓消費者先預付訂金，等下次結清帳款就可取貨，讓消費者不用擔心下次再來買時，產品卻已賣完的消息。

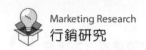
10. 請問哪一種宣傳手法最能吸引您去購買此三種名牌包包？

   (1) 研究結果

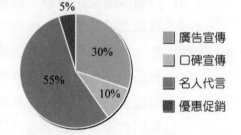

     · 優惠促銷 55%

     · 口碑宣傳 30%

     · 名人代言 10%

     · 廣告宣傳 5%

   (2) 宣傳手法之行銷策略

       根據問卷調查的結果發現，優惠促銷所占的比例最重，可見大部分的消費者皆無法抵擋廠商所做的優惠促銷策略的吸引，建議廠商可以推出會員優惠折扣活動或是週年慶以較低價格加購相關小贈品的活動等。

11. 請問您在選購此三種名牌包包的過程中，若服務人員態度不佳，或是在購買後發現產品有瑕疵，拿回店家做更換卻遭到拒絕，您會採取何種申訴管道？

   (1) 研究結果

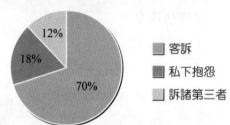

     · 客訴 70%

     · 私下抱怨 18%

     · 訴諸第三者 12%

   (2) 申訴管道之行銷策略

    ① 研究結果表示大部分的消費者多選擇客訴，是希望能獲得廠商適度的回應甚至是補償，廠商應提供良好的售後服務。

    ② 根據此份問卷的調查結果，我們可以發現大部分的消費者，在選購物品當下或者是在購買後，若對服務人員態度不滿、產品品質不佳等因素下，都會選擇以客訴的方式進行反擊，少部分的消費者則會選擇訴諸第三者或是私下跟親朋好友抱怨，因此，廠商應該安排員工訓練課程，管制產品品質等，避免使消費者在購買當下，或者購買後產生不滿，這樣不僅會影響該產

品在消費者心目中的形象，使消費者的購買意願下降，也會使
該產品產生不好的名聲，最後，雙方都得不償失。

12. 請問您在購買此三種名牌包包的選擇大部分是因為？

(1) 研究結果

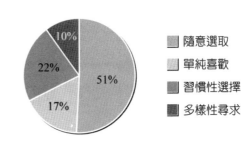

- 單純喜歡 51%
- 多樣性尋求 22%
- 習慣性選擇 17%
- 隨意選取 10%

(2) 選購原因之行銷策略

我們藉由實際的調查後，發現有一半的消費者在購買名牌包包時，
都只是純粹基於對此產品的喜歡與否反應而購買，因此，廠商應
該針對消費者的喜愛偏好，進行產品設計，或者運用宣傳手法吸
引消費者的注意，例如：名人代言，使消費者面臨在不知從何選
起的情境下，可能被迫退而求其次，以所謂的喜歡捷思來選擇產
品，即使是針對耐久性產品，消費者也常常以個人偏好下購買決
定，特別是在產品知識較缺乏的消費者，更可能採用此種決策捷
徑。

13. 請問您在何處獲得此三種名牌包包的相關資訊？

(1) 研究結果

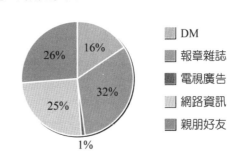

- 報章雜誌 32%
- 親朋好友 26%
- 網路資訊 25%
- DM16%
- 電視廣告 1%

(2) 獲得相關資訊之行銷策略

研究結果表示大部分的資訊來源來自報章雜誌，可以在報章雜誌上提供折扣截角等優惠方案吸引顧客。

14. 請問在購買此三種名牌包包時，您通常扮演何種角色？

(1) 研究結果

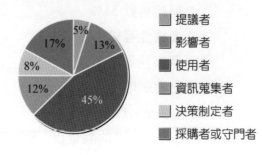

· 使用者 45%
· 採購者或守門者 17%
· 影響者 13%
· 資訊蒐集者 12%
· 決策制定者 8%
· 提議者 5%

提議者
影響者
使用者
資訊蒐集者
決策制定者
採購者或守門者

(2) 購買時，扮演角色之行銷策略

家庭採購決策對消費者的購買行為影響重大，而家庭成員間也有各自所扮演的角色，採購過程的角色可分為六項：提議者、影響者、資訊蒐集者、決策制定者、採購者或守門者、使用者。根據圖表顯示，在現今社會中購買名牌包的消費者，占45%為使用者、占17%為採購者或守門者，所以當商家遇到消費者時，要先搞清楚，此消費者是使用者還是採購者或守門者，若此消費者為使用者，商家即可向該消費者推薦較多的實用與功能性；若此消費者為採購者或守門者，應先詢問對哪些品牌有忠誠度，因為採購者往往也是守門者，關係到哪些特定的產品與品牌最後被購買並被使用。

15. 請問當您遇到很想購買此三種名牌包包時,卻受到家人、朋友或另一半的阻擋時,您會用什麼方法來說服對方?

(1) 研究結果

· 理性說服 48%

· 利益交換 24%

· 表現受傷失望 15%

· 堅持己見 13%

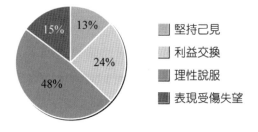

(2) 研究分析

家庭採購決策不論在採購目標、選擇方案或購買過程等方面,有時可能因為成員間意見分歧、目標不一致、需求不同或權力分配不當而產生衝突,因此常常需要協調、溝通、妥協或甚至強迫彼此來達成聯合政策。依圖表顯示出,理性說服占 48%、利益交換占 24%、表現受傷失望占 15%、堅持己見占 13%,所以得知現今消費者,若與其他成員意見不同時,大多數以理性說服的方式,來達到雙方平衡點。

16. 請問您覺得網路上的資訊可靠嗎?

(1) 研究結果

· 是 17%

· 否 83%

(2) 網路資訊可靠之行銷策略

大多數的消費者對於網路上所提供的相關資訊都抱持不信任的態度,因

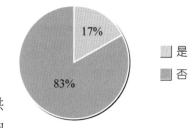

此,建議業者可以建立屬於自己公司的官網網站,不定期更新資訊,讓消費者可以隨時掌握,也可以隨時藉由官網與廠商直接聯絡。

17. 請問您是否曾經利用網際網路購買此三種名牌包包？

    (1) 研究結果

        · 是 21%

        · 否 79%

    (2) 利用網際網路購買之行銷策略

        建議廠商可以建立消費者對網路購

        物的信任度，可以針對在網路上購買

        的產品延長保固期限、提供七天鑑賞期的服務等。

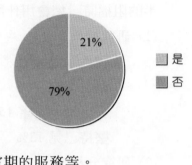

12.4.2　購買心理分析

    完成問卷之後，我們經由調查的結果進行分析，我們採用平均數的方式，進行資料統整。假定非常同意為 5 分、同意為 4 分、無意見為 3 分、不同意為 2 分、非常不同意為 1 分，將每一份問卷同題號的分數進行加總後平均，以平均數的方式分析消費者的購買心理。

（最高極值為 5 分，最低極值為 1 分）

題目	數據
1. 您會參考報章雜誌上所推薦此三種名牌包的款式。	3.47
2. 只要是此三種名牌的包包，您都想要擁有它。	2.1
3. 您只購買此三種名牌的包包。	3.38
4. 看到某人拿著與您同品牌的包包，您會覺得他很時尚。	2.88
5. 看到雨傘包(Arnold Palmer)、Miryoku、Porter，您會聯想到該品牌的標誌。	2.75
6. 購買此三種名牌的包包時，通常會著重包包的實用性大於外觀性。	4.42
7. 你認為此三種名牌的包包可以突顯個人品味與身分地位。	3.72
8. 市面上此三種名牌包的款式，女性的選擇權較大於男性。	4.08
9. 您會參考親朋好友的意見，來決定選擇此三種名牌中，哪一種款式的包包。	4.07
10.您會參考網友的意見，來決定是否購買此三種名牌包包。	3.85

題目	數據
11.您認為此三種名牌的包包可以代表自我形象。	1.39
12.購買、使用此三種名牌的包包會讓您感覺良好（愉悅）。	4.09
13.您會因為此三種品牌的品牌概念，而去決定是否購買該品牌的包包。	3.23
14.您認為此三種名牌的包包可以代表地位高尚的追求。	4.21
15.這三種名牌的包包您完全不會想要選擇使用二手的。	3.53
16.您對此三種名牌的包包會產生衝動性的購買行為。	2.77
17.在談論此三種名牌的包包時，是您告訴您的朋友相關資訊。	4.67
18.此三種名牌包有新款上市，可以提供您大幅的折扣，但條件是希望您在使用過後，親自證言這款包包的好處。	4.92
19.在廣告中遇到您所喜愛的代言人，代言此三種名牌包包新上市的款式，您會有購買的欲望。	3.16
20.網路上出現負面評價會影響您的購買決策。	4.79
21.您覺得此三種名牌的包包，購買網路上的比自己出門買的好。	2.12

1. 您會參考報章雜誌上所推薦此三種名牌包的款式。
    (1) 研究結果：3.47 分
    (2) 參考報章雜誌包款之行銷策略
        ① 大部分人們都是同意這個觀點，只要是報章雜誌上名人推薦或使用的款式，就會有較多人想去購買，行銷者可將近期流行的包款置入廣告雜誌，再請名人來代言，可增加較多的消費者。
        ② 業者可以增加廣告的曝光率，另外在報章雜誌提供為何名人推薦此款式的包包，且強調此產品的功能性與價值所在。

2. 只要是此三種名牌的包包，您都想要擁有它。
    (1) 研究結果：2.1 分
    (2) 此三種名牌包包之行銷策略
        可以提高此三種名牌的知名度及認可度，讓消費者更想去購買。例如多在雜誌上置入平面廣告。

3. 您只購買此三種名牌的包包。

  研究結果：3.38 分

4. 看到某人拿著與您同品牌的包包，您會覺得他很時尚。

   (1) 研究結果：2.88 分

   (2) 名牌包包時尚感之行銷策略

   　　名牌包象徵著時尚感與奢華意涵，建議此三種名牌的廠商可
   提供更多的資訊或口碑給消費者，建立象徵性的記憶。

5. 看到雨傘包(Arnold Palmer)、Miryoku、Porter，您會聯想到該品牌的
   標誌。

   (1) 研究結果：2.75 分

   (2) 品牌標誌知名度之行銷策略

   　　調查結果顯示，Arnold Palmer、Miryoku、Porter 目前並不是
   大家都非常熟悉的名牌，因此，建議廠商可藉由電視廣告、雜誌
   等來提升知名度。

6. 購買此三種名牌的包包時，通常會著重包包的實用性大於外觀性。

   (1) 研究結果：4.42 分

   (2) 名牌包包特性之行銷策略

   　　業者在設計此三種名牌包時，可更具客製化與差異化，例如：
   同一個包包兼具側背、肩背的雙重功能，且每種款式有不同的尺
   寸可選擇，或是因應不同的消費族群推出不同功能設計的名牌
   包。

7. 你認為此三種名牌的包包可以突顯個人品味與身分地位。

   (1) 研究結果：3.72 分

   (2) 行銷策略

   　　業者可以藉由產品形象使消費者對名牌包產生購買意願，例
   如：強調名牌包的象徵性與外顯性。

8. 市面上此三種名牌包的款式，女性的選擇權較大於男性。

   (1) 研究結果：4.08 分

   (2) **名牌包款選擇之行銷策略**

   　　在名牌包市場中，女性比男性較常購買名牌包，且選擇權也較多樣化，因此業者可以主攻女性市場，例如：將店面布置得較女性化、經常不定期舉辦特賣會以吸引婆婆媽媽們，另外業者在打廣告時，可特別強調攜帶名牌包的女性擁有的象徵性利益。

9. 您會參考親朋好友的意見，來決定選擇此三種名牌中，哪一種款式的包包。

   (1) 研究結果：4.07 分

   (2) **參考他人意見選購之行銷策略**

   　　根據問卷調查結果發現，消費者在選購品牌包包時，大部分都會參考親朋好友的意見來決定購買的決策，依據圖 12-2（產品／品牌態度與其他心理過程間的關係圖）可知消費者對於產品／品牌資訊之知覺，有好幾種資訊來源，其中就有提及參考團體，親朋好友意見就屬於此類中，因此，廠商必須先建立好品牌知名度，利用口碑相傳的方式，吸引消費者注意，增加消費者的購買意願。

10. 您會參考網友的意見，來決定是否購買此三種名牌包包。

   (1) 研究結果：3.85 分

   (2) **參考網路資訊之行銷策略**

   　　相對於廣告，因為網路的口碑是不具商業意圖的，往往可以讓消費者覺得比較值得信賴，同時更能集結網路上不同消費者對產品與服務的經驗與看法，因此被認為更具有代表性與參考性。所以有時與其花大錢做廣告，倒不如將網路的好口碑做起來，這樣也會吸引更多消費者去購買。

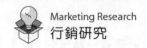

11. 您認為此三種名牌的包包可以代表自我形象。

12. 您認為此三種名牌的包包可以代表地位高尚的追求。

    (1) 研究結果

      · 此三種名牌包包可以代表自我形象 1.39 分

      · 此三種名牌包包可以代表地位高尚的追求 4.21 分

    (2) 研究分析

      由於跨文化之間的價值觀、思維本質與行為之差異，很自然會連帶地影響跨文化間消費者需要、自我概念之不同。態度功能顯現於產品的使用與消費、以及產品使用情境皆有所不同。

      從研究結果中得知，填寫問卷的大多數人購買此三種名牌的包包都是因為地位的高尚，而亞洲的需要階層比較地位占第一名，而剛好我們位居於亞洲，所以根據市場調查的結果我們確實可以從中發現與馬斯洛需要階層模式相符合。

13. 購買、使用此三種名牌的包包會讓您感覺良好（愉悅）。

    (1) 研究結果：4.09 分

    (2) 購買、使用名牌包包之行銷策略

      根據調查的數據(4.09)顯示，消費者對於購買、使用此三種名牌的包包會讓您感覺良好，對於此種想法，大多數的消費者都趨近於同意，因為消費者認為使用此三種名牌包包，不僅可以代表自己的自我形象，也可以代表地位高尚的追求，所以廠商可以在產品設計方面多下一點功夫，觀察消費者的偏好，設計出能吸引消費者喜愛的包款，使消費者購買使用後，會感覺心情愉悅，此種行銷手法，不單單只有消費者獲益，廠商也可以輕輕鬆鬆賺進大筆的鈔票。

14. 您會因為此三種名牌的品牌概念，而去決定是否購買該品牌的包包。

(1) 研究結果：3.23 分

(2) **購買該品牌包包之行銷策略**

在問卷調查後，我們可以從數據(3.23)發現消費者在購買此三種名牌包包時，是否會因為品牌概念而去決定要不要購買，多數的消費者對於此種想法都趨近於無意見，因此，我們可以發現品牌信念固然重要，但是大部分的消費者並不單單只是因為該名牌的品牌概念而去決定是否要購買該名牌的包包，而是會經過整體的名牌評估後，而產生購買的意願，進而產生購買行為。

15. 這三種名牌的包包您完全不會想要選擇使用二手的。

(1) 研究結果：3.53 分

(2) **二手包包之行銷策略**

研究結果表示一半以上的消費者主要獲得產品的方式為購買全新的商品，二手產品較無法確認產品之品質與穩定性，因此，建議廠商可以針對二手商品提供一定的售後保障與保固期，對於產品的退換貨與維修較有保障。

16. 您對此三種名牌的包包會產生衝動性的購買行為。

(1) 研究結果：2.77 分

(2) **衝動購買行為之行銷策略**

消費者在衝動性購買前，常是一時突發的欲念想要擁有喜歡的商品，行銷人員可鼓吹消費者試背，並適時地稱讚使消費者心動，進而購買包包。

17. 在談論此三種名牌的包包時，是您告訴您的朋友相關資訊。

(1) 研究結果：4.67 分

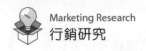

(2) 行銷策略

此調查方式可以找出具有意見領袖特性的消費者，根據數據 4.67 得知，填寫問卷的消費者大多數為意見領袖，因為 4.67 較靠近 5，而 5 為非常同意是此消費者告訴他的親朋好友名牌包的相關資訊，所以若想要散播產品的知識，就可以借用此消費者的影響力，以口耳相傳的方式，將產品的資訊帶給他周遭的親朋好友們，以利達到知名度的提升。

18. 此三種名牌包有新款上市，可以提供您大幅的折扣，但條件是希望您在使用過後，親自證言這款包包的好處。

(1) 研究結果：4.92 分

(2) 行銷策略

根據數據 4.92 較靠近 5 得知，而 5 為非常同意，是代表填寫問卷的消費者大多數人願意為此名牌包親自證言，所以廠商可以利用此方法很快的找出可創造的領袖，並利用這些領袖，達到推廣的目的。

19. 在廣告中遇到您所喜愛的代言人，代言此三種名牌包包新上市的款式，您會有購買的欲望。

(1) 研究結果：3.16 分

(2) 研究分析

根據數據 3.16 得知，較靠近中間值，表示有一半的消費者會因為自己喜愛的代言人而去購買名牌包，但有另一半的消費者較為理性的，不會受到代言人的影響而去左右自己的思想。

20. 網路上出現負面評價會影響您的購買決策。

(1) 研究結果：4.79 分

(2) 研究分析

傳統口碑多侷限於已經結識群體成員間的口語傳播,因此可以流傳的脈絡較窄。而網路口碑透過網際網路的傳播,不受限於地理與時空條件,而且隨著參與人數增加,不但話題更開放,內容也較多元性。

21. 您覺得此三種名牌的包包,購買網路上的比自己出門買的好。

(1) 研究結果:2.12 分

(2) 研究分析

網路可以為消費者提供多元的溝通管道和豐富且詳盡的資訊內容,現今利用網路購物買東西很方便也不需出門,不過此三種名牌包包的價值還是常常讓消費者願意親自出門跑一趟,親自到商店選購,因為親眼看到與觸摸到的感覺,是網路購物買東西所無法得到的。

12.4.3 基本資料分析

1. 請問您是否曾買過名牌包?

研究結果:

· 是 100%

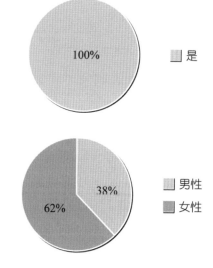

2. 請問您的性別是?

研究結果:

· 男性 38%

· 女性 62%

3. 請問您的年齡是？

　　研究結果：

　　　· 16 歲～18 歲 11%

　　　· 19 歲～24 歲 80%

　　　· 25 歲～30 歲 9%

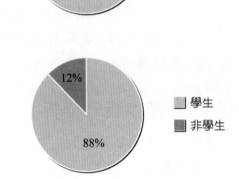

4. 請問您的教育程度？

　　研究結果：

　　　· 大專院校 90%

　　　· 研究所 10%

5. 請問您的職業是？

　　研究結果：

　　　· 非學生 12%

　　　· 學生 88%

6. 請問您的月收入（含零用錢）？

　　研究結果：

　　　· 3000 元以下 13%

　　　· 3,001 元～6,000 元 32%

　　　· 6,001 元～10,000 元 20%

　　　· 10,001 元～20,000 元 18%

　　　· 20,001 元～25,000 元 5%

　　　· 25,000 元以上 12%

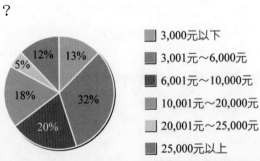

12.5 行銷研究結論

　　做完這份有關名牌包之消費者行為的研究報告後，我們發現現在的年輕族群對於名牌包的追求非常的盛行，許多企業也看準了這一點，都非常積極的在爭取市場上這塊大餅。

　　這次我們針對 Miryoku、Arnold Palmer、Porter 這三個受年輕族群喜愛名牌，做了市場上的分析，發現大多數的消費者在選購這三種名牌包的過程中，購買前消費者搜尋產品相關資訊，最常透過報章雜誌及親朋好友中得知，建議名牌包業者在可以在報章雜誌上提供折扣截角等優惠方案吸引消費者並傳達品牌個性加深消費者的印象，在門市銷售上，服務人員親切服務的態度及提供良好的產品售後服務讓消費者願意再次購買以及做正面的口碑宣傳。在購買中消費者注重的是包包的價格、實用性與外觀設計，最能吸引消費者去購買的因素是「優惠活動」，因為我們這次所調查的對象是針對學生居多，而大多數的學生並沒有經濟能力，倘若業者的價格訂定太高價，對他們來說只是一種負擔或者根本就買不起，所以，當消費者想要購買名牌包包的時候，通常都會選擇在業者舉辦優惠活動的時候，例如：週年慶、推出新產品時，會有折扣優惠等等，另外在款式設計上實用性與外觀設計也是影響消費者選購的因素，業者要不斷推出新款式迎合時勢需求，學生族群的消費者才會產生購買行為，在購買後，產品的售後服務是消費者注重一個環節，建議業者可以在消費者購買包包後附上產品維修卡或提供送洗服務，讓消費者除了認為品質有保證也可提高忠誠度。

( )1.　名牌往往在市場上有尚佳的表現。經濟學界普遍認為，名牌應是名牌產品、名牌商標和何者三個層次的總和？　(A)名牌個性　(B)名牌企業　(C)名牌價值　(D)名牌承諾。

( )2.　品牌是一種識別的圖案，使其與競爭者有所差異，是一致性品質的承諾與保證，並可以作為何者投射的工具，或是作為決策的工作？　(A)自我表現　(B)自我中心　(C)自我印象　(D)自我期許。

( )3.　廣義的消費者行為意涵是指「消費者在日常生活中進行哪種活動時，所產生的情感與認知、行為與環境事件之動態性互動」？　(A)聯誼活動　(B)銷售活動　(C)消費活動　(D)交換活動。

( )4.　狹義的消費者行為意涵是指「消費者在評估、取得、使用與處置產品與服務時，所投入的什麼與形體活動」？　(A)交換活動　(B)消費行為　(C)銷售活動　(D)決策過程。

( )5.　消費者決策制定過程主要包括以下五個階段：(1)購買選擇；(2)方案評估；(3)問題察覺；(4)購後過程；(5)資訊搜尋；請問排列順序為何？　(A)(3)(5)(2)(1)(4)　(B)(1)(2)(3)(4)(5)　(C)(5)(4)(3)(2)(1)　(D)(1)(3)(2)(4)(5)。

( )6.　消費者行為也就是在決策制定的過程往往會受到許多因素的影響，其中最不易觀察的部分為消費者的：　(A)基本心理歷程　(B)外在感受歷程　(C)內在心理歷程　(D)心理創傷歷程。

( )7.　消費者的決策過程除了受眾多的心理因素影響之外，亦受到環境因素的左右，這些環境因素與我們的什麼有關？　(A)家庭教育　(B)生長環境　(C)經濟因素　(D)成長背景。

( )8.　消費者每次在購買決策過程中，可能同時扮演一種或多種角色：發起者、影響者、○、購買者和使用者，會依每次不同情況而扮演不同的角色。請問○是指：　(A)思考者　(B)決策者　(C)銷售者　(D)經營者。

（　）9. 若以經營者為主角的思考邏輯中，以營利為出發點，則最重視的是消費金額與消費頻率兩項消費者行為變數，因其兩者的交互作用即貢獻出：(A)營業支出　(B)服務所得　(C)營業額　(D)營業利潤。

（　）10. 何者是一種持久性的信念，亦是人類行為偏好的基礎，使個人偏好於某種行為模式？　(A)利益　(B)教育　(C)態度　(D)價值。

 解答：1.(B) 2.(C) 3.(D) 4.(D) 5.(A) 6.(C) 7.(B) 8.(B) 9.(C) 10.(D)

MEMO

13

碳酸飲料行銷組合對顧客滿意度之研究

13.1 緒　論

13.1.1　研究背景與動機

　　1892 年，艾薩坎得勒順利的取得「可口可樂」的配方和所有權，更以贈送像日曆、時鐘、明信片、剪紙……等大量贈品來擄獲消費者的心，使「可口可樂」成為眾人皆知的汽水品牌。

　　「可口可樂」這個名詞，在世界上已有相對的影響力，沒有任何人會想到它會成為歷史上的一部分，使它在不同國家地區中，拓展出屬於它在文化上的位置。然而，贈品的出現是可口可樂歷史上行銷的重要轉捩點，使得現今有許多收藏者在蒐集可口可樂從以前到現在的瓶蓋、海報、瓶罐……等，這種多樣的行銷手法，讓可口可樂成功的踏上國際舞臺。

　　這個風行全球一百多年、橫掃全世界近兩百個國家的飲料界龍頭，長久以來一直在飲品市場上占有一席之地，而每年所創造的商機也是節節高升，在我們日常生活中，不管在電視廣告上、雜貨店、便利超商、大賣場、小吃店、麥當勞等等，大街小巷裡都可以找尋到它的蹤影，它在許多人的心中占一個重要的位置，不管在炎炎夏日中，或是口乾舌燥時，就會想到它，進入電影院看電影也會想到它，它，就是「可樂」。至於為什麼它會這麼受消費者歡迎？而這瓶受歡迎的飲料又是如何誕生的？它的成分又是什麼呢？是如何被發明出來的？我們將以世界最大可樂製造公司「可口可樂公司」作為這次的研究目標，探討他們如何把可樂的形象與人們的生活連結在一起呢？這當中所運用的經營理念與行銷策略都值得我們去深入探討。

13.1.2　研究目的

　　「可樂」這個無人不知、無人不曉的飲料，和我們的生活息息相關，陪伴著我們一直到現在，而這世界最大可樂製造公司「可口可樂公司」若要在市場上占有一席之地，要如何建立持久的競爭優勢，除了開拓新顧客外，與舊有顧客維持長久的關係，也是可口可樂所努力的目標。

　　「行銷組合」要素是客戶在購買決策過程中決定的重要關鍵，本研究主要探討行銷方式對顧客滿意度之影響。

　　其目的主要有三，如下：

1. 探討可口可樂所提供的行銷組合，包括產品、價格、通路及推廣活動是否使顧客滿意度有顯著的差異。

2. 探討可口可樂行銷組合，對於顧客滿意度的相關性。

3. 對可口可樂的績效進行評估比較。

13.1.3　研究範圍與限制

1. 本研究以臺中地區和臺南地區的大專院校學生為對象，探討大專院校學生對可口可樂之行銷組合對其顧客滿意度之關係。

2. 本研究雖力求嚴謹，但礙於經費與時間及其他因素有以下限制：本研究所得之資料僅能代表臺中、臺南地區之大專學生不包括其他地區之大專學生。

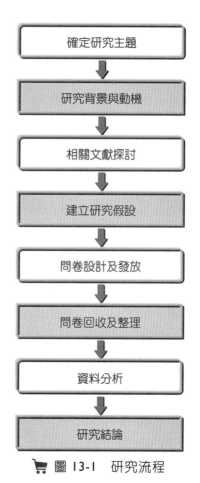

圖 13-1　研究流程

13.2　文獻探討

13.2.1　個案公司簡介

可口可樂股份有限公司

可口可樂這風行世界一百餘年的奇妙液體是在 1886 年由美國喬治亞州亞特蘭大市的藥劑師約翰彭伯頓博士(John S. Pemberton)在家中後院將碳酸水和糖以及其他原料混合在一個三角壺中發明的。

「可口可樂」的英文名字是由彭伯頓當時的助手及合夥人會計員羅賓遜命名的。羅賓遜是一個古典書法家，他認為「兩個大寫 C 字會很好看」，因此親筆用斯賓塞草書體寫了「Coca-Cola」。「coca」是可可樹葉子提煉的香料，「cola」是可可果中取出的成分。「可口可樂」的商標百多年來一直未有改變。

1892 年，商人坎得勒以 2,300 美元買下可口可樂祕方的所有專利權，並創立可口可樂公司。在他的領導下，不到三年便把可口可樂推廣到全美各地。

1899 年，班傑明·富蘭克林(Benjamin Frankli)和詹姆士。懷特(James White)與坎得勒簽訂了在美國的大部分地區發展裝瓶業務的合同。此後其發展的勢頭便不可阻擋，1904 年發展為 120 家裝瓶廠，到了 1919 年發展為 1,200 家裝瓶廠。

1916 年在坎得勒「瓶子外形需獨樹一格，即使在黑暗中也能辨認出是可口可樂，就算摔破了，人們也可以一眼就認出它是可口可樂」的指示下，創造了為全球所熟知的曲線造型玻璃瓶。

1919 年，坎得勒以 2,500 萬美元，將可口可樂公司售予亞特蘭大的財團。從此「可口可樂」就踏上了國際舞臺。針對海外市場，伍德瑞夫不僅運用大量的銷售和促銷活動，更特別強調瓶裝和杯裝產品的品質，

讓「可口可樂」發展成為國際性的公司，在商業史上創造了不朽的成就。
今天，「可口可樂」公司是全世界最大的飲料公司、擁有最大的銷售網路。
在世界飲料市場的前五名中，「可口可樂」、「健怡可口可樂」、雪碧和芬
達就占了四席！

13.2.2 行銷組合

一、行銷定義

行銷普遍存在於我們的日常生活與全世界。我們每天幾乎沒有一個
時刻離得開行銷影響。我們所看到的廣告，路上所收到的傳單，街頭到
處林立的便利商店，各種形形色色的抽獎促銷活動，以及不請自來的推
銷人員，這些都只是行銷活動的一小部分。只要我們活在社會中，便沒
有一天能離開行銷的影響。

行銷是一種規劃與執行的程序，透過這個程序，針對創意、產品或
服務的觀念化，定價、推廣與分配等進行規劃與執行，進而創造出一種
能滿足個人和組織目標的交換活動。

二、行銷組合

行銷組合(marketing mix)是行銷人員用來促進其交換活動，以達成其
行銷目標的工具。行銷組合是四種行銷活動，包括產品(product)、定價
(price)、推廣(promotion)及通路(place)，又稱為 4P。行銷人員的主要目標
便是創造和維持一個能夠滿足顧客需要的行銷組合。行銷組合是行銷人
員所能控制的變數，行銷人員要發展出一個適合的行銷組合，就必須對
目標顧客的需要、個人特性、偏好及態度等，有深入的了解，以下我們
簡要說明每個行銷組合所包括的變數。

（一）產品(product)

「產品」是在交易的過程中，所能滿足「消費者需要」的東西。「產品」是由各種有形的(tangible)，例如：人類生活中，對食、衣、住、行、育、樂的需求和無形的(intangible)滿足對方的需求，屬性所構成的複合體。產品提供了功能、社會和心理等各方面的效用和利益。所以產品可以是一個觀念、可以是一種服務、可以是一種貨品或者是活動，也可以是這四者所組合而成的。

產品的定義，從不同的角度解讀答案或有不同，若以消費者的購買行為為基礎，可分三類：

1. 便利品

消費者不會花太多時間和金錢去比較和選購這些產品，屬於便利品購買的行為通常具有習慣性購買、購買動作很快或會定期去購買，一般在傳統雜貨店或便利商店裡的物品多屬於便利品，因為滿足消費者的基本需求，所以便利品的銷售點較多。

2. 選購品

對產品的適用性、價格、品質及式樣會蒐集比較其他的品牌或訊息，因為滿足需要所以購買決策通常會比較長，如汽車、電視、冰箱。

3. 特殊品

由於有品牌偏好，不願意其他品牌替代，所以較不會花時間比較，只會花時間等待或去尋找出售地點，如名牌衣服、特定的進口車或名牌音響組件、專賣店，不過這些特殊品會因廣告或其他銷售行為，而在消費者心中塑造了難以取代的特殊地位。

依購買目的：

可分為工業品(industrial goods)及消費品(consumer goods)。

(1) 工業品

可再細分為原料、材料及零件(materials and parts)、資本財(capital items)、設施(installation)及設備(equipment)、一般物料(operating supplies)、維修物料、維修服務、商業諮詢服務。

(2) 消費品

可分為便利品（日常用品、衝動購買品、緊急用品）、選購品、（同質選購品、異質選購品）、特殊品及未搜尋品。各種消費品消費者之購買習慣不同，價格及推廣策略上也應有不同。

（二）價格(price)

定價向來是行銷組合 4P（產品、促銷、通路、定價）中最困難的一環。尤其隨著市場日益全球化，定價的問題也變得越來越棘手。

一般來說，定價目標可分成五類：利潤導向、銷售額導向、維持現況導向、短期求生導向及非經濟性導向，這些目標都是從組織的整體目標延伸而來的。

對於某些廠商而言，價格訂定的很容易，只要把成本加上需要的利潤就可以了。但問題是，價格的訂定真的簡單到只需把成本加上利潤就能銷售於商場上嗎？

生產業最大的優點是以低成本為競爭利器，服務業也是，如果業者沒有提出差異化產品來服務顧客時，價格競爭就成了主要策略，但低價未必無往不利，高價格也未必窒礙難行，就看企業如何靈活的運用價格，攻城掠地了。其方法可包括幾類：

1. 成本加成定價法

成本加成定價法雖不失其簡便，在競爭產品中定價是相當微妙的一項決策，如果從消費者觀點看的話，價格先是一般產品的比較，再從認知產品的價值、企業形象做最後定價。

2. 領導者定價

對市場有影響力的廠商，例如：飲料界的「可口可樂」、「統一」、「黑松」、衛生紙的「舒潔」，這些大公司市場價格都有相當的影響力，因參考大廠的訂價對小廠而言是一個安全的選擇，避免與其他廠牌定價格格不入。

3. 薄利多銷

量販店之所以成為流行的購物型態，而成為許多人週末家庭消遣活動，原因很簡單，只為了價格較「便宜」。量販店的宣傳定價方式是「薄利多銷」，但其實定價原是藉著顧客大量購買，使單一產品獲利增多。

（三）推廣(promotion)

一家企業生產精美的產品（服務），以優惠的價格透過便捷的通路銷售，不過業績並沒有扶搖直上，原因可能是因為消費者並不了解該產品得有關訊息。

上述情形尤常見於中小企業，因為現代社會產品充斥，所以企業如果不注重如何包裝產品、運用推廣工具將產品訊息有效傳播，則產品將不易暢銷。

所以企業為了與消費者達到溝通的目的，運用廣告、促銷、公共關係、人員銷售及直效行銷等五項推廣組合，企業是需要交互使用，五種推廣組合與消費者進行溝通。雖然推廣有五項利器可供使用，但是在實務上多家大型廣告公司皆為顧客提出整合行銷傳播的做法，將上述按照顧客別、產品特性、媒體特性加以統整規劃運用。

（四）通路(place)

「通路」，顧名思義即是「必經之路」，透過它才能通行無阻。狹義來說，它能克服生產者在產地的運送不便與時間距離的障礙、讓消費者進而購買，所以「行銷通路」在現代銷售中扮演極重要的中介功能。

通路從製造商、批發商、零售商到消費者手中的過程，稱為「流通」，范惟翔(2005)提到目前臺灣流通業常見的組織有六種，它的區別源於業者對於經營定位與目標市場有不同的著眼，而創設適合的通路型態，如表13-1所示。

◎ 表 13-1　流通業常見的組織

項次	名稱	釋例
一	物流中心	安麗物流中心
二	便利商店	全家便利商店
三	超級市場	楓康超市
四	專業量販店	全國電子量販店
五	連鎖店	屈臣氏
六	大型量販店	家樂福量販店

因此，可口可樂(Coca Cola)的做法是：先將通路細分。便利商店、大賣場／量販店是主要通路，其次是超級市場、軍隊營站及全聯社、傳統柑仔店；另外，從2004年開始重點發展餐飲通路，像速食店、小吃店、中高檔餐廳、泡沫紅茶店等。接下來是口味。但往往口味是比較大眾化的，只有在泡沫紅茶店，可口可樂會跟店家一起研發新口味，利用店內一些已經有的原料搭配可樂，像最近流行的可樂多多、雪碧多多。因為消費者去泡沫紅茶店，就是希望嘗試一些特調的、跟包裝產品不一樣的口味，因而在口味上做區隔來滿足消費者的「渴」望。最後才是包裝。

13.2.3　顧客滿意度

一、何謂顧客滿意度

顧客滿意經營就是從顧客觀點為出發點（這就是顧客導向），將企業的各項作為與行動，包括企業功能規劃、組織、領導、控制以及我們慣

稱的五管「產、銷、人、發、財」，都扭轉為「顧客導向」，而非「老闆導向」，這樣就是顧客滿意經營要做的事情。

簡單來說：「找出顧客的需要，然後滿足他。」

複雜來說：「使用最直接深入顧客內心的方法，去找出顧客心裡對於我們企業、商品及員工的期望，並且以最快速、最直接、最符合顧客意願的做法，比競爭者更早去滿足顧客的需要。還要透過來自顧客角度的認知評估，不斷的持續改善這個過程，已獲得顧客的信任，使他們成為終生顧客，進而達成共存共榮的目標。」

顧客滿意經營就在於我們的顧客滿意經營只有一個出發點，就是「在企業可以做到的範圍之內，盡量讓顧客滿意極大化，進而追求顧客的忠誠度。」

劉文良、湯宗泰(2007)綜合了不同學者提出的顧客滿意度定義如下表13-2。

◎ 表 13-2　顧客滿意度之定義

學者	定義
Hunt(1977)	滿意度是一種綜合需求的滿足、快樂、期望與績效的交互作用、購買／消費經驗之評估、消費利益之評價、實際與理想之比較、從購買中獲得不足／過剩之屬性。
Howard & Sheth(1989)	顧客滿意就是採購者相對於犧牲所獲得報酬的一種認知，強調評價與比較兩部分。
Ostrom & Iacobucci(1995)	顧客滿意度是一種相對的判斷，顧客經由該次購買所獲得的品質與利益，會考慮達成該次購買所負擔的成本與努力。
Engel(1995)	顧客使用產品後會對產品績效與購買前之信念加以評估，形成顧客滿意度，當二者之間有相當的一致性時，顧客會將獲得滿意，反之，顧客將產生不滿意。

⊚ 表 13-2　顧客滿意度之定義（續）

學者	定義
Lovelock(1996)	顧客滿意是基於使用者對該產品或服務的使用效能與期望之比較。
Dovidon & Uttal(1989)	顧客滿意度是顧客預期被對待與他知覺被對待之間的差距。
Kiska(2002)	顧客焦點是必須橫跨公司的各重要部門。Kiska 提出一種稱之為顧客經驗管理(customer experience management, CEM)的方法作為量測顧客滿意以幫助 CEO 實施建立不可撼搖的顧客與供應商關係。
Novak(2002)	以產業而言，顧客滿意是創造財富的領先指標。對於能源零售服務公司來說，不高興的顧客會更換供應商，造成成本增加。顧客關係管理是顯而易見的，顧客滿意是非常重要。
Yorgey(2002)	根據專家意見，顧客關係管理潛在隱憂的衝擊是，在經濟低迷下，高度成功企業非但不減少，反而增加對於顧客的投資，公司以顧客占有率而非市場占有率作為競爭，顧客關係管理(CRM)會轉化成顧客價值管理(CVM)，公司關注於資料分析和組織化以避免資訊塞車，公司將體會到顧客滿意不會轉化成顧客忠誠。

二、顧客滿意度衡量

　　由於顧客滿意對於廠商和整體生活品質有其重要性，因此，許多國家現在都有一個全國性的指標來衡量與追蹤總體顧客滿意。如瑞典的顧客滿意測量(Swedish Customer Satisfaction Barometer)，美國的顧客滿意指數(American Customer Satisfaction Index, ACSI)。其中，美國 ACSI 分數是從顧客對於品質、價值、滿意、期望、抱怨及未來忠誠的認知所計算出來的。

　　而林陽助(2003)根據顧客期望模式，顧客的消費行為滿足是否受到他購買前後期望與知覺差異大小影響，如下圖 13-2 所示。當實際所獲得大於事前期望時，其會感覺滿意；當實際所獲得等於事前期望時，其會感覺普通；當實際所獲得小於事前期望時，其會感覺不滿意。因此，顧客滿意的衡量常利用其購前的預期與購後的所得相互比較而得的。

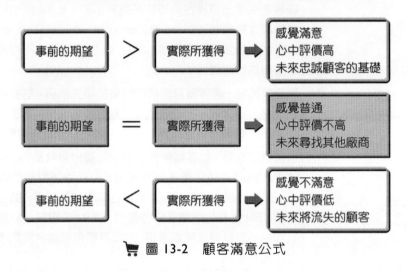

圖 13-2　顧客滿意公式

13.3　研究方法

　　本章節整理本研究文獻中的相關理論，依據研究目的所推導的架構提出研究假設，並介紹架構中各變數的衡量方法，再發展問卷設計，最後說明本研究資料分析及相關統計分析方法。

13.3.1　研究架構

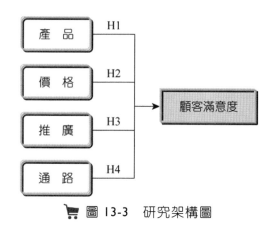

圖 13-3　研究架構圖

　　本研究根據研究的目的及文獻探討，提出研究架構，如圖 13-3，以產品、價格、推廣、通路與顧客滿意度五大構面研究此相關性。

13.3.2　研究變項衡量與操作型定義

　　本研究以問卷作為測量工具，其中解釋自變項包括產品、價格、推廣、通路，依變項為顧客滿意度，其各構面的衡量與操作型定義為：

一、產品(product)

　　1994 年菲力浦‧科特勒(Philip Kotler)在《*Marketing Management*》（行銷管理學）專著修訂版中，將產品概念的內涵由三層次結構說擴展為五層次結構說，即包括核心利益(core benefit)、一般產品(generic product)、期望產品(expected product)、擴大產品(augmented product)和潛在產品(potential product)。由於科特勒(Philip Kotler)在其著作中更多地是對每個層次含義的解釋，而且沒有將它與三層次結構說的差異進行比較，因此，這個新概念在引入國內後仍被簡單地理解為「內涵不斷擴展，層次不斷深化」，即被認為是「顧客滿意學說在產品上的具體體現」。

　　馬克‧佩里(Mark Perini)博士在總結若干學者的觀點之後認為，產品屬性包括內在、外在、表現和抽象四項內容。內在屬性指產品的物理組成。外在屬性指不是產品物理組成部分，且可以在不使用的情況下進行評估的屬性，包括品牌、包裝、服務和價格等內容。表現屬性指產品發揮作用的方式，只有通過使用才能對其進行評估。評估的方法有主、客觀兩種。抽象屬性指將多種屬性包含的信息集合在了某一種屬性當中，包括加權多種屬性、用戶意向屬性和使用情境屬性。

　　本組對於產品的定義：產品是用來滿足人們需求和欲望的物體或無形的載體。消費者購買的不只是產品的實體，還包括產品的核心利益（即向消費者提供的基本效用和利益）。產品的實體稱為一般產品，即產品的基本形式，只有依附於產品實體，產品的核心利益才能實現。期望產品是消費者採購產品時期望的一系列屬性和條件。附加產品是產品的第四層次，即產品包含的附加服務和利益。產品的第五層次是潛在產品，潛在產品預示著該產品最終可能的所有增加和改變。

二、價格(price)

　　古典經濟學大師亞當‧史密斯(Adam Smith)《*An Inquiry into the Nature and Causes of the Wealth of Nations*》（國民財富的性質和原因的研究）曾提出市場上具有一隻「無形的手」(invisible hand)，他所指的就是「市場機能」(market function)，也可視為「價格機能」(price function)。他認為在自由市場經濟中，「價格」可以調整一切，政府不必干涉過多。而美國行銷協會(AMA)對「價格」(price)的簡單定義，即為：價格，即是「每單位商品或服務所收付的價款」。

　　美國邁阿密大學行銷學教授 Minet Sthindehutte(2005)，提出我們可以從五個面向去看待價格的意義為何：

（一）價格代表「價值」

廠商所訂產品或服務價格的最終意義，即是代表了顧客願意支付的金額；也是代表了顧客他自身所認定的值多少錢，或是說其價值多少。例如：某人認為到威秀電影院看一場 320 元的電影票價算是合理的，即代表此片電影價值為 320 元。

（二）價格是一個「變數」

當消費者在實際支付這個產品或服務的價格時，會涉及多個變數的應用，包括付款方式、付款地點、付款時間、支付總價、付款條件、付款人等，並非穩固不變化的。當上述這些條件變化時，價格也可能跟著改變了。例如：消費者一次多買一些數量時，店老闆可能會算便宜一點。或是如果以現金支付時，供貨廠商也可能會算便宜一點。

（三）價格是「多元化的」

廠商經常運用價格的改變來達成其不同的目標。例如：週年慶或促銷活動時，價格會有折扣價、特惠價，或不同產品組合的不同價格，或是區分新產品或舊產品，或是區分正暢銷的產品或不太暢銷時的產品，其定價都是不太一致的；有高、有低，故價格是多元化的、多樣化的。另外，在不同通路地點，其價格可能也因而不同；例如：同樣一雙鞋，在百貨公司或大賣場連鎖店，其價格必然不同。

（四）價格是公開「看得到的」

價格在任何買賣場所，大致而言，均會標上價格，故價格在零售據點是公開、看得到的，也是讓您覺得貴、或便宜、或合理的感受。尤其，在網路發達的時代，查價及詢價也是非常方便的。

（五）價格是「彈性應變的」

在行銷 4P 的價格決策中，它是立即可以改變及調整的一個項目。例如：新產品上市，消費者普遍覺得太貴了些，故銷售量進展很慢，廠商

考慮評估後，過一、二天，即可調降價格了。因此，價格此 P 是高度可以彈性應變的，而其他 3P 就必須花些時間，才能改變與調整的。例如，近幾年來，在手機、數位照相機、液晶電視機或筆記型電腦等資訊 3C 產品，其實價格趨勢走向都是往下走的，越來越便宜。

本組對於價格的定義：狹義的價格(price)是購買產品或服務所支付的金錢數目。廣義的價格(price)為消費者願意支付換取同等價值的產品或服務。

傳統上，價格是影響購買者選擇的一項主要因素，這種想法仍舊盛行於較貧窮的國家、貧窮的顧客群體及日用品形態的商品。然而，非價格因素在購買者選擇行為上越來越受重視。

價格是行銷組合中唯一產生銷貨收入的因素，其他因素則代表成本。在定價和價格上的競爭，進一步成為高階主管所要面對的第一個問題。

三、推廣(promotion)

20 世紀 40 年代，羅瑟‧瑞夫斯(Rosser Reeves)在繼承霍普金斯科學的廣告理論的基礎上，根據達彼思公司的廣告實踐，對廣告運作規律進行了科學的總結，首次提出 USP(unique selling proposition)理論：獨特的銷售主張，並在 1961 年出版的《*The Reality of Advertising*》（實效的廣告）一書中進行了系統的闡述。他在書中對 USP 做了如下闡述：

1. 每一個廣告必須向顧客提出一個主張(proposition)。他指出，不只是一些文字表達，不是對產品的吹噓，不是櫥窗廣告，而是一個實在的利益點。要告訴廣告的讀者（當時主要是報紙廣告）：購買這個產品，你將得到特定的好處。

2. 這個主張必須是競爭對手不能或沒有提出的。它必須獨一無二，是品牌的專有特點或是在特定的廣告領域中沒有提出過的說詞。

3. 這個獨特的主張必須能夠打動(move)成千上萬的讀者，也就是說，能夠把顧客吸引到你的產品上來。

　　本組對於推廣的定義：推廣是將組織與產品訊息傳播給目標市場之有計畫性的行銷活動，推廣的形式（推廣要素）則包括了廣告宣傳、公共關係(PR)、促銷(SP)活動、人員銷售(PS)、口碑操作……等，透過推廣，使企業得以讓消費者知曉、了解、喜愛進而購買產品，推廣的強度及其計畫是否得宜，足以影響或操縱產品的知名度、形象、銷售量，乃至於企業的品牌形象。

　　有了推廣，消費者才可得知產品提供何種利益、價格多少、可以到什麼地方購買及如何購買等，而這些消費者反應會進一步協助推動其他行銷組合（產品、價格、通路）做修正調整。

四、通路(place)

　　又稱通路策略，是指為了達到產品分銷目的而起用的銷售管道。它代表企業（機構）在將自身產品送抵最終消費者之前，所制定的與各類分銷商之間的貿易關係、成本分攤和利益分配方式的綜合體系。這裡的分銷商既包含批發商，也包含零售商，甚至包含物流配送商，或是公司業務人員直接對消費者銷售，和傳直銷－或多層次傳銷公司的直銷人員及其組織架構。

　　企業制定分銷政策的目的是：讓產品更順暢地到達顧客手中，既要保證分銷成本低廉，又要保證顧客對送貨期、送貨量、裝配服務、疑難諮詢等方面的要求。

　　在產品日益豐富的情況下，分銷政策可能變得越來越難制定，因為相對於產品和品牌的過量，分銷商則顯得稀少，因而後者擁有了大量討價還價的權力，力圖從製造商或上游企業那裡獲得更大的利益分成比例。

零售商在最近 10 年的表現尤其令人矚目，它們不僅從事零售，也開始插手於產品的上游生產過程，並以自己的店鋪名稱或獨創名稱作為自己所產新品的品牌－即自有品牌(private brand/label)，或叫店鋪品牌(store brand/label)。這更深地威脅到了純粹的製造企業的利潤空間，當然也大大增加了後者制定分銷策略的難度。

本組對於推廣的定義：通路的意義就是將商品放到客戶面前，所以做生意到頭來是在經營通路，想辦法讓客戶接觸商品進而購買。

五、顧客滿意度

本研究採菲力浦‧科特勒(Philip Kotler)(1994)綜合學者的意見後提出消費者滿意度來自消費者對產品購買前的預期與期望，與購買後實際認知到產品功能特性或服務的績效表現，二者比較後行程愉悅或失望的程度。

二者之間若存有差距，則發生正向滿意或負向不滿意的感覺，而當認知績效相當於預期時，則出現中度滿意或感覺無差異。本組將其區分為五個尺度，分別為「非常不滿意」、「不滿意」、「普通」、「滿意」、「非常滿意」。

13.3.3　研究假設

依據本研究之研究架構，提出研究假設如下：

H1 碳酸飲料其「產品」對「顧客滿意度」有顯著正向的影響關係

H2 碳酸飲料其「價格」對「顧客滿意度」有顯著正向的影響關係

H3 碳酸飲料其「推廣」對「顧客滿意度」有顯著正向的影響關係

H4 碳酸飲料其「通路」對「顧客滿意度」有顯著正向的影響關係

13.3.4 抽樣設計

本研究抽樣的程序首先母體的界定，之後樣本資料蒐集再來資料回收整理，如圖 13-4：

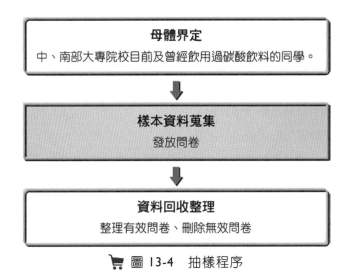

圖 13-4　抽樣程序

因受限於時間、人力、財力等因素，因而無法一一對全臺之碳酸飲料飲用者進行調查，所以本研究主要以中部各大專院校目前及曾經飲用過碳酸飲料的同學做問卷調查，之後依調查的結果做整理、統計，再以統計結果做更進一步的分析。

抽樣方式採用便利抽樣，其特性：低成本，收取樣本方便，不耗時，但缺點是在發放問卷的過程，人為因素可能造成受試者填寫問卷時，發生選擇性的失誤。

13.3.5 問卷設計

透過本研究第二章文獻探討後，採用評估衡量方式設計問卷，本研究問卷衡量設計如下：

一、第一部分

碳酸飲料飲用情形，表 13-3。

◎ 表 13-3　碳酸飲料飲用情形

問題項目
請問您一個禮拜飲用碳酸飲料的次數
請問您喜愛的碳酸汽水飲料品牌
請問您每月的碳酸飲料花費平均多少元
請問會讓你再次購買可口可樂的原因是
請問您是否曾為了碳酸飲料業者所提供的促銷專案而購買（如數量優惠、贈送贈品等）
承上題，如果贈品可以由您選擇，您會選擇

二、第二部分

產品對其顧客滿意度衡量，表 13-4。

◎ 表 13-4　產品對其顧客滿意度衡量

評量內容
這家碳酸飲料商提供的碳酸飲料符合我的需要
這家碳酸飲料商提供的產品品質優良
這家碳酸飲料商能提供良好的服務品質
這家碳酸飲料商能提供良好的產品品質
這家碳酸飲料商的產品讓我覺得物超所值
這家碳酸飲料商的品牌
這家碳酸飲料商的產品包裝

三、第三部分

價格對其顧客滿意度衡量，表 13-5。

表 13-5　價格對其顧客滿意度衡量

評量內容
這家碳酸飲料商的價格讓我覺得很划算
這家碳酸飲料商提供的產品很便宜
這家碳酸飲料商的整體價格讓我覺得物超所值
這家碳酸飲料商一次大量購買所給的折扣

四、第四部分

推廣對其顧客滿意度衡量，表 13-6。

表 13-6　推廣對其顧客滿意度衡量

評量內容
我能很輕易的得到這家碳酸飲料的促銷資訊
這家碳酸飲料商的廣告資訊普及度
這家碳酸飲料商的促銷方案會讓我想消費
這家碳酸飲料商的促銷方案很吸引我
這家碳酸飲料商對社會的回饋

五、第五部分

通路對其顧客滿意度衡量，表 13-7。

表 13-7　通路對其顧客滿意度衡量

評量內容
我能很輕易的購買到這家碳酸飲料商的產品
我能很輕易的找到店家來購買
當我需要服務時，能很快速的找到管道
這家碳酸飲料商所具備的服務管道讓我覺得很方便

六、第六部分

填答人基本資料，表 13-8。

⊙ 表 13-8　填答人基本資料

問題項目
性別
年齡
教育程度
婚姻狀況
每月平均所得

13.3.6　資料分析方法

一、抽樣設計

本研究是以大專院校飲用過碳酸飲料，目前還有在持續飲用碳酸飲料者為研究對象。本研究以便利抽樣方式發放問卷，為確保本研究結果之準確性，正式問卷共發出 200 份，回收 200 份，有效回收率 100%。將回收問卷加以篩選與整理，刪除不適當的樣本後，共有 152 份為有效樣本。有效問卷率占 76%，無效問卷占 24%。

本研究無效問卷整理原則如下：

1. 將回答「0 次」飲用過碳酸飲料者，視為無效問卷。

2. 問卷第二部分、第三部分、第四部分、第五部分全部答案相同者，視為無效問卷。

3. 在問卷各部分中有漏答者，視為無效問卷。

二、敘述性統計分析

敘述性統計分析適用於說明樣本資料結構，將問卷資料進行單一變數間之敘述性分析，將受測者對個變數之意見均質作一概略描述。

三、因素分析

將所獲得之資料，先經過 KMO 取樣適當性檢定及巴氏球形檢定，結果顯示資料應該是適合進行因素分析。通過檢定之後，續以因素分析中的主成分分析來萃取共同因素，依據特徵值大過 1 作為選取共同因素個數的原則，在經過最大變異數轉軸法，對選出的因素進行轉軸，使各因素之代表意義更明顯且更易於解釋。

四、迴歸分析

藉由迴歸分析來了解各溝面之間的關聯性、顯著性以及其相關係數，本研究分別以可口可樂飲之產品、價格、推廣、通路與整體消顧客滿意度之間的關聯性。

13.4 研究結果

13.4.1 敘述統計量分析

一、次數分配表

為整體問卷內容之結果。結果發現 48 份使用次數 0 為無效問卷，共有 152 份為有效樣本，如表 13-9。

📍 表 13-9　一個禮拜飲用次數

有效的	次數	百分比	有效百分比	累積百分比
0 次	48	24.0	24.0	24.0
1 次	88	44.0	44.0	68.0
2 次	36	18.0	18.0	86.0
3 次	17	8.5	8.5	94.5
4 次	3	1.5	1.5	96.0
4 次以上	8	4.0	4.0	100.0
總和	200	100.0	100.0	

二、樣本結構

本研究人口統計變項共分為五類：性別、年齡、教育程度、婚姻狀況、月收入。

將有效問卷的資料整理歸納之後，整個樣本的人口統計變數調查結果整理如表 13-10 所示。就本研究的樣本結構來看，可得知主要受訪人以女生居多（占 61.2%），半數以上（約占 57.2%）為 21 到 25 歲這個年齡層的族群，學歷程度以大學四年級為主（占 39.5%）、其次是大學二年級（占 29.6%）。

婚姻狀況因為大部分都是在學學生所以大部分都是未婚居多（占 95.4%）。

在月收入方面因為都還是在學學生，所以主要收入大部分都是二萬元以下（占 88.8%）。

◎ 表 13-10　受訪人口統計資料表

變項	分類標準	次數（人）	百分比(%)
性別	男	59	38.8
	女	93	61.2
年齡	20 歲以下	56	36.8
	21～25 歲	87	57.2
	26～30 歲	6	3.9
	41～50 歲	1	0.7
	51 歲以上	2	1.3
教育程度	大學一年級	20	13.2
	大學二年級	45	29.6
	大學三年級	20	13.2
	大學四年級	60	39.5
	碩士	4	2.6
	博士	3	2.0
婚姻狀況	未婚	145	95.4
	已婚	7	4.6
月收入	20,000 元以下	135	88.8
	20,001～30,000 元	8	5.3
	30,001～40,000 元	3	2.0
	40,001～50,000 元	2	1.3
	60,000 元以上	4	2.6

三、顧客滿意度

　　為了了解受訪者的滿意度，針對各題項進行敘述性統計量分析，結果整理如表 13-11 至 13-14 所示。就產品、價格、推廣、通路四大構面來看，以通路的評分最高（構面平均＝3.77），其次則是產品（構面平均＝3.65）；評分最低的則是價格（構面平均＝3.26）。探究價格的評價為低，根據受訪者回饋的資料可以得知，受訪者覺得主要的問題包括了：價格太高，一次大量購買的折扣太少，沒有物超所值的感覺。

進一步分析各構面的內容，在產品滿意度中（見表 13-11），受訪者對碳酸飲料評價最高的項目在於「2.家碳酸飲料商提供的產品品質優良」（平均數＝3.81），評價最低則是「5.這家碳酸飲料商的產品讓我覺得物超所值」，這顯示出碳酸飲料最需要改進的項目在於要讓消費者對碳酸飲料的產品有物超所值的感覺，如果能夠讓消費者有物超所值的感覺，相信較能吸引消費者購買碳酸飲料的意願。

表 13-11　受訪者的產品滿意度

構面	題項	構面平均	平均數	標準差
產品滿意度	1. 這家碳酸飲料商提供的碳酸飲料符合我的需要。	3.65	3.69	0.76
	2. 這家碳酸飲料商提供的產品品質優良。		3.81	0.71
	3. 這家碳酸飲料商能提供良好的服務品質。		3.51	0.76
	4. 這家碳酸飲料商能提供良好的產品品質。		3.77	0.79
	5. 這家碳酸飲料商的產品讓我覺得物超所值。		3.38	0.75
	6. 這家碳酸飲料商的品牌。		3.76	0.78
	7. 這家碳酸飲料商的產品包裝。		3.61	0.73

🎯 表 13-12　受訪者的價格滿意度

構面	題項	構面平均	平均數	標準差
價格滿意度	1. 這家碳酸飲料商提供的價格讓我覺得很划算。	3.26	3.35	0.79
	2. 這家碳酸飲料商提供的產品很便宜。		3.26	0.80
	3. 這家碳酸飲料商的整體價格讓我覺得物超所值。		3.30	0.80
	4. 這家碳酸飲料商一次大量購買所給的折扣。		3.13	0.82

在價格滿意度方面（見表 13-12），評價最高的項目為「這家碳酸飲料商提供的價格讓我覺得很划算」（平均數＝3.35），最低則是「4.這家碳酸飲料商一次大量購買所給的折扣」（平均數＝3.13）。根據受訪者反應的意見，會覺得一次大量購買所給的折扣能多一點比較合理。

🎯 表 13-13　受訪者的推廣滿意度

構面	題項	構面平均	平均數	標準差
推廣滿意度	1. 我能很輕易的得到這家碳酸飲料的促銷資訊。	3.54	3.64	0.78
	2. 這家碳酸飲料商的廣告資訊普及度。		3.84	0.81
	3. 這家碳酸飲料商的促銷方案會讓我想消費。		3.50	0.85
	4. 這家碳酸飲料商的促銷方案很吸引我。		3.32	0.79
	5. 這家碳酸飲料商對社會的回饋。		3.39	0.89

推廣滿意度也是另一個評分滿意度的構面（見表 13-13），評分最高的為「這家碳酸飲料商的廣告資訊普及度」（平均數＝3.84），顯示受訪者對碳酸飲料的普及有很高的知名度，最低則是「這家碳酸飲料商的促銷方案很吸引我」（平均數＝3.32），顯示消費者對碳酸飲料商的促銷方案較不能吸引消費者的購買。

在通路方面（見表 13-14），二個題項的顧客滿意度都達到 4 分，表示顧客在對於「2.我能很輕易的找到店家來購買」（平均數＝4.16）和「1.我能很輕易的購買到這家碳酸飲料商的產品」（平均數＝4.14）有不錯的滿意度，不過在「3.當我需要服務時能很快速的找到管道」（平均數＝3.38）和「4.這家碳酸飲料商所具備的服務管道讓我覺得很方便」（平均數＝3.39）二個題項的滿意度皆未達 4 分，顯見顧客對碳酸飲料的服務管道較為不滿意。

◎ 表 13-14　受訪者的通路滿意度

構面	題項	構面平均	平均數	標準差
通路滿意度	1. 我能很輕易的購買到這家碳酸飲料商的產品。	3.77	4.14	0.75
	2. 我能很輕易的找到店家來購買。		4.16	0.71
	3. 當我需要服務時能很快速的找到管道。		3.38	0.91
	4. 這家碳酸飲料商所具備的服務管道讓我覺得很方便。		3.39	0.92

13.4.2　因素分析

為了探討受訪者對可口可樂在產品、價格、推廣、通路的滿意度，本研究設計了：「這家碳酸飲料商提供的碳酸飲料符合我的需要」、「提供

的產品品質優良」、「能提供良好的服務品質」、「能提供良好的產品品質」、「產品讓我覺得物超所值」、「碳酸飲料商的品牌」、「碳酸飲料商的產品包裝」、「提供的價格讓我覺得很划算」、「提供的產品很便宜」、「整體價格讓我覺得物超所值」、「一次大量購買所給的折扣」、「我能很輕易的得到這家碳酸飲料的促銷資訊」、「廣告資訊普及度」、「促銷方案會讓我想消費」、「促銷方案很吸引我」、「對社會的回饋」、「我能很輕易的購買到這家碳酸飲料商的產品」、「我能很輕易的找到店家來購買」、「當我需要服務時能很快速的找到管道」、「所具備的服務管道讓我覺得很方便」等 20 個變數，以量表蒐集各受訪者對每一變數之注重程度（非常不滿意＝1、非常滿意＝5）。

將所獲得之資料，先經過 KMO 取樣適當性檢定及巴氏球形檢定，KMO＝846、巴氏球形檢定值 1,916.928，顯著性＝0.000，結果顯示資料應該是適合進行因素分析。（見表 13-15）

表 13-15　KMO 與 Bartlett 檢定

Kaiser-Meyer-Olkin 取樣適切性量數		0.846
Bartlett 球形檢定	近似卡方分配	1,916.928
	自由度	190
	顯著性	0.000

通過檢定之後，續以因素分析中的主成分分析來萃取共同因素，依據特徵值大過 1 作為選取共同因素個數的原則，結果共選取五個主要因素，共可解釋全部變異之 65.33%。如表 13-16 所示。

在經過最大變異數轉軸法(varimax)，對選出的因素進行轉軸，其結果詳表 13-17 所示。

🎯 表 13-16　解說總變異量

成分	初始特徵值			平方和負荷量萃取			轉軸平方和負荷量		
	總和	變異數的%	累積%	總和	變異數的%	累積%	總和	變異數的%	累積%
1	6.775	33.877	33.877	6.775	33.877	33.877	3.236	16.181	16.181
2	2.054	10.268	44.145	2.054	10.268	44.145	3.051	15.256	31.437
3	1.684	8.422	52.567	1.684	8.422	52.567	2.932	14.662	46.099
4	1.526	7.628	60.195	1.526	7.628	60.195	2.295	11.473	57.572
5	1.028	5.138	65.333	1.028	5.138	65.333	1.552	7.761	65.333
6	0.867	4.334	69.667						
7	0.831	4.157	73.824						
8	0.796	3.978	77.802						
9	0.745	3.726	81.528						
10	0.556	2.778	84.306						
11	0.499	2.496	86.803						
12	0.426	2.130	88.933						
13	0.400	2.002	90.934						
14	0.370	1.848	92.783						
15	0.311	1.555	94.337						
16	0.279	1.395	95.732						
17	0.252	1.260	96.992						
18	0.240	1.198	98.190						
19	0.220	1.098	99.289						
20	0.142	0.711	100.000						

萃取法：主成分分析。

◎ 表 13-17　轉軸後的成分矩陣(a)

	成分				
	1	2	3	4	5
這家碳酸飲料商提供的碳酸飲料符合我的需要	0.354	0.639	0.208	0.091	-0.202
這家碳酸飲料商提供的產品品質優良	0.162	0.794	0.088	0.198	0.087
這家碳酸飲料商能提供良好的服務品質	0.247	0.552	-0.045	0.478	0.055
這家碳酸飲料商能提供良好的產品品質	0.083	0.777	0.166	0.259	0.097
這家碳酸飲料商的產品讓我覺得物超所值	0.653	0.409	0.087	0.191	-0.097
這家碳酸飲料商的品牌	0.168	0.508	0.336	-0.154	0.339
這家碳酸飲料商的產品包裝	0.189	0.580	0.077	-0.137	0.297
這家碳酸飲料商提供的價格讓我覺得很划算	0.802	0.220	0.182	0.183	0.112
這家碳酸飲料商提供的產品很便宜	0.817	0.183	0.112	0.011	0.191
這家碳酸飲料商的整體價格讓我覺得物超所值	0.821	0.222	0.086	0.086	0.226
這家碳酸飲料商一次大量購買所給的折扣	0.239	0.142	0.050	0.074	0.735
我能很輕易的得到這家碳酸飲料的促銷資訊	0.228	0.148	0.625	0.189	0.035
這家碳酸飲料商的廣告資訊普及度	0.054	0.105	0.722	0.079	0.293
這家碳酸飲料商的促銷方案會讓我想消費	0.354	-0.081	0.405	0.316	0.476

📎 表 13-17　轉軸後的成分矩陣(a)（續）

	成分				
	1	2	3	4	5
這家碳酸飲料商的促銷方案很吸引我	0.509	-0.120	0.245	0.464	0.334
這家碳酸飲料商對社會的回饋	0.007	0.260	0.099	0.361	0.430
我能很輕易的購買到這家碳酸飲料商的產品	0.061	0.145	0.866	0.076	0.075
我能很輕易的找到店家來購買	0.103	0.098	0.859	0.053	-0.081
當我需要服務時能很快速的找到管道	0.122	0.086	0.152	0.813	0.129
這家碳酸飲料商所具備的服務管道讓我覺得很方便	0.124	0.175	0.115	0.819	0.010

13.4.3　迴歸分析

本研究以產品、價格、推廣、通路四構面分別對顧客滿意度進行迴歸分析，探討產品、價格、推廣、通路對顧客滿意度是否有正向顯著性影響。

所有結果整理如表 13-18 到 13-21 所示。產品之 F 檢定值為 2.368、P 值顯著性小於 0.05，表示顯著；價格之 F 檢定值為 3.410、P 值顯著性小於 0.05，表示顯著；推廣之 F 檢定值為 3.440、P 值顯著性小於 0.05，表示顯著；通路之 F 檢定值為 9.281、P 值顯著性小於 0.05，表示顯著。

🎯 表 13-18　產品與顧客滿意度

模式		平方和	自由度	平均平方和	F 檢定	顯著性
1	迴歸	52,978.492	7	7,568.356	2.368	0.024(a)
	殘差	613,671.508	192	3,196.206		
	總和	666,650.000	199			

a 預測變數：（常數），這家碳酸飲料商的產品包裝，這家碳酸飲料商能提供良好的服務品質，這家碳酸飲料商的品牌，這家碳酸飲料商提供的碳酸飲料符合我的需要，這家碳酸飲料商能提供良好的產品品質，這家碳酸飲料商的產品讓我覺得物超所值，這家碳酸飲料商提供的產品品質優良。

b 依變數：訪問者人數。

🎯 表 13-19　價格與顧客滿意度

模式		平方和	自由度	平均平方和	F 檢定	顯著性
1	迴歸	43,588.393	4	10,897.098	3.410	0.010(a)
	殘差	623,061.607	195	3,195.188		
	總和	666,650.000	199			

a 預測變數：（常數），這家碳酸飲料商一次大量購買所給的折扣，這家碳酸飲料商提供的產品很便宜，這家碳酸飲料商的整體價格讓我覺得物超所值，這家碳酸飲料商提供的價格讓我覺得很划算。

b 依變數：訪問者人數。

🎯 表 13-20　推廣與顧客滿意度

模式		平方和	自由度	平均平方和	F 檢定	顯著性
1	迴歸	54,296.328	5	10,859.266	3.440	0.005(a)
	殘差	612,353.672	194	3,156.462		
	總和	666,650.000	199			

a 預測變數：（常數），這家碳酸飲料商對社會的回饋，我能很輕易的得到這家碳酸飲料的促銷資訊，這家碳酸飲料商的促銷方案很吸引我，這家碳酸飲料商的廣告資訊普及度，這家碳酸飲料商的促銷方案會讓我想消費。

b 依變數：訪問者人數。

 表 13-21　通路與顧客滿意度

模式		平方和	自由度	平均平方和	F 檢定	顯著性
1	迴歸	106,620.491	4	26,655.123	9.281	0.000(a)
	殘差	560,029.509	195	2,871.946		
	總和	666,650.000	199			

a 預測變數：（常數），這家碳酸飲料商所具備的服務管道讓我覺得很方便，我能很輕易的購買
　到這家碳酸飲料商的產品，當我需要服務時能很快速的找到管道，我能很輕易的找到店家來購
　買。

b 依變數：訪問者人數。

綜合上述統計分析產品、價格、推廣、通路等對顧客滿意度的評價
有正向顯著影響，因此，H1、H2、H3、H4 皆成立。

13.5 結論與建議

13.5.1　研究結論

本研究之目的在於探討可口可樂目前現有的行銷方式與績效評估這
兩個來做比較，並且進一步探討問卷所分析出的數據是否與欲研究之目
的相符一致。

本研究之結論簡述如下：

發現一：　根據分析結果，每 100 位學生裡，至少有 44 位每個禮拜都會
　　　　　飲用一次碳酸飲料。

發現二：　在顧客滿意度裡，以碳酸飲料的通路最為方便，使顧客方便購
　　　　　買。

發現三： 碳酸飲料所提供的產品價格，以顧客滿意度而言，是最為滿意的。

發現四： 碳酸飲料的推廣方式，以顧客滿意度而言，是廣告資訊最為滿意。

發現五： 碳酸飲料的通路，以顧客滿意度而言，是能很輕易找到店家購買最為滿意。

發現六： 在顧客滿意度上，對於碳酸飲料的產品、價格、通路、推廣方面，是具有顯著的正向影響。

發現七： 根據分析的結果，與研究假設相符合，故本研究的研究假設之H1、H2、H3、H4成立。

發現八： 碳酸飲料的績效，以產品、推廣、通路這三個點來看，具有顯著成果。

　　由以上之結論可知，碳酸飲料的行銷組合以學生為例，具有顯著之正向影響，因學生的消費能力有限，對於碳酸飲料目前現有的產品、價格、通路、推廣，每一個環節都與顧客滿意度息息相關、缺一不可，比如產品的品質一旦下降，就算價格多麼的便宜，隨處都可購買，顧客滿意度都會因為品質下降，而使學生族群把它列為次等品。

　　碳酸飲料的績效是顯而易見的，如今天隨處可見的飲料產品是可口可樂，在通路上面就選擇的很成功，麥當勞、KTV、各個飲料店等，都使學生族群在下意識會選擇喝可口可樂，因為這些通路都是學生每天都會經過、聚會的地方；而在推廣上面，以可口可樂為例，當可口可樂的產品推到麥當勞，讓每個選擇吃麥當勞的學生選擇它，就同時跟麥當勞名利雙收。而目前的學生族群在聚會上，都會想到要購買可口可樂、蘋果西打或是黑松沙士來助興，所以碳酸飲料的推廣方面是很成功的，因它不止是在學生族群保有一席之地，在全球的地位也是令人讚嘆的。

13.5.2　建議

一、給碳酸飲料之建議

　　目前國內有許多新興之飲料產品，隨著現在學生的創新、喜好的多元化，要如何鞏固自己的地位保持在業界的龍頭，須加強關於價格以及服務這兩方面。

　　對於在銷售地點所提供的價格，可推出買幾件打幾折之活動，或者搭配餐點的總金額打折，畢竟在學生眼中，看到便宜、划算才會去注意，且品質也需保持在一定的程度，學生才會把碳酸飲料列為購買生活用品的必需品。

　　對於碳酸飲料所提供的服務，可以不時找專人在街頭訪談，好找出改進之道，也可推出在網路訂購運送至府的服務等，一定可以讓碳酸飲料的產品在業界保持現有排名。

　　對於碳酸飲料現有的行銷方式也可再創新，以符合學生古靈精怪的想法推出塗鴉方式改變碳酸飲料的包裝，以上傳至網路進行投票的方式提供獎金，吸引學生爭相購買，可讓碳酸飲料在推廣方面更上一層樓。

　　對於包裝上面，也可以用同容量不同圖案的方式、不定期更新產品的包裝，或者是在包裝上面提供飲用後處理方式（如改造成收納小品、種植、玩具等），來吸引學生蒐集，因時下學生愛比較的心態，一定會爭相購買去炫耀，同時也能達到碳酸飲料的績效。

　　也可推出碳酸飲料的學生代表，推出一系列的選拔活動，如碳酸飲料之大專院校男女生代言人、校園大使等，可以吸引大專院校的學生去購買、了解碳酸飲料的所有品牌、產品，讓它可以更深一步的抓住學生們的心。

二、對後續研究之建議

1. 本研究之研究構面主要是探討碳酸飲料的行銷組合、顧客滿意度、績效為主，後續者可以根據本研究之架構加入其他的影響構面，如市場狀況、環境因素等方面，可使研究成果更具有全面性。

2. 本研究之調查對象主要是以臺中、臺南大專院校學生為主，因時間、經費有限，要取得調查對象以外之學生問卷結果，需花費相當長的時間，故針對此點，本研究直接以臺中、臺南的學生為受訪對象。而有些題目學生在填答上會有些許誤差，故後續研究者可花費較長時間，取得社會人士、家庭主婦等等之問卷，讓此研究更具有完整度。

3. 本研究主要以問卷調查的方式來驗證本研究之假設，若能輔以深入的訪談，則更能真實地呈現研究結果。

4. 本研究的碳酸飲料很廣，並沒有與碳酸飲料中的任何品牌去做比較，後續者可以與其他品牌做比較之方向來做為後續的研究方向。

習題 Exercise   Marketing Research

(　)1. 哪個名詞在世界上已有相對的影響力，沒有任何人會想到它會成為歷史
上的一部分，使它在不同國家地區中，拓展出屬於它在文化上的位置？
(A)百事可樂　(B)百威啤酒　(C)可口可樂　(D)樹頂果汁。

(　)2. 可口可樂這風行世界一百餘年的奇妙液體是在 1886 年由美國喬治亞州
亞特蘭大市的約翰彭伯頓博士(John S.Pemberton)在家中後院將碳酸水
和糖以及其他原料混合在一個三角壺中發明的，請問他的職業是：　(A)
化學家　(B)物理教師　(C)藥劑師　(D)飲料業者。

(　)3. 何者是一種規劃與執行的程序，透過這個程序，針對創意、產品或服務
的觀念化，定價、推廣與分配等進行規劃與執行，進而創造出一種能滿
足個人和組織目標的交換活動？　(A)服務　(B)市調　(C)抽樣　(D)行
銷。

(　)4. 行銷人員用來促進其交換活動，以達成其行銷目標的工具是：　(A)行銷
研究　(B)行銷組合　(C)行銷策略　(D)通路需求。

(　)5. 行銷組合是四種什麼，包括產品(product)、定價(price)、推廣(promotion)
及通路(place)，又稱為 4P？　(A)行銷研究　(B)行銷活動　(C)行銷策略
(D)行銷組織。

(　)6. 何者向來是行銷組合 4P（產品、促銷、通路、定價）中最困難的一環。
尤其隨著市場日益全球化，這個問題也變得越來越棘手？　(A)產品　(B)
促銷　(C)通路　(D)定價。

(　)7. 生產業最大的優點是以何者為競爭利器，服務業也是，如果業者沒有提
出差異化產品來服務顧客時，價格競爭就成了主要策略？　(A)低成本
(B)促銷活動　(C)售後服務　(D)隨機贈品。

(　)8. 一家企業生產精美的產品（服務），以優惠的價格透過便捷的通路銷售，
不過業績並沒有扶搖直上，原因可能是因為消費者並不了解該產品的：
(A)有關訊息　(B)相關特性　(C)相關用途　(D)企業態度。

（　　）9. 顧客滿意經營就在於我們的顧客滿意經營只有一個出發點，就是「在企業可以做到的範圍之內，盡量讓顧客滿意極大化，進而追求顧客的○。」請問○是指：　(A)回購率　(B)忠誠度　(C)回饋　(D)個人偏好。

（　　）10. 價格是行銷組合中唯一產生銷貨收入的因素，其他因素則代表□。在定價和價格上的競爭，進一步成為高階主管所要面對的第一個問題。請問□是指：　(A)利潤　(B)費用　(C)效度　(D)成本。

解答：1.(C) 2.(C) 3.(D) 4.(B) 5.(B) 6.(D) 7.(A) 8.(A) 9.(B) 10.(D)

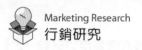

MEMO

Chapter

14

品牌形象、知覺價值、口碑、產品知識對購買意願之研究－以手機為例

14.1 緒 論

14.1.1 研究背景與動機

　　時代與科技日新月異，通訊科技方面的行動電話是現代人不可或缺的產之一，每個人一天中平均需要用到手機的機會，遠比其他產品多更多，相較於一般消費性產品，手機對於使用者來說，明顯具有更高度的依賴性。在手機市場如此競爭激烈的飽和狀態下，手機廠商如何在產品、服務推陳出新以外，創造出優質好口碑，同時將口碑納入行銷策略中的一環，已是今日各廠商須重視的課題之一。

　　隨著手機技術的進步，各家業者皆推出相仿的手機系統與類似功能，消費者的選擇更多元，可供挑選的品牌也增加，在這樣的情況下，各廠商為了區別自家的手機商品，形成屬於自己的品牌形象。綜合以上分析，本研究動機為探討消費者如何看待品牌形象，以及口碑好壞是否影響消費者購買手機的因素。

14.1.2 研究目的

　　本研究是以勤益科技大學使用手機的消費者為主要調查對象進行實證研究，目的是藉由文獻分析及實證研究來探討品牌形象、知覺價值、口碑、產品知識對手機消費者購買意願是否顯著的影響。探討消費者在選購手機時，會受哪些因素影響？

　　本研究之目的敘述如下：

1. 探討手機廠商品牌形象是否會影響消費者購買意願。

2. 探討消費者所擁有的產品知識是否會影響其購買意願。

3. 探討口碑對購買意願是否會影響消費者購買意願。

4. 探討產品知識對購買意願的是否會影響消費者購買意願。

14.1.3　研究流程

　　本研究流程如圖 14-1，首先敘述研究背景、目的，再進行相關文獻的蒐集與整理，並規劃建立出研究架構與問卷題目設計，經實際問卷調查後，實施資料統計分析得出研究結果，最後提出研究結論與建議。

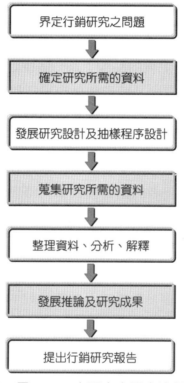

🛒 圖 14-1　本研究之研究流程

資料來源：胡政源(2000)。行銷研究。新文京。

14.2 文獻探討

14.2.1 品牌形象

美國行銷協會定義品牌為一名稱、術語、符號、記號或設計,甚或是它們的結合;可用來確認銷售者的產品或服務,以便與競爭者有所區別。

如同 Aaker(1991)所定義的品牌:為一個特定的名稱或符號,可用來區分競爭者產品與服務者。品牌形象是市場行銷中的重要一環,也被視為一種資訊的提示,消費者藉由所持有的品牌形象推論產品的品質,繼而激發消費者的購買行為。Magid, Cox & Cox(2006)也認為品牌形象包括消費者對品牌名稱、標誌或印象的回應,也代表著產品品質的象徵。因此,品牌形象儲存於消費者的記憶模式中,優質的品牌網絡連結將成為購買決策的重要考量因素。

人們對自己熟悉且品牌形象好的產品較會購買,因為品牌形象好而感到安心、可靠,相對來說,對於產品也會有較高的滿意度,Kamins & Marks(1991)主張消費者對於熟悉且品牌形象好的產品,會有較高的品牌態度與購買意願。

表 14-1 品牌形象定義整理表

學者/年代	品牌形象的定義
Aaker(1991)	將品牌形象定義為品牌聯想的組合。可以反映出品牌的人格或產品的認知。
Biel(1992)	認為品牌相連結之聯想為品牌形象,由廠商形象、產品形象及使用者形象所組合而成。
Kirmani & Zeithmal (1993)	指出形成品牌形象需要知覺品質、品牌態度、知覺價值、感覺、品牌聯想、廣告態度五項要素的投入。

表 14-1　品牌形象定義整理表（續）

學者/年代	品牌形象的定義
Richardson, Dick & Jain (1994)	被消費者作為評價產品質的外部線索，消費者會利用產品的品牌形象推論或維持其對產品的知覺品質，而品牌形象亦可代表整個產品的所有資訊。
Keegan, Moriarty & Duncan (1995)	品牌形象是消費者對於品牌接收的總體印象，包括對其他品牌的識別或區別、品牌個性和承諾利益等要素。
Krishnan (1996)	品牌聯想形象所形成的網路結點可以是代表一個品牌、一項產品或一種屬性，並且連結任何兩個結點就可成為消費者心目中的聯想形象。
Kotler (1997)	消費者根據每一屬性對每個品牌發展出來的品牌信念，對某一特定品牌所持有的信念組合品牌信念稱為品牌形象。

資料來源：本研究整理自 Biel(1992). How brand image drives brand equity. Journal of Advertising Research, Vol. 32, pp. 10.

14.2.2　知覺價值

Parasuraman & Grewal(2000)主張知覺價值是由購買價值、交易價值、使用價值及折舊價值四種價值型態所組成之動態構面，其中購買價值定義為貨幣價格所帶來的利益，交易價值為好交易所帶來的愉悅，而使用價值則定義為產品／服務的效用，至於折舊價值則為產品／服務耗盡時之殘餘價值。

Ravald & Grönroos(1996)指出交換越理性時，顧客會尋求產品的整體顧客價值，而顧客價值可經由屬性、結果與目標層級中經驗到(Parasuraman, 1997; Woodruff, 1997)，因此顧客價值的概念可以分為個別屬性構面及整體的概念。Butz & Goodstein(1996)視顧客價值為顧客使用產品或服務後，發現產品所提供附加價值而建立的情感性結合，Groth & Dye(1999)主張知覺的價值是一個整體加權的變數，這些定義均屬於整體顧客價值的概念。

14.2.3 口碑

Katz & Lazarsfeld(1955)發現口碑是影響消費者購買家庭用品或食品的最重要影響因素，其造成消費者轉換品牌的效力是新聞及雜誌的 7 倍、人員推銷的 4 倍、傳播及廣告的 2 倍，另外，Engel, Blackwell & Kegerreis(1969)的研究亦發現，有 60%的受訪者認為口碑是最具有決策影響力的來源。

Arndt(1967)曾對口碑下過定義，其認為「口碑」乃指訊息傳遞者與訊息接收者間，透過面對面或經由電話所產生的資訊溝通行為：其中訊息傳遞者即指訊息來源，訊息接收者則指訊息尋求者，部分學者亦曾將口碑定義為非行銷成員之參與者間的人際溝通，其會影響消費者之決策制定，更是消費者購買後的結果。另外，Soderlund(1998)將口碑定義為顧客告知朋友、家人或同事某事件，而創造出某種程度的滿意度。

14.2.4 產品知識

Rao & Monroe(1988)發現產品知識會影響消費者對產品的評估。研究指出，以往的研究上對消費者產品知識的衡量方式的操作上大致有三種：第一種是衡量個人認為自己知道的產品或產品類別，屬於主觀知識(subjective knowledge)；第二種是衡量個人實際儲存在記憶中產品知識的多寡、形式，屬於客觀知識(objective knowledge)；第三種是指購買或使用產品的經驗。但 Brucks(1985)亦指出，以經驗基礎來衡量產品知識，會與行為有較少直接的關係，所以，研究也多以消費者主觀知識與客觀知識來衡量消費者的產品知識。

雖然主觀與客觀知識可能具有高度相關，但仍有許多學者在研究時將這兩個構面分開討論(Brucks, 1985; Rao & Monroe, 1988)，因為消費者認為他們知道的（主觀產品知識）和他們真正知道的（客觀產品知識）可能有出入。Rao & Monroe(1988)就認為產品知識較高的消費者，因為

熟悉產品訊息的重要性，較少使用刻板印象來判斷事務，而傾向於使用內在線索(intrinsic cues)來判斷產品品質。而產品知識較低的消費者則因不了解如何判斷產品好壞，較傾向於使用外在線索，例如產品價格或品牌名稱。

14.2.5 購買意願

購買意願，企圖購買此項產品的可能性(Dodds, Monroe & Grewal, 1991)，是消費者在接收廣告訊息後所產生的行為傾向。Schiffman & Kanuk(2000)定義購買意願是衡量消費者購買某項產品之可能性，購買意願越高表示購買的機率越大。

Engel、Kollat 及 Miniard(1995)修正消費者行為理論所發展出來的 EKB 模式，強調消費者的購買行為是一種連續過程，消費者藉由內外訊息的影響因素，包括：資訊投入、資訊處理、一般的動機及環境等因素，來決定最後的選擇。因此，消費者的資訊來源會使消費者產生不同的偏好，進而影響購買意願(Liebermann and Flint-Goor, 1996)。

消費者的購買意願通常取決於其知覺所獲得的利益與價值而後會進一步產生購買意願(Zeithaml, 1988; Dodds, Monroe & Grewal, 1991)。Chiou(1999)在探討態度、群體規範及知覺行為控制對於消費者購買意圖的影響程度中發現，當消費者個人主觀認知的知識能力較弱時，個人的知覺行為控制較能有效預測購買意願，反之，當主觀認知的知識能力較強時，個人知覺行為控制的高低就無法顯著地預測購買意願了。

因此本研究將購買意願作為預測消費者購買決策的指標，探討在不同產品知識及品牌形象下，對消費者購買意願的影響。

14.2.6　手機

行動電話名稱尚沒有較為一致的用法，從早期的大哥大、行動電話、手機、電視手機、電視電話。語言溝通常停留在由閱聽者藉由傳達者前後談論內容來「意會」所欲表達的訊息階段。基於研究工作進行的需要，進行以下的定義：

一、手機(cell phone)

臺灣地區常用的稱呼之一，也是大陸地區用語，在語意上較為抽象；容易與其他產品名稱混淆，名稱較為簡略，使得區別性不清楚，建議不使用此種名稱。經使用「手機」查詢教育部國語辭典「2005」，顯示的結果為：

1. **磨牙手機**：牙科治療時用的磨牙機器。可放置牙鑽、磨輪、磨刷及其他用具，藉電動或氣流轉動。

2. **多手機無線電話**：室內、家內的可使用多支無線手機的電話，手機可當分機，並具有遙控母機的功能。

查詢結果尚無手機的單獨解釋，改以「行動電話」進行搜尋，顯示的解釋為「一種利用頻率來接收的無線電通訊系統，亦稱為大哥大」。根據磨牙手機與多手機無線電話的解釋作比對，為了避免名稱混淆及增加文字辨識度，建議結合意義比較完整的「形容詞」＋「名詞」，以「行動電話」來稱呼目前的手持式行動電話。

二、行動電話(cell(ular) phone)

「行動電話」，雖然不如俗稱的「手機」來得簡明方便，因為字義完整，結構明確也廣為大眾認知，較多見於公司的宣傳文宣上、研究單位正式報告、學術論文上。

三、汽車行動電話(mobile telephone)

謝坤霖(1997)，認為汽車行動電話簡單地說就是指「安裝在車船等交通工具上或可以機動攜帶的無線電話機設備」，在手持型行動電話還未建制完成時尚有使用此名稱，隨著汽車上「固定型」與「攜帶型」等兩種電話減少使用，已很少聽見此種稱呼。姚在南(1991)，提到自 1991 年起，手握型（行動電話）已超過固定型（汽車行動電話），市場占有率高達75%。

四、智慧型行動電話(smartphone)

泛指整合 PDA 功能，具有較大 LCD 螢幕的行動電話，大陸地區稱為智能手機。英文字義上相近的"Microsoft Smartphone"則是微軟推出的智慧型行動電話的商品名稱，屬於微軟的商標，但 Smartphone 一詞則並非微軟的商標，更不是微軟所創的名詞。

14.3 行銷研究設計

本節主要根據第一節研究動機及第二節文獻探討的理論基礎建立本研究架構，提出研究假說並定義本研究構面，再根據研究架構設計問卷，蒐集實證資料，藉此驗證研究假說是否成立。茲說明研究架構、問卷設計、操作型定義及衡量、前測與正式問卷之發放、資料分析方法等部分。

14.3.1 研究架構

本研究先蒐集相關理論及文獻作為研究架構的依據，再以發問卷的方式來蒐集研究所需的資料，以了解品牌形象、知覺價值、口碑、產品知識與購買意願對購買手機的影響。並以大學生作為研究對象，進行實證。

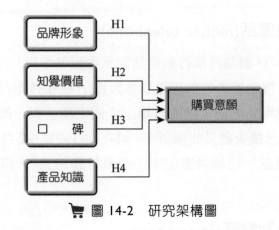

圖 14-2　研究架構圖

14.3.2　研究假設

本研究以手機消費者為對象，探討品牌形象、知覺價值、口碑、產品知識對手機消費者購買意願是否顯著的影響，提出四項假設，整理如下：

H1：品牌形象對購買意願有顯著影響

H2：知覺價值對購買意願有顯著影響

H3：口碑對購買意願有顯著影響

H4：產品知識對購買意願有顯著影響

14.3.3　操作型定義及衡量

本研究之問卷內容共分為三個部分進行調查，第一部分是請消費者勾選目前所使用的手機品牌，第二部分是衡量消費者的品牌形象、顧客知覺價值、口碑、產品知識與購買意願，第三部分為消費者的基本資料。本研究問卷均以 Likert 七點量表設計，並以「非常同意」、「同意」「稍微同意」、「沒意見」、「稍微不同意」、「不同意」及「非常不同意」七個尺度，分別給予等距分數(7, 6, 5, 4, 3, 2, 1)。以下為研究構面各變項之定義及操作型定義：

◎ 表 14-2　品牌形象操作性定義與衡量題項

構面	操作性定義	衡量題項
品牌形象	品牌可提升自我認同及滿足需求	目前使用的手機品牌之產品品質優良
		目前使用的手機是受到大家好評的
		目前使用的手機品牌擁有良好品牌名聲，是可以信賴的
		目前使用的手機品牌跟其他品牌比起來具有特色
		目前使用的手機品牌可以讓人容易記住

◎ 表 14-3　知覺價值操作性定義與衡量題項

構面	操作性定義	衡量題項
知覺價值	消費者對所購買的產品的全體評估	目前使用的手機品牌符合我的需求
		目前使用的手機能讓我擁有良好的形象
		目前使用的手機其功能令我相當滿意
		目前使用的手機成本效益符合我的期望
		目前使用的手機是受到好評的

◎ 表 14-4　口碑操作性定義與衡量題項

構面	操作性定義	衡量題項
口碑	他人的推薦行為與資訊	有人向我推薦該品牌，我會對該品牌留下印象並考慮購買該品牌
		如果該品牌價格為可接受的價格，我會購買該品牌新款手機
		身邊親友使用的手機品牌，我會特別注意該品牌的資訊
		如果有親友向我推薦手機品牌，我會考慮該品牌手機
		他人對該手機品牌的評價，會影響我的購買意願

🎯 表 14-5　產品知識操作性定義與衡量題項

構面	操作性定義	衡量題項
產品知識	消費者自認對於產品的了解程度	我認為自己對手機品牌資訊相當了解
		我認為自己很了解手機的各項功能
		我認為自己相當了解掌握新款手機的未來趨勢
		我認為自己了解手機市場的一般行情
		我知道很多手機產品的相關資訊

🎯 表 14-6　購買意願操作性定義與衡量題項

構面	操作性定義	衡量題項
購買意願	衡量消費者購買手機的可能性	我願意購買該品牌的手機
		有人向我推薦該品牌，我會對該品牌留下印象並考慮購買該品牌
		該品牌的手機是我購買時的第一選擇
		我願意推薦別人購買該品牌的手機

14.3.4　資料分析方法

　　本研究利用問卷調查法進行初級資料蒐集，內容設計分為三部分。分別為調查消費者的手機種類、調查消費者對於購買手機的影響因素、調查填答者的基本資料，再繪製圓餅圖與圖表，作出五個構面的百分比。接著利用百分比分析法，根據問卷內容所設計的第二部分，其中第 1 題到第 23 題依其項目逐一統計，將其統計結果以表格方式依序列出，並分析其結果。

　　並以統計套裝軟體 SPSS 及 AMOS 作為統計分析之工具，以問卷之信度(reliability)與效度(validity)分析，本研究採用 Cronbach's α 係數檢定量表信度和因素分析法與相關分析法來檢定問卷的收斂效度。

14.4 實證結果與分析

14.4.1 樣本結構

針對手機使用者所做的調查所蒐集到的資料進行整理，用以了解樣本特性，有效樣本共 100 份，將回收之基本資料做一統整，手機品牌使用人數整理如表 14-7 所示，人口統計資料則整理如表 14-8 所示。

表 14-7 手機品牌使用人數表

手機品牌	人數	百分比%
Apple	6	6
BenQ	2	2
HTC	11	11
LG	11	11
Motorola	2	2
Nokia	10	10
OKAWAP	4	4
Panasonic	3	3
SAMSUNG	19	19
Sharp	1	1
Sony Ericsson	28	28
其他	3	3

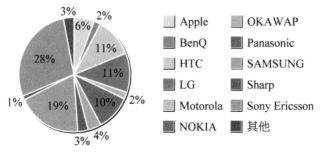

圖 14-3 手機品牌使用人數

◎ 表 14-8　人口統計資料表

填寫人基本資料	人數	百分比%
性別		
男	27	27
女	73	73
個人月收入		
20,000 元以下	82	82
20,001～30,000 元	14	14
30,001～40,000 元	4	4
40,001～50,000 元以上	0	0
教育程度		
大一	8	8
大二	3	3
大三	10	10
大四	79	79
如何得知手機相關訊息		
親友推薦	36	36
電視廣告	40	40
商品DM	42	42
報章雜誌廣告	25	25

性別人數比例圖

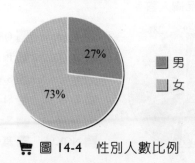

🛒 圖 14-4　性別人數比例

圖 14-5　個人月收入（40,001~50,000 以上為 0%）

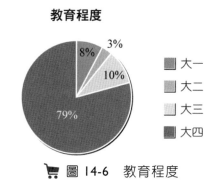

圖 14-6　教育程度

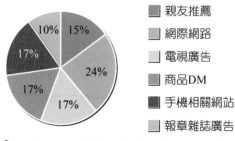

圖 14-7　得知手機相關訊息管道

14.4.2 因素分析與信效度分析

表 14-9 品牌形象之信、效度分析

衡量指標	平均數	分項對總項相關係數	因素負荷量	特徵值	累積解釋變異量(%)	Cronbach's α 值
品質優良	5.01	0.568	0.738			
受到好評	4.94	0.577	0.753			
良好品牌名聲	5.14	0.551	0.722	2.728	54.565	0.792
具有特色	4.52	0.600	0.764			
容易記住	4.95	0.548	0.715			

表 14-10 知覺價值之信、效度分析

衡量指標	平均數	分項對總項相關係數	因素負荷量	特徵值	累積解釋變異量(%)	Cronbach's α 值
符合需求	5.1	0.323	0.480			
擁有良好形象	4.45	0.606	0.782			
令人相當滿意	4.67	0.62	0.803	2.702	54.039	0.778
符合我的期望	4.76	0.665	0.810			
受到好評	4.69	0.553	0.747			

表 14-11 口碑之信、效度分析

衡量指標	平均數	分項對總項相關係數	因素負荷量	特徵值	累積解釋變異量(%)	Cronbach's α 值
考慮購買	4.62	0.512	0.721			
可接受的價格	5.31	0.605	0.87			
親友使用品牌	5.2	0.377	0.801	2.099	41.978	0.581
推薦	5.61	0.147	0.407			
他人的評價	4.82	0.055	0.12			

◎ 表 14-12　產品知識之信、效度分析

衡量指標	平均數	分項對總項相關係數	因素負荷量	特徵值	累積解釋變異量(%)	Cronbach's α 值
手機品牌資訊	4.28	0.401	0.607			
各項功能	4.82	0.595	0.769			
未來趨勢	4.27	0.572	0.766	2.699	53.986	0.778
行情	4.44	0.71	0.891			
相關資訊	4.46	0.405	0.599			

◎ 表 14-13　購買意願之信、效度分析

衡量指標	平均數	分項對總項相關係數	因素負荷量	特徵值	累積解釋變異量(%)	Cronbach's α 值
願意購買	5.21	0.669	0.855			
第一選擇	4.32	0.683	0.863	2.201	73.38	0.819
願意推薦	4.77	0.663	0.851			

14.4.3　各構面間之相關分析

◎ 表 14-14　構面間相關係數

變數 Cronbach's α 值	品牌形象 (0.792)	知覺價值 (0.778)	口碑 (0.581)	產品知識 (0.778)	購買意願 (0.819)
品牌形象(0.792)	1				
知覺價值(0.778)	0.606**	1			
口　碑(0.581)	0.327**	0.449**	1		
產品知識(0.778)	0.297**	0.393**	0.237*	1	
購買意願(0.819)	0.620**	0.549**	0.389**	0.474**	1

14.4.4　各構面間互動關係分析

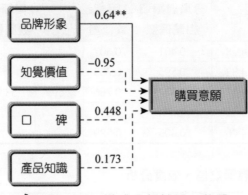

🛒 圖 14-8　模式分析結果－整體

🎯 表 14-15　衡量指標分析－整體

變數關聯	估計參數	P 值
品牌形象 →a1：品質優良	.613	***
品牌形象 →a2：受到好評	.688	***
品牌形象 →a3：良好品牌名聲	.637	***
品牌形象 →a4：具有特色	.729	***
品牌形象 →a5：容易記住	.597	
知覺價值 →b1：符合需求	.439	***
知覺價值 →b2：擁有良好形象	.721	***
知覺價值 →b3：令人相當滿意	.688	***
知覺價值 →b4：符合我的期望	.654	***
知覺價值 →b5：受到好評	.728	
口碑 → c1：考慮購買	.308	.931
口碑 → c2：可接受的價格	.608	.931
口碑 → c3：親友使用品牌	1.028	.931
口碑 → c4：推薦	.295	.931
口碑 → c5：他人的評價	.008	

表 14-15　衡量指標分析－整體（續）

變數關聯	估計參數	P 值
產品知識 → d1：手機品牌資訊	.493	***
產品知識 → d2：各項功	.626	***
產品知識 → d3：未來趨勢	.693	***
產品知識 → d4：行情	.907	***
產品知識 → d5：相關資訊	.565	
購買意願 → h1：願意購買	.786	
購買意願 → h2：第一選擇	.782	***
購買意願 → h3：願意推薦	.756	***

表 14-16　結構模式適合度指標分析－整體

結構模式適合指標										
x^2	d.f.	x^2/d.f.	P 值	RMR	GFI	AGFI	NFI	RFI	CFI	RMSEA
439.868	218	2.013	0.000	0.239	0.73	0.658	0.645	0.589	0.776	0.101

註：*:p<0.05　**:p<0.01　***:p<0.001

14.4.5　研究假設檢定結果歸納分析

　　本研究經由上述分析，及透過實證研究來探討品牌形象、知覺價值、口碑、產品知識與購買意願間的關係。茲將本研究假設驗證結果彙總如下：

表 14-17　研究假設結果歸納表

研究假設	標準化係數值	P 值	研究結果
H1：品牌形象對購買意願有顯著影響	.640	.001	支持
H2：知覺價值對購買意願有顯著影響	-.095	.601	不支持
H3：口碑對購買意願有顯著影響	.448	.931	不支持
H4：產品知識對購買意願有顯著影響	.173	.085	不支持

14.5 結論與建議

14.5.1 研究結論

本研究之研究內涵在於品牌形象對購買意願有顯著影響；知覺價值對購買意願有顯著影響；口碑對購買意願有顯著影響；產品知識對購買意願有顯著影響。最後本研究根據實證方式，來驗證品牌形象、知覺價值、口碑、產品知識是否對購買意願有顯著影響，結果發現只有品牌形象對購買意願有顯著影響的結果為支持，而知覺價值、口碑、產品知識對購買意願有顯著影響的結果都為不支持。根據上述結果，本研究假設1至假設4，只有第一項的研究結果為支持，其餘研究結果全為不支持。

14.5.2 研究建議

本研究因時間、人力、財力有限，是以臺中勤益科大為取樣對象，並以便利抽樣的方式來發放問卷，可能因有限的樣本造成結果的偏誤，而影響到本研究是否能完整蒐集消費者對於手機品牌形象、口碑、知覺價值、產品知識與購買意願等等的相關資訊，因此建議往後的研究者可將調查範圍擴大，未來在研究採樣上應加以改善，增加樣本的數量，及適當的回收比率，可使結果更具參考價值。

14.5.3 研究範圍與研究限制

本研究以手機為例，探討其品牌形象、知覺價值、口碑、產品知識與購買意願，基於研究動機與目的，將研究範圍與限制界定如下：

1. 研究之手機品牌為既有之國內外的知名品牌，因此並非市場上所有品牌。

2. 受限於人力與時間因素，本研究調查方法採便利抽樣，故在推論上可能較不具效果。

3. 研究雖欲使受測者了解選項內容，然而受測者對於問卷題目描述認知高低確實不易辨知，因此可能對分析造成誤差。

4. 本研究以大學生為主要研究對象，建議往後之研究可將調查年齡範圍擴大。

附錄問卷

親愛的先生／女士您好：

首先謝謝您撥空回答此份問卷！這是一份學術性質的問卷，主要目的在了解您對手機使用的看法，您的寶貴意見將是本份問卷成功完成的關鍵之一，懇請不吝撥冗填答，本分問卷將採不記名方式，您所提供的資料僅供學術分析用途，絕無其他用途，敬請安心填答。再次感謝您的支持與協助！

　　敬祝

　　　　　事事順心　平安快樂

　　　　　　　　　　　　　　　　　國立勤益科技大學企業管理系
　　　　　　　　　　　　　　　　　　指導老師：胡政源　老師
　　　　　　　　　　　　　　　　　　學生：李庭禎、黃家盈
　　　　　　　　　　　　　　　　　　黃綢婕、盧宜暄　敬上

第一部分

請問您目前使用的手機品牌為？

□Apple　□Samsung　□Asus　□BenQ　□LG　□Nokia　□OKAWAP　□Sharp
□HTC　□TATUNG　□Sony Ericsson　□Motorola
□Panasonic　□其他

第二部分	非常不同意←普通→非常同意						
品牌形象	1	2	3	4	5	6	7
1. 目前使用的手機品牌之產品品質優良	□	□	□	□	□	□	□
2. 目前使用的手機是受到大家好評的	□	□	□	□	□	□	□
3. 目前使用的手機品牌擁有良好品牌名聲，是可以信賴的	□	□	□	□	□	□	□
4. 目前使用的手機品牌跟其他品牌比起來具有特色	□	□	□	□	□	□	□
5. 目前使用的手機品牌可以讓人容易記住	□	□	□	□	□	□	□
知覺價值							
6. 目前使用的手機品牌符合我的需求	□	□	□	□	□	□	□
7. 目前使用的手機能讓我擁有良好的形象	□	□	□	□	□	□	□
8. 目前使用的手機其功能令我相當滿意	□	□	□	□	□	□	□
9. 目前使用的手機成本效益符合我的期望	□	□	□	□	□	□	□
10.目前使用的手機是受到好評的	□	□	□	□	□	□	□

請您繼續往下一頁作答							
口碑							
11.有人向我推薦該品牌，我會對該品牌留下印象並考慮購買該品牌	☐	☐	☐	☐	☐	☐	☐
12.如果該品牌價格為可接受的價格，我會購買該品牌支新款手機	☐	☐	☐	☐	☐	☐	☐
13.身邊親友使用的手機品牌，我會特別注意該品牌的資訊	☐	☐	☐	☐	☐	☐	☐
14.如果有親友向我推薦手機品牌，我會考慮該品牌手機	☐	☐	☐	☐	☐	☐	☐
15.他人對該手機品牌的評價，會影響我的購買意願	☐	☐	☐	☐	☐	☐	☐
產品知識							
16.我認為自己對手機品牌資訊相當了解	☐	☐	☐	☐	☐	☐	☐
17.我認為自己很了解手機的各項功能	☐	☐	☐	☐	☐	☐	☐
18.我認為自己相當了解掌握新款手機的未來趨勢	☐	☐	☐	☐	☐	☐	☐
19.我認為自己了解手機市場的一般行情	☐	☐	☐	☐	☐	☐	☐
20.我知道很多手機產品的相關資訊	☐	☐	☐	☐	☐	☐	☐
購買意願							
21.我願意購買該品牌的手機	☐	☐	☐	☐	☐	☐	☐
22.該品牌的手機是我購買時的第一選擇	☐	☐	☐	☐	☐	☐	☐
23.我願意推薦別人購買該品牌的手機	☐	☐	☐	☐	☐	☐	☐

第三部分　基本資料

1. 性別：(1)☐男　(2)☐女
2. 月收入：(1)☐20000 元以下　(2)☐20001～30000　(3)☐30001～40000
　(4)☐40001～50000 以上
3. 教育程度：(1)☐大一　(2)☐大二　(3)☐大三　(4)☐大四
4. 請問您通常是從何處得知有關於手機產品的訊息？（可複選）
　(1)☐親友推薦　(2)☐網際網路　(3)☐電視廣告　(4)☐商品ＤＭ
　(5)☐手機相關網站　(6)☐報章雜誌廣告

問卷到此結束，非常感謝您支持本研究，謝謝填答！

習題 Exercise

( ) 1. 何者是市場行銷中的重要一環，也被視為一種資訊的提示，消費者藉由所持有的品牌形象推論產品的品質，繼而激發消費者的購買行為？ (A)品牌形象 (B)品牌口碑 (C)網路評價 (D)顧客忠誠度。

( ) 2. 品牌形象儲存於消費者的記憶模式中，優質的品牌○將成為購買決策的重要考量因素。請問○是指： (A)形象 (B)口碑 (C)網路評價 (D)網絡連結。

( ) 3. 人們對自己熟悉且品牌形象好的產品較會購買，因為品牌形象好而感到安心、可靠，相對來說，對於產品也會有較高的： (A)滿意度 (B)回購率 (C)評價 (D)忠誠度。

( ) 4. 美國行銷協會定義品牌為一名稱、術語、符號、記號或設計，甚或是它們的結合；可用來確認銷售者的產品或□，以便與競爭者有所區別。請問□是指： (A)特性 (B)服務 (C)評價 (D)價格。

( ) 5. 何者是由購買價值、交易價值、使用價值及折舊價值四種價值型態所組成之動態構面？ (A)顧客價值 (B)行銷管理 (C)知覺價值 (D)認知價值。

( ) 6. 何者為顧客使用產品或服務後，發現產品所提供附加價值而建立的情感性結合？ (A)購買價值 (B)交易價值 (C)使用價值 (D)顧客價值。

( ) 7. 何者是影響消費者購買家庭用品或食品的最重要影響因素，其造成消費者轉換品牌的效力是新聞及雜誌的 7 倍、人員推銷的 4 倍、傳播及廣告的 2 倍？ (A)廣告效益 (B)名人代言 (C)網路評價 (D)口碑。

( ) 8. 「口碑」乃指訊息傳遞者與訊息接收者間，透過面對面或經由電話所產生的○溝通行為。請問○是指： (A)交易 (B)資訊 (C)使用 (D)購買。

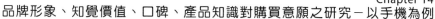

（　）9. 產品知識較高的消費者，因為熟悉產品訊息的重要性，較少使用刻板印象來判斷事務，而傾向於使用何者來判斷產品品質？　(A)外在線索　(B)表象線索　(C)內在線索　(D)專業線索。

（　）10. 何者是企圖購買此項產品的可能性，是消費者在接收廣告訊息後所產生的行為傾向？　(A)心動指數　(B)購買行為　(C)購買意願　(D)消費刺激。

 解答：1.(A) 2.(D) 3.(A) 4.(B) 5.(C) 6.(D) 7.(D) 8.(B) 9.(C) 10.(C)

MEMO

參考文獻 References　　　　　　　　　Marketing Research

Chapter 01

1. Dik Twedt. ed. (1973, 1978, 1983). *Survey of Marketing Research*. Chicago: American Marketing Asso..

2. Kotler, P. (1988). *Marketing Management: Analysis, Planning, Implementation and Control*, 6th ed. Englewood Cliffs, N. J.: Prentice-Hall.

3. 李敬平（1985 年 6 月）。**在臺美商與我廠商行銷研究活動之比較－以消費品產業為例**。臺北：交通大學管理科學研究所碩士論文，第 73 頁。

4. 胡政源(2009)。**企業研究方法－量化與質化技術與應用**。臺北：鼎茂圖書。

5. 胡政源(2004)。**行銷研究**，初版三刷。海頓。

6. 胡政源、林曉芳(2004)。**企業研究方法**。臺北：鼎茂圖書。ISBN 986-122-235-9。

7. 黃俊英（1999 年 9 月）。**行銷研究**，六版。華泰書局。

Chapter 02

1. Dik Twedt. ed. (1973, 1978, 1983). *Survey of Marketing Research.* Chicago: American Marketing Asso.

2. Kotler, P. (1988). *Marketing Management: Analysis, Planning, Implementation and Control*, 6th ed. Englewood Cliffs, N. J.: Prentice-Hall.

3. 李敬平（1985 年 6 月）。**在臺美商與我廠商行銷研究活動之比較－以消費品產業為例**。臺北：交通大學管理科學研究所碩士論文，第 73 頁。

4. 胡政源(2009)。**企業研究方法－量化與質化技術與應用**。臺北：鼎茂圖書。

5. 胡政源(2004)。**行銷研究**，初版三刷。海頓。

6. 胡政源、林曉芳(2004)。**企業研究方法**。臺北：鼎茂圖書。ISBN 986-122-235-9。

7. 黃俊英（1999 年 9 月）。**行銷研究**，六版。華泰書局。

Chapter 03

1. 田志龍（1997 年 8 月）。**行銷研究**。五南。

2. 吳萬益、林清河(2000)。**企業研究方法**。臺北：華泰文化。

3. 林東清、許孟祥(1997)。資訊管理調查研究方法探討。**資訊管理學報**，4 卷，第一期，p.21-40。

4. 胡政源(2004)。**行銷研究**，初版三刷。新文京。

5. 張紹勳(2000)。**研究方法**。臺中：滄海。

6. 楊國樞(1994)。**社會及行為科學研究法**，第五版。臺北：東華。

7. 張紹勳(2006)。**研究方法**。臺中：滄海。

8. 胡政源(2009)。**企業研究方法－量化與質化技術與應用**。臺北：鼎茂。

9. 胡政源、林曉芳(2004)。**企業研究方法**。臺北：鼎茂。ISBN 986-122-235-9。

Chapter 04

1. Cooper, & Emory (1995). *Business Research Methods*, fifth edition, p.261.

2. Davis, & Cosnza (1993). *Business Research for Decision Making*, third edition, p.57.

3. Churchill, G. A. (1999). *Marketing Research: Methodological Foundations*, seventh edition, p.226.

4. Hyman, H. H. (1987). *Secondary analysis of sample survey*. Middletown, Conn.: Weleyan University Press, Chapter 1.

5. Kumar, Aaker, & Day (1999). *Essentials of Marketing Research*, p.111.

6. Murdick, R. F. (1969). *Business Research: Concept and Practice*. Scranton, Pennsylvania: International Textbook Company, p.8.

7. Nachmias, C. F., & Nachmias, D. (1996). *Research Methods in the social Science*, 5th ed.. Scientific American/St. Martin's College Publishing Group Inc.

8. Nachmias, C. F., & Nachmias, D. (1996). *Research Methods in the social Science*, 5th ed.. Scientific American/St. Martin's College Publishing Group Inc.

9. Trochim, W. M. K. (1981). *Resources for location public and private data, in Research Program Evaluation*, ed. Robert F. Boruch, San Francisco: Jossey-Bass, p.57-67.

10. Zikmund, W. G. (1999). *Business research Methods*, sixth edition, p.145.

11. Zikmund, W. G. (1999). *Business research Methods*, sixth edition, p14.

12. 吳萬益、林清河（2000 年 2 月）。企業研究方法。華泰，p.140、141、158。

13. 胡政源(2009)。企業研究方法－量化與質化技術與應用。臺北：鼎茂。

14. 胡政源(2002)。行銷研究，初版二刷。臺北：海頓，p.192-193。

15. 胡政源(2004)。行銷研究，初版三刷。臺北：新文京，p.189-190。

16. 胡政源(2004)。行銷研究，初版三刷。臺北：新文京，p.190-191、193。

17. 張紹勳（2000 年 2 月）。研究方法。滄海，p.516。

18. 胡政源、林曉芳(2004)。企業研究方法。臺北：鼎茂。ISBN 986-122-235-9。

Chapter 05

1. Aaker, D. A. (1991). *Managing Brand Equity*. New York: The Free Press.

2. Aaker, D. A. (1995). Building strong brands. *Brandweek*, Oct 2. N.Y..

3. Aaker, D. A., & Joaschimsthaler, E. (2000). The brand relationship spectrum: The key to the brand architecture challenge. *California Management Review*, Summer. Berkeley.

4. Aaker, D. A., & Keller, K. L. (1990). Consumer Evalution of Brand Extension. *Journal of Marketing*, January, pp27-41.

5. Aaker, D. A., & Keller, K. L. (1993). Interpreting Cross-Culture Replications of Brand Extension Research. *International Journal of Research in Marketing*, 10, p.55-59.

6. Aaker, J. (1997). Dimensions of Brand Personality. *Journal of Advertising Research*, February/March, p.35-41.

7. Anonymous (1998). The value of a meaningful relationship. *Direct Marketing*, Oct. Garden City.

8. Bagozzi, & Yi, Y. (1989). The Degree of Intention Formation as a Moderator of the Attitude-Behavior Relation. *Social Psychology Quarterly, 52*(12), p.266-279.

9. Bailey, K. D. (1993). *Methods of Social Research*, p.60.

10. Blackston, M. (1992). A Brand with an Attitude: A Suitable Case for Treatment, Market Research Society. *Journal of the Market Research Society*, Jul. London.

11. Blackston, M. (1995). The qualitative dimension of brand equity. *Journal of Advertising Research*, Jul/Aug. N.Y..

12. Blackston, M. (2000). Observations: Building brand equity by managing the brand's 17 relationships. *Journal of Advertising Research*, Nov/Dec. N.Y..

13. Bonfield, E. H. (1974). Attitude, Social Influence, personal Norm, and Intention Interactions as Marketing Research, 11, p.379-389.

14. Brandhorst, J. (1998). Get into the solutions business. *Brandweek*, Apr 6. N.Y..

15. Brandt, M. (1998). Don't dis your brand. MC Technology *Marketing Intelligence*, Jan. N.Y..

16. Churchill, G. A. Jr. (1979). A Paradigm for Developing Better Measures of Marketing Constructs. *Journal of Marketing Research*, 16, February, p.64-73.

17. Cooper, & Emory (1995). *Business Research Methods*, fifth edition, p.142.

18. Davis, & Cosenza (1993). *Business Research for Decision Making*, third edition, p.163.

19. Davis, & Cosenza (1993). *Business Research for Decision Making*, third edition, p.175.

20. Dwyer, F. R., Schurr, P. H., & Oh, S. (1987). Developing Buyer-Seller Relationships. *Journal of Marketing*, 51(April), p.11-27.

21. Fournier, S. (1998). Consumers and their brands: Developing relationship theory in consumer research. *Journal of Consumer Research*, Mar. Gainesville.

22. Fournier, S., & Yao, J. (1997). Reviving brand loyalty: A reconceptualization within the framework of consumer-brand relationships. *International Journal of Research in Marketing*, Dec. Amsterdam.

23. Gordon, W., & Corr, D. (1990). The Space BetweenWords: The Application of a New Model of Communication to Quantitative Brand Image Measurement. *Journal of the Market Research Society*, Jul. London.

24. Gurwitz, P. M. (1990). Mapping Technique Lifts Non symmetric Data To A New Altitude. *Marketing News*, Jan 8. Chicago.

25. Hinde, R. A. (1995). A Suggested Structure for a Science of Relationships. *Personal Relationships*, Vol. 2, March, pp.1-15.

26. Kelleher, S. (1998). Aspiring youth brands need a refined strategy. *MarketingWeek*, Jun 4. London.

27. Keller, K. L. (1993). Conceptualizing, Measuring, and Managing Customer-Based Brand Equity. *Journal of Marketing*, Vol. 57, January, p.1-22.

28. Keller, K. L. (2001). Building customer-based brand equity. *Marketing Management*, Jul/Aug. Chicago.

29. Keller, K. L., & Aaker, D. A. (1992). The Effect of Sequential Introduction of Brand Extension. *Journal of Marketing Research*, February, p.35-50.

30. Kohli, A. K., B. J. Jaworski, & Kumar A. (1993). MARKOR: A Measure of Market Orientation. *Journal of Marketing Research*, Vol. xxx Nov., p.467-477.

31. Krapfel, R. E. Jr., Salmond, D., & Spekman, R. (1991). A Stratigic Approach to Managing Buyer-Seller Relationships. *Eropean Journal of Marketing*.

32. Lauro,P. W. (2000). According to a survey, the Democratic and Republican parties have brand-name problems. *New York Times*, Nov. 17. N.Y..

33. Lederer, A. L., & Sethi, V. (1991). *Critical dimensions of strategic information systems planning Decision Sesearces*, 22.

34. Light, L. (1993). At the center of it all is the brand. *AdvertisingAge*, Mar 29. Chicago.

35. Lynn, K., Poulos, B., & Sukhdial, A. (1998). Changes in Social Values in the United States During the Past Decade. *Journal of Advertising Research*, February/March, p.35-41.

36. MacLeod, C. (2000). Does your brand need a makeover? *Marketing*, Sep, 21. London.

37. Mitchell, A. (1996). Holistic fix for broken machinery. *MarketingWeek*, Apr 26. London.

38. Moore, G. C, & Bengasat (1991). *Development of an unstrument to measure the perceptions of adoptung an information technology innovation, information Systems Research*.

39. O'Malley, D. (1991). Brands Mean Business. *Accountancy*, Mar. London.

40. Parasuraman, A., Zeithaml, V. A., & Leonard L. B. (1988). Servqual: A Multiple-Item Scale for Measuring Consumer Perceptions of Service Quality. *Journal of Retailing*, 64, Spring.

41. Potomac (1998). Integrated Marketing Communications: Consistency, Customization Imperative. *PR News*, Apr 27. Potomac.

42. Schluter, S. (1992). Get to the 'Essence' of a Brand Relationship. *Marketing News*, Jan 20. Chicago.

43. Sorrell, M. (1995). Globalization-Scale versus sensitivity. *Journal of International Marketing*. East Lansing.

44. Stern, S., & Barton, D. (1997). Putting the "custom" in customer with database marketing Strategy & Leadership, May/Jun. Chicago.

45. Wileman, A. (1999). Smart cookies: A question of portals. *Management Today*, Nov. London.

46. Zikmund, W. G. (1999). *Business Research Methods*, sixth edition, p.288.

47. Zikmund, W. G. (1999). *Business Research Methods*, sixth edition, p.301.

48. 田志龍（1997 年 8 月）。**行銷研究**。五南。

49. 余朝權(1996)。**現代行銷管理**，初版四刷。臺北：五南。

50. 吳真瑋(1999)。**品牌個性與品牌關係關聯性之研究**。國立臺灣大學商學研究所未出版碩士論文。

51. 吳萬益、林清河(2000)。**企業研究方法**。臺北：華泰，p.169。

52. 吳萬益、林清河(2000)。**企業研究方法**。臺北：華泰。

53. 李天蛟(2000)。**世代別於品牌個性認知與品牌關係型態差異性之研究：產品類別與自我形象干擾效果之探討**。元智大學管理研究所未出版碩士論文。

54. 周文欽、高薰芳、高俊民(1996)。**研究方法概論**。臺北：國立空中大學。

55. 林嘉威(2000)。**品牌忠誠者之「品牌認同」研究－以運動鞋品牌 NIKE 為例**。國立政治大學廣告學系未出版碩士論文。

56. 胡政源(2003)。**行銷研究**，初版二刷。臺北：海頓，p.242。

57. 胡政源(2004)。**行銷研究**，初版三刷。新文京。

58. 胡政源(2009)。**企業研究方法－量化與質化技術與應用**。臺北：鼎茂。

59. 胡政源、林曉芳(2004)。**企業研究方法**。臺北：鼎茂。ISBN 986-122-235-9。

60. 康必松(1998)。**臺灣中小企業創業發展過程中的關係交換模式**。國立中山大學企業管理研究所未出版博士論文。

61. 張紹勳(2000)。**研究方法**。臺中：滄海，p.123、142-144、153-155。

62. 張紹勳(2006)。**研究方法**。臺中：滄海。

63. 陳振燧(1996)。**顧客基礎的品牌權益衡量與建立之研究**。國立政治大學企業管理研究所未出版博士論文。

64. 陳振燧（2001 年 3 月）。從品牌權益觀點探討品牌延伸策略。**輔仁管理評論**，第八卷第一期，p.33-56。

65. 陳振燧、洪順慶(1999)。消費者品品牌權益衡量之建構－以顧客基礎觀點之研究。**中山管理評論**，第七卷第四期，冬季號，p.1175-1199。

66. 賴世培(1998)。問卷設計中常見錯誤及其辨正之探討。**第 2 屆調查研究方法與應用研討會**，p.50-71。

Chapter 06

1. Cooper, & Emory (1995). *Business Research Methods*, fifth edition, p.142.

2. Davis, & Cosenza (1993). *Business Research for Decision Making*, third edition, p.163.

3. Davis, & Cosenza (1993). *Business Research for Decision Making*, third edition, p.175.

4. Bailey, K. D. (1993). *Methods of Social Research*, p.60.

5. Lederer, A. L., & Sethi, V. (1991). *Critical dimensions of strategic information systems planning Decision Sesearces*, p.22.

6. Moore, G. C, & Bengasat (1991). *Development of an unstrument to measure the perceptions of adoptung an information technology innovation, information Systems Research.*

7. Zikmund, W. G. (1999). *Business Research Methods*, sixth edition, p.288-301.

8. 田志龍（1997 年 8 月）。**行銷研究**。五南。

9. 余朝權(1996)。**現代行銷管理**，初版四刷。臺北：五南。

10. 吳萬益、林清河(2000)。企業研究方法。臺北：華泰，p.160。

11. 周文欽、高薰芳、高俊民(1996)。研究方法概論。臺北：國立空中大學。

12. 胡政源(2003)。行銷研究，初版二刷。臺北：海頓，p.242。

13. 胡政源(2004)。行銷研究，初版三刷。新文京。

14. 胡政源(2009)。企業研究方法－量化與質化技術與應用。臺北：鼎茂。

15. 胡政源、林曉芳(2004)。企業研究方法。臺北：鼎茂。ISBN 986-122-235-9。

16. 張紹勳(2000)。研究方法。臺中：滄海書局，p.123，p.142-144。

17. 賴世培(1998)問卷設計中常見錯誤及其辨正之探討。第 2 屆調查研究方法與應用研討會，p.50-71。

Chapter 07

1. Cooper, & Emory (1995). *Business Research Methods*, fifth edition, p.142.

2. Davis, & Cosenza (1993). *Business Research for Decision Making*, third edition, p.163.

3. Davis, & Cosenza (1993). *Business Research for Decision Making*, third edition, p.175.

4. Kenneth D. Bailey (1993). *Methods of Social Research*, p.60.

5. Lederer, A. L., & Sethi, V. (1991). Critical dimensions of strategic information systems planning. *Decision Sesearces, 22*.

6. Moore, G. C., & Bengasat (1991). Development of an instrument to measure the perceptions of adopting an information technology innovation. *Information Systems Research*.

7. William G. Zikmund (1999). *Business Research Methods*, sixth cdition, p.288.

8. William G. Zikmund (1999). *Business Research Methods*, sixth edition, p.301.

9. 田志龍(1997)。**行銷研究**。五南。

10. 余朝權(1996)。**現代行銷管理**。臺北：五南。

11. 吳萬益、林清河(2000)。**企業研究方法**。臺北：華泰文化，p.160。

12. 吳萬益、林清河(2000)。**企業研究方法**。臺北：華泰文化，p.169。

13. 周文欽、高薰芳、高俊民(1996)。**研究方法概論**。臺北：國立空中大學。

14. 胡政源(2003)。**行銷研究**。臺北：海頓，p.242。

15. 胡政源(2004)。**行銷研究**。新文京。

16. 胡政源、林曉芳(2004)。**企業研究方法**。臺北：鼎茂。ISBN 986-122-235-9。

17. 張紹勳(2000)。**研究方法**。臺中：滄海書局，p.123、142-144、153-155。

18. 張紹勳(2006)。**研究方法**。臺中：滄海書局。

19. 賴世培(1998)。問卷設計中常見錯誤及其辨正之探討。**第 2 屆調查研究方法與應用研討會**，p.50-71。

20. 胡政源(2009)。**企業研究方法－量化與質化技術與應用**。臺北：鼎茂。

Chapter 08

1. 胡政源(2003)。**行銷研究**，初版二刷。臺北：海頓出版社，p.242。

2. 張紹勳(2000)。**研究方法**。臺中：滄海書局，p.123。

3. 吳萬益、林清河(2000)。**企業研究方法**。臺北：華泰，p.169。

4. 胡政源、林曉芳(2004)。**企業研究方法**。臺北：鼎茂。ISBN 986-122-235-9。

5. 胡政源(2004)。**行銷研究**，初版三刷。新文京。

6. 余朝權(1996)。**現代行銷管理**，初版四刷。臺北：五南。

7. 田志龍（1997 年 8 月）。**行銷研究**。五南。

8. 周文欽、高薰芳、高俊民(1996)。**研究方法概論**。臺北：國立空中大學。

9. 胡政源(2009)。**企業研究方法－量化與質化技術與應用**。臺北：鼎茂。

Chapter 09

1. Miller, W. L., & Crabtree, B. F. (1992). *Primary care research: A Multimethod typology and qualitative road map*, p.24.

2. 田志龍（1997 年 8 月）。**行銷研究**。五南。

3. 余朝權(1996)。**現代行銷管理**，初版四刷。臺北：五南。

4. 吳萬益、林清河(2000)。**企業研究方法**。臺北：華泰，p.169。

5. 周文欽、高薰芳、高俊民(1996)。**研究方法概論**。臺北：國立空中大學。

6. 胡幼慧(1996)。**質化研究**。臺北：巨流。

7. 胡政源(2003)。**行銷研究**，初版二刷。臺北：海頓，p.242。

8. 胡政源(2009)。**企業研究方法－量化與質化技術與應用**。臺北：鼎茂。

9. 胡政源、林曉芳(2004)。**企業研究方法**。臺北：鼎茂。ISBN 986-122-235-9。

10. 胡政源（2002 年 3 月）。**行銷研究**，初版二刷。新文京，p.251-264。

11. 張紹勳(2000)。**研究方法**。臺中：滄海書局，p.123。

12. 張紹勳(2000)。**研究方法**。滄海。

13. 許士軍(1996)。定性研究在管理研究上的重要性。*Chang Yuan Journal*, Vol.24, No2, p.1-3.

Chapter 10

1. 田志龍（1997 年 8 月）。**行銷研究**。五南。

2. 吳萬益、林清河(2000)。**企業研究方法**。臺北：華泰。

3. 林東清、許孟祥(1997)。資訊管理調查研究方法探討。**資訊管理學報**，4 卷，第一期，p.21～40。

4. 胡政源(2004)。**行銷研究**，初版三刷。新文京。

5. 張紹勳(2000)。**研究方法**。臺中：滄海。

6. 楊國樞(1994)。**社會及行為科學研究法**，第五版。臺北：東華。

7. 張紹勳(2006)。**研究方法**。臺中：滄海書局。

8. 胡政源(2009)。企業研究方法－量化與質化技術與應用。臺北：鼎茂。

9. 胡政源、林曉芳(2004)。企業研究方法。臺北：鼎茂。ISBN 986-122-235-9。

Chapter 11

1. 林清山(1992)。心理與教育統計學。東華書局。

2. 林昆賢(1992)。遺失資料分配函數估計方法的比較。國立中央大學統計研究所碩士論文。

3. 吳明隆(2003)。**SPSS** 統計應用學習實務－問卷分析與應用統計。知城數位。

4. 周幼珍(1996)。缺失值問題在分類上的應用。行政院國科會研究計畫 NSC84-2121-M009-001。

5. 洪淑玲(1998)。失去部分訊息的類別資料之貝氏分析。國立政治大學統計研究所博士論文。

6. 許禛元(1997)。問卷調查資料的處理與統計分析－以 SPSS for Windows 7.0 的處理為例。**優興岡學報，61**，p.76-91。

7. 陳信木、林佳瑩(1997)。調查資料之遺漏值的處置－以熱卡插補法為例。**調查研究，3**，p.75-106。

8. 葉瑞鈴(2000)。統計調查中遺漏處理之研究－以臺灣地區消費者動向調查為例。輔仁大學應用統計學研究所碩士論文。

9. 胡政源、林曉芳(2004)。企業研究方法。臺北：鼎茂圖書。ISBN 986-122-235-9。

Chapter 12

1. Aaker, D. A. (1992). The value of brand equity. *Journal of Business Strategy,* *13*(4), p.27-32.

2. Batra, R., & Ahtola, O. T. (1990). Measuring the hedonic and utilitarian sources of consumer attitudes, *Marketing Letters*, 2, p.159-170.

3. Chernatory, L. D., & McWilliam, G. (1989). Branding terminology the real debate. *Marketing Intelligence and Planning*, Vol. 7, p.29-32.

4. Chaudhuri, A., & Morris, B. H. (2001). The chain of effects from brand trust and brand affect to rand performance: the role of brand loyalty. *Journal of Marketing*, p.65, 81-93.

5. Doyle, P. H. (1990). Building successful brands: the strategic options. *Journal of Consumer Marketing, 7*(9), p.5-20.

6. Engel, J. E., Blackwell, R. D., & Kollat, D. T. (1993). *Consumer Behavior*. (7th ed). Fort Worth: Dryden Press.

7. Hirschman, E. C., & Holbrook, M. B. (1982). Hedonic consumption: emergingconcepts, methods and propositions. *Journal of Marketing*, p.46, 92-101.

8. Kotler, P. (1998). *Marketing management: analysis, planning and control*. N.Y.: Pretice-Hall.

9. Kaynak, E., Kucukemiroglu, O., & Aksoy, S. (1996). Consumer preferences for fast food outlets in a developing country. *Journal of Euro-Marketing*, 5, p.99-113.

10. Oliveira-Castro, J. O. (2003). Effects of base price upon search behavior of consumers in a supermarket: an operant analysis. *Journal of Economic Psychology*, 24, p.637-652.

11. Rokeach, M. J. (1973). *The nature of human values*. N.Y.: The Free Press.

12. Schiffman, G. (1993). *Consumer behavior* (5th ed.). Englewood Cliffs, N.J.: Prentice.

13. Nicosia, F. M. (1966). Consumer decision processes: *Marketing and advertising implication*. N.J.: Prentice-Hall.

14. Yi, Y., & La, S. (2004). What influences the relationship between customer satisfaction and repurchase intention? Investigating the effects of adjusted expectations and customer loyalty. *Psychology & Marketing, 21*(5), p.351-373.

15. 胡政源（2004 年 1 月）。**行銷研究**，初版三刷。臺北：新文京。ISBN 957-512-632-373-5。

16. 國立勤益科技大學－校務資訊統計
http://ncutbase.ncut.edu.tw/NCUTBase/Reports/teachersinfo.aspx。

17. 陳佩秀(2001)。遠流
http://www.ll-porter.com/home.htm。

18. 貝恩公司(Bain & Co)年度奢侈品行業調查報告的結論
http://www.bbc.co.uk/zhongwen/trad/world/2010/10/101018_luxurygoods.shtml。

19. Arnold Palmer－雨傘包包品牌故事 2009.5.28
http://www.baobaofan.tw/blog/tag/arnold-palmer。

20. Miryoku 官方網站
http://www.miryoku.com.tw/content/about/about.aspx。

21. 尚立國際－Porter 官方網站
http://www.ll-porter.com/about_detail.php?sid=28&lid=2。

22. 王秀瑩(1999)。**咖啡連鎖店市場區隔及其消費行為之研究**。國立東華大學企業管理學系碩士班碩士論文。

23. 王怡文、李明聰(2005)。**消費者價值和速食餐廳消費行為之關係研究－以高雄市為例**。中華觀光管理學會研討會。臺中：中華觀光管理學會和靜宜大學觀光事業學系暨研究所主辦。

24. 曾光華(1999)。**行銷學**。臺北：三民。

25. 卓怡君(2004)。**名牌誌**，2006 年 3 月號。

26. 高小康(2003)。**時尚與形象文化**。天津：百花文藝社，p.85-105。

27. 品牌日報 2004.02.18。

28. 曾光華(2009.07)。**服務業行銷與管理**。

29. 高登第（譯）(2002)。**品牌領導**（原作者：D. Aaker, & E. Joachimsthaler）。臺北：天下遠見。

Chapter 13

1. Howard, J. A., & Sheth, J. N. (1989). *The Theory of Buyer Behavior*. N.Y.: Appleton-Century-Crofts CO.

2. Engel, J. F., Blackwell, R. D., & Miniard, P. W. (1995). *Consumer Behavior*, 8th ed., The Dryden Press.

3. Kiska, J. (2002). Customer experience management. *CMA Management, 76*(7), p.28-30.

4. Lovelock, C. H., & Yin, G. S. (1996). Developing global strategies for service business. *California Management Review, 38*(2), p.64-86.

5. Novak, J. D. (2002). Meaningful learning: The essential factor for con conceptual change in limited or inappropriate propositional hierarchies leading to empowerment of learners. *Science Education, 86*(4), p.548-571.

6. Ostrom, A., & Iacobucci, D. (1995). Consumer Trade-Offs and the Evaluation of Services. *Journal of Marketing, 59*(1), p.17-28.

7. Yorgey, L. A. (2002). 10 CRM Trends to Watch in 2002. *Target Marketing, 24*(1), p. 82-86.

8. P.科特勒(1994)。**市場管理：分析、計畫、執行與控制**。

9. 李沛慶、熊東亮、陳世晉、楊雅棠(2007)。**顧客服務管理**。國立空中大學用書。

10. 吳萬益(2008)。**企業研究方法**。華泰。

11. 林建煌(2000)。**行銷管理**。臺北：智勝。

12. 范惟翔(2005)。**行銷管理**：策略、個案與應用。臺北：行銷叢書。

13. 胡政源(2000)。**行銷研究**。臺北：新文京。

14. 麥格羅・希爾(2009)。**行銷管理:策略化觀點**。臺北：新陸。

15. 郭田勇(2009)。**郭田勇講弗裏德曼**。北京大學。

16. 湯宗泰、劉文良(2007)。**顧客關係管理**。臺北：全華。

17. 裡勝祥、吳若己(2004)。**顧客關係管理**。臺中：滄海。

18. 戴久永(2009)。**品質管理**。滄海。

19. 羅塞爾‧瑞夫斯(1961)。**實效的廣告**。滄海。

20. 可口可樂官方網站：http：//www.coke.com.tw/。

21. 通路管理策略與規劃應用：www.dnb.com.hk/BES/20090922.doc。

22. 價格價值分析：richard.id.oit.edu.tw/pdf/value_price.pdf。

Chapter 14

1. Magid, J. M., Cox, A. D., & Cox, D. S. (2006). Quantifying Brand Image: Empirical Evidence of Trademark Dilution. *American Business Law Journal, 43*(1), p.1-42.

2. Kamins, M. A., & Marks, L. J. (1991). The Perception of Kosher as a Third Party Certification Claim in Advertising for Familiar and Unfamiliar Brands. *Journal of the Academy of Marketing Science, 19*(3), p.177-185.

3. Parasuraman, A., & Grewal, D. (2000). The impact of technology on the quality-value-loyalty chain: A research agenda. *Academy of Marketing Science Journal*, Greenvale, Winter, vol. 28, No. 1, p.168-174.

4. Ravald, A., & Grönroos, C. (1996). The Value Concept and Relationship Marketing, *European Journal of Marketing, 30*(2), p.19-30.

5. Butz, H. E. Jr., & Goodstein, L. D. (1996). Measuring Customer Value: Gaining the Strategic Advantage. *Organizational Dynamics*, vol. 24, Winter, p.63-77.

6. Groth, J. C., & Dye, R. T. (1999). Service Quality: Perceived Value, Expectations, Shortfalls, and Bonuses. *Managing Service Quality, 9*(4), p.174-285.

7. Aaker, D. A. (1991). *Managing Brand Equity: Capitalizing on the Value of a Brand Name*. N.Y.: The Free Press.

8. Arndt, J. (1967). *Word of Mouth Advertising: A Review of the Literature*. N.Y.: Advertising Research Federation.

9. Soderlund, M. (1998). Customer Satisfaction and Its Consequences on Customer Behaviour Revisited. *International Journal of Service Industry Management, 9*(2), p.169-188.

10. Katz, & Lazarsfeld (1955). Interpersonal Communication and Personal Influence on the Internet: A Framework for Examining Online Word-of-Mouth. *Journal of Euro-Marketing, 11*(2), p.71-88.

11. Engel, J. F., Blackwell, R. D., & Kegerreis, R. J. (1969). How Information Is Used to Adopt an Innovation? *Journal of Advertising Research, 9*(4), p.3-8.

12. Rao, A. R., & Monroe, K. B. (1988). The Moderating Effect of Prior Knowledge on Cue Utilization in Product Evaluations. *Journal of Consumer Research*, Vol.15, p.53-264.

13. Brucks, M. (1985). The Effects of Product Class Knowledge on Information Search Behavior. *Journal of Consumer Research*, Vol.12, p.1-16.

14. Dodds, W. B., Monroe, K. B., & Grewal, D. (1991). The Effects of Price, Brand, and Store Information on Buyer's Product Evaluations. *Journal of Marketing Research, 28*(3), p.307-319.

15. Schiffman, L. G., & Kanuk, L. L. (2000). *Consumer Behavior*, 7th ed.. Prentice Hall, Inc.

16. 胡政源(2000)。**行銷研究**。新文京。

17. 陳宜伶(2006)。**智慧型手機與高階相機手機之消費者行為分析**。國立成功大學電系管理研究所碩士論文。

18. 楊緒永(2009)。**品牌形象、知覺價值、口碑、產品知識與購買意願之研究－以手機為例**。南華大學企業管理研究所碩士論文。

19. 姚在南(1991)。**行動電話實用手冊**。全華。

20. 謝坤霖(1997)。**蜂巢式汽車行動電話系統**。全華。

MEMO

MEMO

MEMO

MEMO

國家圖書館出版品預行編目資料

行銷研究：市場調查與分析/楊浩偉, 胡政源編著. --
　三版. -- 新北市：新文京開發出版股份有限公司,
　2024.07
　　面；　公分

　　ISBN　978-626-392-029-3（平裝）

1.CST：行銷管理　2.CST：研究方法　3.CST：統計分析

496.031　　　　　　　　　　　　　　　113008632

行銷研究：市場調查與分析（第三版）　（書號：H187e3）

編 著 者	楊浩偉　胡政源
出 版 者	新文京開發出版股份有限公司
地　　址	新北市中和區中山路二段 362 號 9 樓
電　　話	(02) 2244-8188（代表號）
Ｆ　Ａ　Ｘ	(02) 2244-8189
郵　　撥	1958730-2
初　　版	西元 2015 年 04 月 15 日
二　　版	西元 2020 年 06 月 20 日
三　　版	西元 2024 年 07 月 15 日

新文京開發出版股份有限公司

NEW WCDP

新世紀‧新視野‧新文京 — 精選教科書‧考試用書‧專業參考書